Gaston Bachelard, l'inattendu

Biographies
série XIXe-XXe siècle

Dernières parutions

BONA (Chantal), *Camille Paris. L'aventurier d'Annam (1885-1908)*, 2018.

BEAUNE-GRAY (Danièle), *I.M. Grevs, Un historien russe à travers les révolutions (1860-1941)*, 2017.

SCHNECKENBURGER (Patrick), *Joseph Stauffer, l'histoire retrouvée d'un missionnaire alsacien (1876-1952)*, 2015.

Jean-Michel WAVELET

GASTON BACHELARD, L'INATTENDU

Les chemins d'une volonté

L'Harmattan

Du même auteur

Pour réussir l'épreuve de français du CRPE, éditions Delagrave, 2000.

Un chat à l'affût d'un cendrier, éditions Maisonneuve et Larose, 2000 (Avec Ivainer (Théodore), Petitdemange (Guy), et de Saint-Ours (Alexis).)

Les chemins de l'intégration in Agrandir la vie d'Edouard (Marc), CRDP Amiens, 2003.

Une école pour chacun, éditions L'Harmattan, 2007.

L'autisme à l'école : une étrange familiarité in *Scolariser des élèves avec autisme et TED* de Philip (Christine), Magerotte (Ghislain) et Adrien (Jean-Louis), Dunod, 2012.

Libérons l'avenir de l'école, éditions L'Harmattan, 2013.

5-7, rue de l'École-Polytechnique ; 75005 Paris

http://www.editions-harmattan.fr

ISBN : 978-2-343-18246-9

EAN : 9782343182469

À Louve

SOMMAIRE

AVANT-PROPOS

Cet ouvrage n'est pas uniquement l'histoire d'une vie, mais il est aussi l'histoire d'une pensée. Ce n'est pas une simple biographie, c'est un « roman de formation[1] ».

Dans la plupart des travaux sur Bachelard, les auteurs insistent sur la dualité de sa pensée. Souvent impressionnés par la césure entre le concept et l'image qui traverse l'œuvre, ils s'en tiennent à l'un des deux versants[2], ou les font fonctionner de manière alternative[3], par analogie à la rythmanalyse bachelardienne, ou bien encore envisagent « une conversion à l'imaginaire[4] ». C'est oublier la dynamique qui anime très tôt Bachelard et qui le conduit, dès l'âge de 20 ans, à compléter son baccalauréat littéraire par un baccalauréat scientifique ; c'est confondre la chronologie de l'exposition avec la formation de l'homme qui a toujours été double. L'invention intéressera toujours le technicien et le scientifique, la lutte entre les images et les concepts, entre les erreurs et les connaissances, aiguisera toujours la curiosité du pédagogue, la classification des images et la formation ordonnée des rêveries ne cesseront de passionner le penseur-poète. Bachelard laisse une pensée ouverte dont la cohérence fondée sur l'originalité d'un parcours met dans l'embarras. Son parcours inédit a livré une pensée inclassable.

---

[1] Nous devons ce qualificatif à Philippe Meirieu et à sa lecture attentive du présent ouvrage.

[2] Pour l'image, notamment Lescure (Jean), *Un Été avec Bachelard*, Luneau Ascot éditeurs, 1983, Wunenburger (Jean-Jacques), *Bachelard, Poétique des images,* Mimesis, 2012 et Buse (Ionel), *Gaston Bachelard, Une Poétique de la lecture* L'Harmattan, 2014 ; et pour le concept, citons entre autres, Lecourt (Dominique), *L'Épistémologie historique de Gaston Bachelard,* Vrin, 1969, Gil (Didier, *Bachelard et la culture scientifique,* PUF, 1993, Alunni (Charles), *Spectres de Bachelard. Gaston Bachelard et l'école surrationaliste,* Hermann, 2018.

[3] Dagognet (François), *Bachelard*, PUF, 1965, Lecourt (Dominique), *Bachelard, le jour et la nuit*, Grasset, 1972, Margolin (Jean-Claude), *Bachelard*, Seuil, 1977 et Bontems (Vincent), *Bachelard*, Belles lettres, 2010.

[4] Gagey (Jacques), *Bachelard ou la conversion à l'imaginaire*, Rivière et Cie, 1969.

Trop soucieux d'exposer la richesse inépuisable de sa philosophie qui ne forme pas système, nombre d'auteurs ne s'attardent pas sur les conditions de sa production, ou bien parfois, trop curieux de l'homme qu'il fut, ils ne donnent pas à voir comment la vie a pu générer la pensée. Bien entendu, les apports de ces exégètes sont irremplaçables car on y puise des informations qui nourrissent l'entreprise. C'est le cas en particulier de la volumineuse biographie d'André Parinaud[5] et de l'éclairage exceptionnel de Georges Jean[6] sur le pédagogue que fut Bachelard. François Dagognet, dans un texte d'une remarquable concision, nous met même sur la voie d'une « existence » qui « transparaît dans l'œuvre » et « lui communique une allure », tout en se gardant bien « de les rapprocher trop[7] ».

Et c'est bien là que le bât blesse. On peine à comprendre comment ce postier est devenu un si grand penseur et comment cette pensée à la fois scientifique, artistique, poétique, philosophique, éthique a-t-elle pu naître d'une vie si ordinaire ? Avoir été postier est perçu comme une difficulté, au même titre que « poilu » durant toute la première guerre mondiale. On voudrait que le parcours soit purifié de ces accidents qui semblent le détourner de son prestigieux destin, sans voir qu'ils en font totalement partie et que l'obstacle donne sa coloration à la pensée. On souligne volontiers la vertu de l'école républicaine qui a pourtant, par un élitisme peu républicain, écarté des humanités ce fils de cordonnier amateur de théâtre, de musique et de poésie. Il s'en souviendra lorsqu'il dénoncera la suffisance des professeurs imbus d'eux-mêmes et l'autoritarisme professoral.

Ce qui peut faire lien et donner à voir comment la vie de Bachelard a pu produire sa pensée et comment elle s'est inspirée de celle-ci, c'est le récit de son propre cheminement qui n'avait pas jusqu'alors été totalement entrepris. Le lien manquait. Il fallait chercher le fil conducteur d'une vie quasi romanesque qui avait nourri une pensée avant de l'alimenter en retour. Tant pis si ce fil s'entrelace à la faveur d'une multitude de chemins qui, pris isolément, ne conduisent pas à l'œuvre. Cet étrange tissage paraît même nous en écarter. Le goût prononcé pour les techniques artisanales, joint à la nécessité de gagner sa vie, conduisent à la télégraphie, mais pas à l'épistémologie. La science et les mathématiques ouvrent la voie royale aux grands

---

[5] Parinaud (André), *Bachelard,* Flammarion, 1996.
[6] Jean (Georges), *Bachelard, l'enfance et la pédagogie*, Scarabée CEMEA, 1983.
[7] Dagognet (François), *Gaston Bachelard, sa vie, son œuvre,* PUF, 1965.

bâtisseurs et éloignent de la contemplation. La pédagogie qui se penche sur les errants et les ignorants ne rapproche guère de l'université. L'exploration de l'imaginaire surprend les philosophes des sciences et l'expérience des rêveries les déconcerte.

Bachelard aurait pu ne pas être Bachelard. Il aurait pu être ingénieur des télégraphes ou bien encore accomplir sa carrière de professeur dans sa petite ville de Bar-sur-Aube dont il était le conseiller municipal, avant peut-être d'en devenir le maire comme un notable de province. L'œuvre naît de l'improbable, de rêves brisés, de projets contrariés, de trajectoires modifiées, mais aussi de deuils surmontés, d'événements intenses qui l'ont transformé et transfiguré en réactivant des sources imaginaires et profondes. Le génie de Bachelard n'est pas celui qu'un dieu mystérieux vous accorde, il résulte d'une formidable mobilisation de toutes les facultés humaines. Il est aussi porteur d'un simple message à forte visée pédagogique et éthique : on ne s'instruit que de ce que l'on construit.[8]

Nous avons voulu dans cet ouvrage montrer la pluralité des voies et la part des aléas qui se sont agglomérés et sédimentés pour faire œuvre. La pensée est le fruit d'un parcours nécessairement sinueux et affecté de multiples croisements, faisant naître toujours de nouvelles voies. Nous avons distingué six chemins qui, en s'entrecroisant, ont fini tardivement par forger cette pensée aussi singulière qu'exceptionnelle. Une pensée qui éclot à 45 ans a longtemps cheminé et s'est durablement imprégnée d'une vie qu'elle a animée. Elle est également une pensée du chemin qui conduit à la connaissance, à la création et à la rêverie poétique. N'y-a-t-il pas d'autres manières de rendre compte d'une philosophie de la formation que d'en épouser la genèse ? Le temps passé à produire la pensée lui confère un sens historique au point que Dominique Lecourt[9] en qualifiera son épistémologie.

Mais il y a plus. Bachelard est depuis longtemps un grand lecteur de récits poétiques ou narratifs. Il en use pour montrer les obstacles qui entravent la connaissance, pour décrire les errements d'une raison qui se trouble ou pour éclairer les procès créatifs. Il sait que le récit crée le mouvement et donne à voir le dynamisme d'une pensée qui se fait et d'un style qui se forge. Il s'y livre volontiers, au détour d'une phrase,

---

[8] « La véritable phénoménologie scientifique [...] s'instruit par ce qu'elle construit. » Bachelard (Gaston), *Le Nouvel esprit scientifique*, PUF, 1934.

[9] Lecourt (Dominique), *L'Épistémologie historique de Gaston Bachelard*, Vrin, 1969.

comme pour indiquer les éléments d'une future narration. Ses confidences posent les jalons d'un autre texte, celui de l'histoire d'un penseur qui fait corps avec sa pensée. Bachelard nous dit implicitement comment il s'est construit parce qu'il se refuse à jouer au génie nimbé de mystères et auréolé de gloire. Le récit est déjà là, il n'y a plus qu'à le recueillir.

Le roman de formation, comme dans toute structure narrative, comporte une énigme initiale. Personne ne pouvait en effet imaginer, en 1902, que le fils d'un cordonnier, issu de la modeste ville de Bar-sur-Aube, si éloignée des riches marchands de champagne, serait lu et écouté par les plus grands poètes, les plus grands peintres, les plus grands savants et les plus grands philosophes de ce temps. Lui, le commis des postes qui pesait et soupesait les lettres au bureau postal, lui, le cavalier télégraphiste et poilu courageux de 14, lui, le professeur auxiliaire de physique et chimie du petit collège de Bar-sur-Aube, comment a-t-il pu devenir cet humaniste aussi savant que philosophe, aussi penseur que poète ? Comment le fils de cordonnier voué à une carrière d'employé postal est-il devenu ce penseur humaniste influent du XXème siècle ?

Le début de l'histoire n'annonce en rien sa fin. Bachelard n'est pas né au milieu des livres. Il n'a fait ni le lycée Henri IV, ni une classe préparatoire, ni l'école normale supérieure. Il travaille durement à la Poste de Remiremont. Il rentrera dans l'enseignement par la petite porte, celle des contractuels de 35 ans méprisés par les agrégés de 20 ans. Sa vie est sous le signe de l'inattendu. Il n'a pas emprunté les chemins balisés, les routes fréquentées par les élites universitaires et culturelles. Il n'a pas connu la facilité des cursus dans lesquels on ne fait que déployer ses héritages, en échange d'une pensée unique visant à les reproduire. Bachelard a contrarié les pronostics, les attentes et les conventions. Loin d'être subie, sa vie est pour lui une formidable occasion de penser et d'apprendre. Elle s'affranchit de tous les déterminismes sociaux, territoriaux et culturels. Il s'est adjugé contre vents et marées le droit de penser par lui-même. Il a bousculé les frontières des savoirs et de la culture, polémiqué avec les plus grands, dérangé les certitudes les mieux établies.

Est-ce la raison pour laquelle son influence, si vivante aujourd'hui, demeure encore si peu visible ?

Pourquoi vouloir aujourd'hui éclairer ce parcours hors du commun plus d'un demi-siècle après sa disparition ?

Si Bachelard est de nos jours toujours lu dans le monde entier, c'est qu'il apporte une énergie spirituelle inégalée et un intérêt constant pour le renouvellement des connaissances, des idées et des manières de penser. Or ce dynamisme si singulier qui s'accorde si bien avec la musicalité du style est le fruit de son parcours hors norme et c'est aussi le mouvement d'une vie émancipatrice qui s'affranchit d'un ordre préétabli.

Dans une société caractérisée par la reproduction des élites et l'endogamie sociale, Bachelard fait figure d'exception. Dès ses premières années d'enseignement, il contrastait, en raison de ses modestes origines, avec la bourgeoisie provinciale et l'on s'efforçait de l'éviter. À la Sorbonne, il attirait bien des méfiances, d'autant que sa figure légendaire le faisait ressembler de plus en plus à Karl Marx, tandis que ses pratiques pédagogiques tranchaient avec les usages en cours. L'émergence d'un homme issu du peuple est toujours une menace pour des élites « bien nées » qui veillent à leur reproduction et à la durabilité de leurs privilèges.

Bachelard est un penseur qui refuse une société figée et conservatrice. Il ne pense pas les sciences avec les habitudes commodes du passé ou la création poétique avec les images toutes faites et déjà faites. Le postier doit se battre contre les déterminismes pour devenir un penseur et contre l'école pour devenir un philosophe. C'est un contre-exemple de l'ascenseur social bloqué qu'il est urgent d'explorer. Son parcours répond enfin à cette question laissée trop souvent et de manière bien significative sans réponse : Comment se construit un philosophe dans la vraie vie ? Il nous fait sortir d'une approche volontairement opaque et mystique de la fabrique du penseur. Il ouvre le chemin d'un droit de penser pour tous.

Bachelard est un lutteur, un héros de la guerre 14, un ami de grands résistants et un combattant de la paix. Cette figure insolite et exemplaire qui en appelle toujours à un nouveau monde de la pensée et de la connaissance, face à un ancien monde dans lequel on est attaché à ses habitudes et à ses positions privilégiées, met en question notre modernité.

Il développe un humanisme sans frontière. Il n'accepte aucun clivage culturel ni aucune hiérarchie littéraire. Il est l'ami des poètes et des savants, l'homme des concepts et des images. Il sait qu'il n'est pas d'autre alternative au défaut d'héritage qu'une école tout le long de la vie et qu'une formation permanente.

Attaché à sa province et à la ruralité, il dénonce les méfaits de l'industrie sur l'environnement, loue le bien-être du logis et se scandalise de la pauvreté. Il se détournera de la politique et des compromis avec la perte des valeurs qu'elle génère. Il revendiquera sa condition de penseur provincial[10], loin de ces élites formatées et de leurs modes de pensée uniformisants. Ses idées seront particulièrement salutaires lorsqu'il réhabilitera la rêverie contre l'hostilité au rêveur, l'erreur comme levier pour la connaissance, l'instant contre la monotonie d'une durée continue et les troubles de l'âme comme des sources de nouvelles explorations du psychisme. Il fera sien le droit de se tromper, d'errer, de rêver, de s'échapper, de vivre intensément et de s'impatienter, sans renier celui de connaître, de penser et de s'émouvoir de la beauté des mots et des choses. Il sera le penseur des fractures, brisures, ruptures, césures de l'histoire de la pensée qui continuent aujourd'hui d'éclairer autant les philosophes que les scientifiques, les musiciens, les plasticiens, les chorégraphes que les poètes.

Si son parcours l'a fait philosophe, sa philosophie s'est édifiée en l'édifiant. Plus qu'aucun autre, il incarne, dans sa manière de vivre simple et modeste, la liberté du penseur. Il offre l'image du philosophe toujours en accord avec ce qu'il est et ce qu'il pense. Son être est l'expression de son savoir. Sa pensée s'incarne dans sa vie et lui donne forme. Il explorera même des techniques de méditation, très prisées aujourd'hui dans notre univers contemporain stressé, qui le conduiront à ne plus se contenter d'une exploration méthodique de l'imaginaire, mais à éprouver des images apaisantes ou stimulantes, à la faveur de rêveries éveillées, destinées à transformer positivement le sujet et son état psychique bien mieux que les psychotropes. Sa philosophie ne résulte pas d'une simple volonté de penser le monde, elle est une philosophie comme discipline et méditation, elle est une philosophie pour se donner les forces de l'esprit.

---

[10] C'est ainsi qu'il s'affiche « philosophe champenois », qu'il construit sa conception du temps sur celle d'un écrivain bourguignon, spécialiste de la ruralité, Gaston Roupnel, qu'il prend appui sur les analyses des erreurs et de l'irréflexion du recteur bourguignon Louis Gérard-Varet pour construire la notion d'obstacle épistémologique, qu'il ne conçoit la science que productrice d'effets, par analogie à un artisanat rural producteur d'objets, qu'il se lie d'amitié avec Henri Vincenot et fonde sa pensée esthétique sur les quatre principes de la nature, qu'il apprécie le poète breton Paul Guillaume et n'introduit jamais de hiérarchie entre les auteurs illustres et les plus obscurs.

Son épistémologie et son esthétique sont traversées par une même éthique, celle de l'honnête homme et de l'humaniste. Pour lui, il n'y a pas de tâche noble et ignoble. C'est lui qui cuisine et fait ses courses de la même manière qu'il pense. Il n'y a pas non plus d'être inférieur, il n'y a que des êtres qui ont été entravés dans leur accomplissement. Les premiers de cordées ne valent pas mieux que les derniers, tous ont une égale dignité. Il a cherché à comprendre, aussi bien dans la vie simple que dans la vie savante ou poétique, les sources de la connaissance et de la pensée et célébré l'étroite solidarité entre l'intelligence de la main et celle de l'esprit. Épris d'égalité, ne séparant jamais l'action et la pensée, il a toujours assumé conjointement les tâches matérielles de la vie et les activités spirituelles.

Sa réflexion sur les sciences est empreinte de sa pratique scientifique et technique, son esthétique, de ses expériences oniriques et poétiques, sa pensée pédagogique, de sa pratique d'enseignant et de père assurant seul l'éducation de sa fille. Ainsi Bachelard élèvera Suzanne et souhaitera, contre l'esprit de son temps et contre les stéréotypes encore en vigueur de nos jours, qu'elle devienne une savante et une mathématicienne. Il s'interrogera sur la domination grammaticale du masculin sur le féminin. Il n'y a d'ailleurs aucun biographe qui ne s'est aperçu que Bachelard avait construit sa carrière en fonction du devenir scolaire de sa propre fille. Le penseur était aussi un père avant tout et formait, avec Suzanne, le rare exemple d'une famille monoparentale[11] gérée par un homme désireux de contribuer à l'émancipation féminine.

La vie et la pensée de Bachelard font écho aux préoccupations de la jeunesse actuelle et de tous ceux qui veulent changer le monde ou explorer d'autres possibles. Le penseur champenois est un homme de l'instant qui regarde toujours du côté de la nouveauté et de la modernité. Sa conception du temps promeut la rupture d'avec les habitudes bien ancrées. En quête d'une nouvelle rationalité toujours plus critique, d'une nouvelle culture revivifiante, d'une créativité toujours renaissante, il valorise l'intensité de la pensée et le goût incessant de l'innovation. Il est un bel exemple pour une jeunesse en quête d'idéal et un contre-exemple stimulant qui met en question l'ordre social injuste et le fatalisme ambiant. Il annonce notre modernité. Son roman de vie est celui d'un visionnaire.

[11] La guerre de 14 a tué beaucoup de civils en raison des épidémies qu'elle a contribué à développer : la typhoïde en 1914 et la grippe espagnole en 1918 dont Jeanne Rossi-Bachelard, sa jeune épouse, fut l'une des centaines de milliers de victimes.

Cet humaniste à la fois rationaliste et romantique, savant et poète, philosophe et homme simple, penseur et rêveur, professeur et père mérite d'être redécouvert. Son parcours si singulier qui lui a permis d'être ce qu'il fut est une énigme qui gagne à être élucidée.

L’énigme d’une vie

1903 : un jeune postier de 19 ans, enfant d’une famille modeste de Bar-sur-Aube est recruté au bureau des postes et télégraphes de Remiremont, dans les Vosges, en qualité de surnuméraire. Il y travaille d’arrache-pied soixante heures par semaine et dix heures par jour. Les tâches rythmées par des exigences mécaniques et impératives sont répétitives et peu exaltantes. La vie de petit employé est terne et monotone. Le présent qui se rétrécit dure trop longtemps.

1955 : un professeur de philosophie achève sa carrière en effectuant son dernier cours en Sorbonne. Il a 71 ans. Sa notoriété est grande et croissante. Sa longue barbe blanche et ses cheveux, plutôt longs pour l’époque, lui donnent l’allure d’un penseur hors du temps dont on aime à dresser le portrait. On le dessine, on le grave, on le sculpte. Il devient le modèle d’artistes de premier plan comme Albert Flocon, Simon Segal ou Hans Bellmer. Il fréquente les savants et les poètes. On l’écoute et on prend conseil auprès de lui. Jamais il ne fuit ses interlocuteurs, il est toujours disponible. On lui accorde volontiers le statut de philosophe dans la cité. La télévision le consacre. Son immense culture qui bouscule les clivages disciplinaires, les frontières épistémologiques et les spécialités est celle d’un sage.

Bientôt auréolé de gloire, Bachelard fuit pourtant les honneurs, garde la simplicité de ses origines et ne se prête à ses contraintes publiques de plus en plus fortes que pour le bien de ses éditeurs qui l’ont soutenu dans les moments les moins favorables. Auteur solitaire de plus d’une vingtaine d’ouvrages largement diffusés et discutés, il n’a pas cherché à faire école. Sa voix radiophonique au fort accent champenois est reconnaissable entre toutes. Sa figure légendaire de penseur connaît une réelle célébrité, tout en exerçant une influence invisible, mais considérable, sur nombre de penseurs du XXème siècle, et non des moindres, dont Michel Foucault, Gilles Deleuze, Claude Lévi-Strauss, Georges Canguilhem, Pierre Bourdieu, Jean-Toussaint Desanti, André Lichnerowicz et Gaston Mialaret.

Qui y-a-t-il de commun entre le jeune et modeste postier et le philosophe loué et reconnu ? Il s'agit pourtant du même homme. Seul le déploiement d'une incroyable énergie peut expliquer une telle métamorphose.

Un imprévisible parcours

Cinquante-deux ans se sont déroulés entre un départ modeste, si éloigné du parcours d'excellence des gloires de ce temps, et cette consécration inattendue dans le monde scientifique, philosophique, artistique et littéraire. Rien ne préparait le jeune Gaston à devenir le créateur de l'épistémologie historique et de la nouvelle critique artistique et littéraire. Rien ne pouvait présager l'irruption sur la scène philosophique d'un penseur hors du commun. Un milieu social dépourvu de privilège et de capital culturel, un territoire de naissance très provincial et rural éloigné des grandes villes et de leurs équipements culturels, un arrêt précoce des études motivé par une nécessité économique et, bien entendu, pas de fréquentation de grandes écoles prestigieuses ; tout en lui concourait à la construction d'une vie ordinaire. Bachelard, lui-même, a parfois regretté d'avoir tant travaillé et de s'être interdit de profiter de moments plus paisibles.

Mais, d'emblée exclu des filières royales de la connaissance, il a pris le contrepied des attendus sociaux et scolaires en choisissant d'arpenter l'immensité des domaines de culture et en en négligeant délibérément les frontières. Tout pour lui est devenu bon à penser et, contre toute attente, bon à repenser : l'épistémologie, l'histoire des sciences, l'esthétique, la physique, la chimie, la morale, la pédagogie, la poésie, la littérature, la sculpture, la peinture, la gravure et la musique. Il absorbe toutes ces régions de la connaissance et de l'art comme si elles ne formaient qu'un tout. En s'instruisant, il s'empare de la totalité des savoirs défendus.

Le trajet accompli par ce philosophe champenois est donc une énigme. S'il peut légitimement se demander à propos de Paul Verlaine, ce poète messin à la vie psychologique en apparence ordinaire : « Comment un homme peut-il, malgré la vie, devenir poète[12] ? » ; on peut aussi se poser la même question à son égard : Comment ce simple descendant de petits paysans haut-marnais peut-il, en dépit d'une vie si modeste, devenir l'un des plus grands philosophes humanistes du XXème siècle ? Il échappe en effet à la logique sociologique et

---

[12] Bachelard (Gaston), *La Poétique de la rêverie*, PUF, 1960.

contredit au principe usuel suivant lequel le déploiement d'une vie est déjà inscrit dans un capital initial.

L'empêcheur de penser en rond

Comme toute exception à un déterminisme très prégnant en matière éducative, l'imprévisible révèle l'importance des richesses invisibles. Il en dit beaucoup sur les ressources et le potentiel humain laissés en friche par une école si prompte à inscrire dans de petites cases des compétences fort complexes à cerner. Trop souvent, celle-ci s'en tient aux attendus initiaux et préjuge des capacités à partir des premières performances alors que « l'homme [...] a le besoin et le goût de se dépasser[13] ». Trop souvent, elle contient les élèves dans un cadre intellectuel étriqué que seule une pédagogie du non peut bousculer.

C'est en mettant en question l'école et son fonctionnement que Bachelard libérera ses capacités et s'accomplira en philosophe. C'est en quittant l'école que Bachelard édifiera sa propre pensée. Il lui fallut bien de l'imagination et de la volonté pour se dégager de ce moule républicain encore imprégné d'influences religieuses. Il a dû « recenser tous les désirs de quitter » ce qu'il était accoutumé à voir et à entendre, à dire et à faire « en faveur de ce » qu'il imaginait. Il n'avait pas d'autres choix que d'abandonner « le cours ordinaire des choses », de « s'absenter » pour « s'élancer vers une vie nouvelle[14] ».

En phase avec ce défi à l'égard des attentes et des destins tout tracés, il n'a de cesse de penser en terme de rupture et de bâtir son parcours autour de deux schèmes de pensée : l'induction qui ne conclut jamais de ce qui est déjà inclus dans les prémisses, s'ouvrant ainsi à la découverte loin de la tranquillité déductive, et l'extension qui élargit toujours le champ de réflexion et réorganise les savoirs sans chercher à les confirmer. Dans ce cadre, penser et imaginer sont une seule et même activité : « La pensée est toujours par certains côtés l'essai ou l'ébauche d'une vie nouvelle, une tentative de vivre autrement [...], une volonté de dépasser la vie[15]. »

Ainsi la vie intellectuelle de Bachelard ne sera jamais construite autour d'une thèse continuée et indéfiniment répétée. Elle est multilinéaire et n'obéit à aucun plan ni programme dont on pourrait déduire le développement. Elle réserve bien des surprises et recèle bien

---

[13] Bachelard (Gaston), *La Dialectique de la durée,* PUF, 1936.
[14] Bachelard (Gaston), *L'Air et les songes*, Corti, 1943.
[15] Bachelard (Gaston), *La Dialectique de la durée,* PUF, 1936.

des énigmes. Loin de produire une œuvre comme s'il s'agissait d'accomplir ce qui était couru d'avance, elle s'est nourrie de découvertes et d'innovations et a su s'émanciper de l'héritage initial pour vivre les aventures de la pensée.

La voie de la réussite était pourtant étroite pour les milieux modestes, faute de maîtriser le langage de cour et les codes bourgeois. La seule porte qui s'ouvrait était celle de la technique et des sciences plus accessible pour les classes populaires, en raison de leur lien avec l'environnement de travail et les usages économiques. Pragmatique, le langage scientifique et technique est sobre sans redondance et logique sans superfluité. De nos jours, l'introduction des filières technologiques et professionnelles a d'ailleurs permis à des jeunes de milieu modeste d'accéder à un niveau bac plus deux ou trois qui leur était jusqu'alors quasiment interdit, quitte parfois à se diriger ultérieurement vers un enseignement supérieur plus classique.

Bachelard a ouvert ce chemin, apprenant les humanités à trente-cinq ans, cultivant l'art et la littérature en passant préalablement par la technique et les sciences. Philosophe reconnu, il saura se moquer de cette « bourgeoisie bachotée » qui fait l'importante en « transportant » « à la campagne des souvenirs de collège » et en citant face à un public médusé « vingt mots de grec en mouillant quelques trémas sur l'i[16] ». Penseur célébré, il accordera autant de place aux petits poètes méconnus qu'aux plus grands maintes fois reconnus, mettant en question une hiérarchisation bien confortable pour les quelques élus.

Il saura se jouer de cette bourgeoisie qui se méfiera de ce barbu de souche modeste et qui réclamera même parfois à l'institution de ne pas lui voir jouer le rôle de professeur auprès de ses chérubins. Dans les années vingt, des parents « bien informés » et « bien intentionnés » contournaient déjà les établissements scolaires locaux pour que leurs enfants aient affaire à un professeur socialement plus conforme que le simple fils de cordonnier.[17] Ils ne savaient pas que la bêtise avait eu raison de leur intelligence et qu'ils avaient écarté leurs enfants d'un destin hors norme, en leur évitant de bénéficier d'un des plus grands philosophes français, en qualité de professeur de philosophie.

Bachelard a su brouiller les pistes, mélanger les cartes de la réussite et transgresser les règles implicites présidant au confort universitaire.

---

[16] Bachelard (Gaston), *L'Eau et les rêves*, Corti, 1942.

[17] « Je connais telle famille bourgeoise de Bar-sur-Aube qui a retiré son fils du collège, pour qu'il ne fasse pas sa philo avec Gaston Bachelard. » Malgras (Pierre), in *Témoins de Gaston Bachelard*, Bar-sur-Aube, 1985.

Le moins qu'on puisse dire, c'est qu'il n'a pas toujours fait l'unanimité parmi les grands professeurs. Figure dérangeante du non-héritier, il a ouvert des chemins qui ne lui étaient pas destinés et occupé tous les terrains, de la science à la littérature, sans y être explicitement convié.

L'œuvre fait vivre

Ce sont ces chemins que nous nous proposons d'explorer, loin des études biographiques classiques qui visent à rendre compte, à la manière de Sainte Beuve, de l'œuvre par la vie. Avec Bachelard, ce n'est pas dans la vie qu'il faut chercher la vérité de l'œuvre car elle n'en est pas le reflet, c'est l'œuvre qui produit la vie et qui lui confère toute son extension. La vie est le négatif du penseur. Elle est ce qu'il oublie en créant d'autres vies possibles, elle est ce qu'il ignore en construisant une vie imaginée. L'œuvre est le vrai commencement que seule précède l'inquiétude existentielle. « Créer, c'est dénouer une angoisse [18] », connaître, c'est surmonter une difficulté. Bachelard s'accorde sur ce point avec le neveu de Bergson, Marcel Proust, pour qui l'œuvre explique et enrichit la destinée.

Elle est le véritable sujet qui forge la vie. Elle est une vie multiple et indéfiniment refaite. « Pour un simple philosophe écrivant et lisant au jour le jour, son livre est une vie irréversible, et de même il voudrait revivre la vie pour la mieux penser – seule méthode philosophique pour la mieux vivre - il voudrait, le livre fini, avoir à le refaire[19] ». La vie que l'on ouvrage est une vie que l'on recommence sans cesse. Un an avant sa mort, Bachelard est toujours prêt à refaire sa vie intellectuelle. « Et comme ce serait bon [...] de tout recommencer, commencer à vivre en écrivant ! Naître dans l'écriture, par l'écriture [...] une hâte me prend de m'instruire encore[20]. » La vie, si souvent recréée, n'a plus rien à voir avec cette vie insipide et soumise aux besoins qui peuple nos journées. Avoir mal vécu est une chance pour la création. « L'œuvre n'a-t-elle pas dominé la vie, l'œuvre n'est-elle pas un pardon pour celui qui a mal vécu[21] ? » Mieux que l'œuvre d'une vie, c'est la vie de l'œuvre, la vie faite œuvre qui prend toute la place au point d'en devenir parfois presque invivable.

C'est en effet cet impératif qui contraint Bachelard à quitter avec beaucoup de regrets sa chère campagne champenoise pour exercer à

[18] Bachelard (Gaston), *La Terre et les rêveries de la volonté*, Corti, 1948.
[19] Bachelard (Gaston), *La Terre et les rêveries du repos*, Corti, 1948.
[20] Bachelard (Gaston), *La Flamme d'une chandelle*, PUF, 1961.
[21] Bachelard (Gaston), *La Poétique de la rêverie*, PUF, 1960.

l'âge de quarante-six ans à l'université de Bourgogne. C'est celle-ci qui le conduit en 1940 à vivre partiellement à Paris. Partagé sur la fin de son existence entre ses quelques « cases » de la Place Maubert à Paris, « ce cube géométrique », « cet alvéole de ciment », « cette chambre aux volets de fer[22] » et sa maison de Dijon, il n'eut de cesse de songer au pays natal si vallonné et à sa chère petite ville de Bar-sur-Aube où il a fait le choix de reposer. « Qu'on nous rende le jardin et le pré, la berge et la forêt et nous revivrons nos premiers bonheurs[23]. » Les pavés de Paris qui jalonnent les rues et les cubes encastrés qui tiennent lieu d'immeuble d'habitation ne font évidemment pas rêver. « Je ne rêve pas à Paris [...] Quand les rêves me sont propices, je vais là-bas, dans une maison de Champagne[24]. » Et c'est sans doute le même enthousiasme pour l'œuvre à venir qui le détourne à regret de sa vocation d'ingénieur des postes et des télégraphes.

Une vie secrète

La méthode est clairement énoncée dans son étude sur *Lautréamont*. Pour se saisir de la vie, il faut appréhender l'œuvre. Celle-ci révèle à la fois ce qui a été répudié et ce qui a été étudié, la vie subie et la vie choisie. Lire les œuvres pour rendre la vie intelligible suppose de les considérer comme « des négatifs de la vie positive » et de « les comprendre dans leur propre système comme on comprend une géométrie non-euclidienne dans sa propre axiomatique[25] ». On n'a pas d'autres choix, car la fonction de l'œuvre est précisément de se débarrasser de la quotidienneté, d'en expulser le déroulé. La biographie s'égare à vouloir éclairer l'œuvre qui forme système. C'est l'inverse qui est vrai, comme le mouvement structuraliste le montrera quelques années plus tard.

Bachelard ne rejette pas pour autant l'idée même de biographie, à condition qu'elle soit repensée et réorganisée. En l'état, l'identité communément acceptée est douteuse puisque « l'individu n'est déjà qu'une somme d'accidents[26] ». Son être est mouvant, c'est un mutant toujours en mouvement. Rien ne prouve que ce qu'il a été hier est le même que celui qu'il est aujourd'hui. Changer, c'est ne plus être le même. L'autre se glisse toujours subrepticement en chacun de nous. Pareil à

[22] Bachelard (Gaston), *La Terre et les rêveries du repos*, Corti, 1948.
[23] Bachelard (Gaston), *L'Air et les songes*, Corti, 1943.
[24] Bachelard (Gaston), *La Terre et les rêveries du repos*, Corti, 1948.
[25] Bachelard (Gaston), *Lautréamont*, Corti, 1940.
[26] Bachelard (Gaston), *L'Intuition de l'instant*, Stock, 1932.

l'électron, l'individu est en quête d'identité. Sa conscience de lui-même n'est pas innée, mais acquise, elle est le produit de l'éducation et de la grammaire. Et seule l'œuvre lui donne sens. Pour revenir à la vie et « comprendre le poète », « il faudra toujours revenir à l'œuvre », dans la mesure « où une œuvre [...] s'arrache en quelque sorte de la vie usuelle pour accueillir une autre vie. » Elle est « l'expression d'une force psychique [27] » unifiante. Elle est cette puissance psychique incarnée, cet ensemble d'actes qui la font œuvre et dont Bachelard est le fruit.

Il y a dans sa création quelque chose de lui qui est probablement le principe de sa réalisation. Ce principe est une force. Ce principe est un opérateur de vie meilleure, un vecteur de bonheur littéraire. Le dynamisme de l'écriture, du style et de la pensée font de Bachelard « une force qui va[28] » et qui se transmet. Il communique son énergie à son lecteur. Il redonne aux mots leur vigueur poétique.

Le secret de fabrication d'une vie exceptionnelle n'est pourtant pas donné dans l'ordinaire des jours. Il nous meut dans le plus grand mystère, tant que l'œuvre ne l'a pas révélé. « Tout homme a dans sa vie cette heure de lumière, l'heure où il comprend soudain son propre message[29]. » Si tout était en effet donné dans la plus grande clarté, il n'y aurait pas nécessité à œuvrer pour élucider l'énigme de la vie.

C'est cette part d'ombre qui fait la force du penseur. C'est la cécité qui donne envie de tout voir et de tout savoir. Bachelard cherche à comprendre ce qu'il ne voit pas et n'entend pas pour mieux saisir le sens de sa vie. L'éclairage vient de l'ombre, la conscience de l'inconscient et ils ne se nourrissent que dans l'œuvre. C'est pourquoi « il faut savoir rentrer dans l'ombre pour avoir la force de faire notre œuvre[30] ». Écrire, c'est se cacher pour mieux se révéler à soi-même. La vraie vie ne s'expose pas, elle se crée.

Bachelard prendra le contre-pied de Sartre qui s'affichera au Café Flore et à Saint-Germain-des-Près. Tout juste arpente-t-il la rue Mouffetard pour faire son marché de produits frais, acheter les meilleurs fromages et le meilleur jambon. Il a besoin de se réfugier en lui-même et de penser à une philosophie du repos, loin des agitations existentielles. Si Sartre pense transparence, Bachelard songe en secret.

---

[27] Bachelard (Gaston), *Lautréamont*, Corti, 1940.
[28] Hugo (Victor), *Hernani*, Folio, Gallimard, 1995.
[29] Bachelard (Gaston), *Le Nouvel esprit scientifique*, PUF, 1934.
[30] Bachelard (Gaston), *La Terre et les rêveries du repos*, Corti, 1948.

L'un mit en scène ses propres pièces, l'autre fut acteur et joua d'autres personnages que lui-même.

En inscrivant l'être dans un devenir profond, Bachelard doit donc faire face au mystère qui l'habite. « Les plus grands secrets de notre être nous sont cachés à nous-mêmes, ils sont dans le secret de nos profondeurs[31]. » La discrétion n'est pas qu'une posture d'humilité, c'est une marque de lucidité. On révèle aisément pour mieux cacher. On affiche volontiers les masques et les faux-semblants. « Nous sommes des êtres profonds. Nous nous cachons sous des surfaces, sous des apparences, sous des masques, mais nous ne sommes pas seulement cachés aux autres, nous sommes cachés à nous-mêmes. » La fabrique de l'œuvre procède en même temps du dévoilement de ses secrets enfouis qui échappent à son auteur, mais pas nécessairement à ses lecteurs. L'expression choisie révèle aussi bien ses significations que ses ressorts à condition d'y aller voir et d'y interroger les rapports à l'œuvre. Aller chercher le sens de cette vie que Bachelard qualifia lui-même d'« invivable », requiert l'exploration des multiples voies empruntées par le philosophe champenois.

[31] Bachelard (Gaston), *La Terre et les rêveries du repos*, Corti, 1948.

Chapitre premier

TRACER SA ROUTE EN RÊVANT SA VIE

Ouvrir l'avenir

« Vient dans sa vie une heure où le travail domine et conduit la destinée. »
Simon Segal, in *Le Droit de rêver*, PUF.

Des chemins qui s'entrecroisent

Le moins que l'on puisse dire, c'est que Bachelard n'a pas choisi la ligne droite. Il a tracé plusieurs sillons au risque de se perdre et de nous perdre. « On a dit que dans l'homme "tout est chemin" ; si l'on se réfère au plus lointain des archétypes, il faut ajouter : dans l'homme tout est chemin perdu[32]. » Son œuvre procède du labyrinthe dont il ne trouve pas parfois les issues : « Je vis dans un grand désordre de livres, de notes. Retrouver un livre sur mes rayons est devenu un problème[33]. » La technique, la science, les mathématiques, la pédagogie, l'imaginaire littéraire, la philosophie et la rêverie poétique constituent autant de parcours qui se sont succédé, chevauchés et entrecroisés.

La partition entre l'épistémologie et l'esthétique, la raison et le rêve, n'est pas le signe d'un dualisme figé. L'importance croissante des images dans l'œuvre ne renvoie pas à une conversion tardive et progressive à l'imaginaire d'un scientifique éclairé. La dualité est bien plutôt la dynamique de l'œuvre, la figure apparente d'une profonde complémentarité. Le développement tardif de l'axe de la subjectivité a

---

[32] Bachelard (Gaston), *La Terre et les rêveries du repos*, Corti, 1948.

[33] Bachelard (Gaston), *Lettre du 02/10/1957*, in *Correspondance Gaston Bachelard-Henri Bosco*, in Cahiers Henri Bosco, n°47-48, Artois Presses Université, 2013.

une fonction de rééquilibrage dans une œuvre qui pense le diurne et le nocturne.

On peut percevoir une ligne de fracture en 1941 avec *L'Eau et les rêves*. *La Formation de l'esprit scientifique* traitait en 1938 du redressement par la raison des images et des représentations-obstacles. *La Psychanalyse du feu* procède de la sorte avec les images du feu. La perspective demeure rationaliste, même si Bachelard s'attarde plus que de coutume sur les dimensions plus littéraires et poétiques. *L'Eau et les rêves* est plus dissonante : « La sincérité nous oblige à confesser que nous n'avons pas réussi le même redressement à l'égard de l'eau. Les images de l'eau, nous les vivons encore, nous les vivons synthétiquement dans leur complexité première en leur donnant souvent notre adhésion irraisonnée[34]. » Ces propos très clairs sont un véritable aveu.

Bachelard est devenu moins rationaliste à l'égard de l'eau, c'est-à-dire moins enclin à identifier les obstacles à la connaissance scientifique et plus sensible aux images dont il ne se garde plus. Il accepte de les habiter, voire même de s'en imprégner. Le quinquagénaire se met-il enfin à rêver et à lâcher la bride ? Devenu professeur en Sorbonne et à l'abri des soucis de carrière, peut-il enfin se distraire avec les poètes, les artistes et les écrivains ? C'est sans doute ce qu'une lecture linéaire peut nous faire accroire.

Mais cet aveu est plutôt le point de départ d'autres explorations du fonctionnement psychique qui, plutôt que d'exclure la question épistémologique, l'intégrera avec la publication de trois ouvrages fondamentaux que sont *Le Rationalisme appliqué, L'Activité rationaliste de la physique contemporaine* et *Le Matérialisme rationnel*. Loin de s'écarter du bon usage de la raison, ces textes insistent sur la rationalité qui figure explicitement dans chacun de leur titre. Il n'y a pas de conversion à l'imaginaire comme le supposait Jacques Gagey[35], mais un entrelacement de chemins qui l'intègre. Ces croisements quasi-labyrinthiques sont complexes parce qu'ils s'ajoutent en masquant les autres et se combinent mutuellement. La meilleure manière de devenir rationaliste dans le processus de connaissance scientifique n'est-il pas d'explorer l'imaginaire qui ne se connaît qu'en s'éprouvant, plutôt que

---

[34] Bachelard (Gaston), *L'Eau et les rêves*, José Corti, 1942.

[35] Gagey (Jacques), *Gaston Bachelard ou la conversion à l'imaginaire,* M. Rivière, 1969.

de constater, de l'extérieur, les errements de la subjectivité et d'en fabriquer une typologie abstraite ?

Bachelard demeure ce philosophe profond dont la pensée unitaire et totalisante n'est pas d'emblée lisible. Il faut probablement les efforts redoublés d'archéologues de la pensée pour mettre à jour les couches successives de réflexion et leur liaison, pour identifier la pluralité des chemins et les liens nouveaux qu'ils créent. Conformément à la maxime de Hudson citée par lui : « where is a will, there is a way. Où il y a une volonté, il y a un chemin[36] », la vie de Bachelard est un constant cheminement qui s'opère à travers de nombreux itinéraires. Il nous donne à voir les multiples facettes d'un psychisme dont la discontinuité est clairement affirmée. « En examinant, feuillet par feuillet, les divers plans d'enchaînement du psychisme, on aperçoit les discontinuités de la production psychique. » « Nous connaître, c'est nous retrouver dans cette poussière d'événements personnels[37]. » L'énigme réside dans la multitude des identités qui composent le penseur.

Ce sont ces multiples volontés qu'il nous faut désormais explorer afin d'en appréhender l'unité qui est celle d'une vie.

La difficulté d'avoir une origine

Tout commence à Bar-sur-Aube en 1884. Bachelard naquit dans cette petite localité qui comportait 4600 habitants à la fin du XIXème. La commune est entourée de coteaux et de collines, consacrés aujourd'hui à la vigne spécialisée dans le champagne et à la production de chanvre. La forge, très présente dans l'œuvre avec le son de l'enclume si évocateur du pays, et l'usinage y sont des activités économiques de premier ordre auxquelles s'ajoute la fabrique de meubles qui n'est pas étrangère à la présence importante des forêts. L'Aube traverse la ville et dessine des paysages luxuriants.

[36] Bachelard (Gaston), *La Terre et les rêveries du repos*, Corti, 1948.
[37] Bachelard (Gaston), *La Dialectique de la durée*, PUF, 1936.

Bar-sur-Aube. La rue Nationale, celle de la naissance et de l'enfance.

Bachelard est l'un des rares philosophes à avoir inscrit son pays natal dans son œuvre, à la faveur d'allusions fréquentes. Plus on s'éloigne de ce qui a vous fait, plus on est mobile et plus on a besoin de se rappeler d'où l'on vient. « Je suis né dans un pays de ruisseaux et de rivières, dans un coin de la Champagne vallonnée, dans le Vallage, ainsi nommé à cause du grand nombre de ses vallons [...] Mon plaisir est encore d'accompagner le ruisseau, de marcher le long des berges, dans le bon sens, dans le sens de l'eau qui coule, de l'eau qui mène la vie ailleurs, au village voisin[38]. » Mis à part les deux thèses de 1927 qui n'y font guère allusion en raison des règles en usage et les trois derniers ouvrages épistémologiques qui résultent d'une claire séparation entre une phénoménologie des sciences et une phénoménologie de l'art, la plupart des vingt-cinq ouvrages s'y réfèrent de manière plus ou moins explicite. L'attachement quasiment corporel au territoire est indissociable de la construction de l'œuvre.

L'allusion au pays natal s'amorce dès 1929, dans *La Valeur inductive de la relativité,* avec un descriptif implicite du chemin vers Sainte Germaine : « Nous avons pris le chemin facile et commun, la route de la plaine, nous n'avons pas vu le sentier ascendant qui mène aux larges horizons, à ces centres d'observation où la vraie figure du

[38] Bachelard (Gaston), *L'Eau et les rêves*, Corti, 1942.

pays apparaît enfin dans sa totalité et dans sa nouveauté[39]. » Elle se prolongera par des évocations de plus en plus précises et empreintes d'

Sainte-Germaine : vue sur le pays de Bar-sur-Aube

un brin de nostalgie et se terminera, en 1962, par la référence à la rivière qui agrémente la ville de Bar-sur-Aube : « Mon premier oiseau de feu, je l'ai vu plonger dans ma rivière. C'était en un grand jour de soleil, quand la rivière porte justement son nom d'Aube, rivière agrandie par l'enfance, tranquille et toute bleue comme le ciel[40]. »

[39] Bachelard (Gaston), *La Valeur inductive de la relativité*, Vrin, 1929.
[40] Bachelard (Gaston), *Fragments d'une poétique du feu*, PUF, 1988.

L'Aube vue de Bar

Le rapport au terroir dont la présence s'amplifie dans l'œuvre est d'abord un rapport à l'enfance parce que celle-ci « dure toute la vie[41] ». Sa réminiscence est une source constante de dynamisme, dans la mesure où les images du pays natal tirent leur force et leur attractivité de leur retentissement sur une enfance oubliée et subitement exhumée. Mais cette référence témoigne également de la volonté de contextualiser la réflexion, de ne jamais penser hors-sol. Il y a une forme de matérialisme dans cette inscription concrète de sa pensée, une intention de donner corps à ses idées. On y verra aussi le besoin de racines, analysé dans *La Terre et les rêveries du repos*, une manière de sécuriser sa pensée, lui qui s'est tant éloigné de ses bases géographiques et sociologiques.

Bachelard a besoin de se sentir chez lui pour penser, de savoir d'où il vient pour savoir où il va. Il répugne à vivre dans l'infini car « dans l'infini on n'est pas chez soi[42] ». Chez lui, on ne se perd pas, même dans les forêts qu'il aime tant et qui pourtant ont vu se perdre son propre grand-père. Le rapport régulier au terroir le conduit à forger le concept de « philosophe champenois » qui constitue toujours une référence au bon sens ou à un esprit toujours dubitatif. Bachelard est aussi un grand marcheur, n'hésitant pas à arpenter quotidiennement les routes de

[41] Bachelard (Gaston), *La Psychanalyse du feu*, Gallimard, 1938

[42] Bachelard (Gaston), *L'Intuition de l'instant*, Stock, 1932.

campagne pour se rendre à pied de Voigny au collège de Bar-sur-Aube, distant de six kilomètres.

La campagne lui est stimulante à tel point qu'il valorise la ruralité. L'action humaine, selon lui « n'a pas le même goût au milieu des hommes et au milieu des champs. Par exemple quand l'enfant au gymnase, dans la sciure, s'efforce au saut en longueur, il n'éprouve qu'une émulation humaine [...] Quel orgueil surhumain de sauter l'obstacle naturel, de franchir d'un bond le ruisseau. On a beau être seul, on est le premier[43]. » La campagne offre cette relation directe à la matière et aux hommes qui éloigne de la froideur artificielle des villes et du sentiment de compétition urbaine. Elle donne la maîtrise sans le stress de la performance. Elle nous fait vivre le crépitement du feu dans l'âtre. Elle nous rapproche également de la terre qui en appelle à la volonté conquérante et aux travaux vigoureux.

Le jardinage est joyeux : « Il faudra tout un livre pour exposer l'agriculture imaginaire, les joies de la bêche et du râteau[44]. » La maison rurale est une maison onirique dans laquelle il fait bon rêver, s'enraciner et garder ses souvenirs. « Sent-on maintenant la différence de richesse onirique entre la maison de campagne construite vraiment sur la terre, dans un enclos, dans un univers, et l'édifice dont quelques cases nous servent de demeure et qui n'est construit que sur le pavé des villes[45] ? »

Né le 27 juin 1884, sous le signe de la ruralité qu'il revendiquera jusqu'en Sorbonne, Gaston Louis Pierre Bachelard eut un père cordonnier et vigneron, Louis Jean-Baptiste Gaspard Bachelard, issu d'une lignée de cordonniers-bottiers, et une mère, d'abord sans profession, puis dépositaire de journaux et débitrice de tabac, Marie-Louise Philomène Bachelard née Sanrey. Le milieu familial est très modeste et le demeurera longtemps. L'acte de naissance fait mention de la présence de Nicolas Bachelard, cantonnier et de Jean-Pierre Morel, limonadier. Le terroir familial se confond avec ce qui est aujourd'hui le Grand Est. L'arrière-grand-père de Bachelard était même d'origine allemande.

Madame Bachelard mère, native du pays de Langres, est issue d'un milieu de petits paysans et s'apparente par son père, Denis Sanrey, à Denis Diderot, sans que son fils n'en fasse jamais mention. Sa famille

---

[43] Bachelard (Gaston), *L'Eau et les rêves*, Corti, 1942.
[44] Bachelard (Gaston), *La Terre et les rêveries de la volonté*, Corti, 1948.
[45] Bachelard (Gaston), *La Terre et les rêveries de la volonté*, Corti, 1948.

possède quelques terres et en particulier de la vigne, un verger, un jardin et quelques friches.

De son père, Bachelard conservera l'image d'un regard pétrifiant qui a transmis force et énergie et qu'il retrouvera plus tard avec stupeur dans le sien : « L'image est ancrée [...], elle nous ramène au temps où le regard d'un père nous immobilisait. Toute la vie, nous gardons le plaisir d'imposer l'immobilité de la pierre au monde hostile, à l'ennemi étonné. » Il est aussi celui par qui le feu advient et qui préserve jalousement ce pouvoir prométhéen. « Manquer un feu eût été une insigne sottise. Je n'imaginais pas que mon père pût avoir d'égal dans cette fonction qu'il ne déléguait jamais à personne. En fait, je ne crois pas avoir allumé un feu avant l'âge de dix-huit ans. C'est seulement quand je vécus dans la solitude que je fus le maître de ma cheminée. Mais l'art de tisonner que j'avais appris de mon père m'est resté comme une vanité[46]. »

Le pouvoir paternel indivisible n'est pourtant pas sans susciter quelques désirs de renverser l'ordre des choses en s'emparant du feu. La rivalité couve sourdement et donne lieu à quelques tranquilles transgressions. « L'enfant veut faire comme son père, loin de son père, et de même qu'un petit Prométhée, il dérobe des allumettes ; Il court alors dans les champs et, au creux d'un ravin, aidé de ses compagnons, il fonde le foyer de l'école buissonnière. L'enfant des villes ne connaît guère ce feu qui brûle entre trois pierres ; il n'a pas goûté la prunelle frite ni l'escargot placé tout gluant sur les braises rouges. »

La préoccupation du feu qui traversera l'ensemble de l'œuvre de 1927, année de la thèse complémentaire intitulée *Étude sur l'évolution d'un problème de physique, la propagation thermique dans les solides,* à son ouvrage posthume, *Fragments d'une poétique du feu,* en passant par *La* célèbre *Psychanalyse du feu* et *La Flamme d'une chandelle,* est une constante de sa philosophie à tel point qu'il peut renoncer à une leçon de philosophie pour ne pas manquer le feu qui crépite dans la cheminée. Le complexe de Prométhée est assurément l'aiguillon de cette passion. Le désir de savoir plus que son père et ses maîtres et de les dépasser mobilise l'énergie d'une vie. Il le conduira même, dans *Le Rationalisme appliqué*, à mettre en question les prétentions parentales d'avoir toujours raison sur le seul fondement d'une expérience passée, véritable obstacle à une pensée de l'avenir.

---

[46] Bachelard (Gaston), *La Psychanalyse du feu*, Gallimard, 1938.

Sur sa mère, Bachelard demeure très discret. Elle apaise et rassure. Elle est celle qui éteint la suspension lors de la confection du brûlot, celle qui éteint le feu que le père a allumé et celle auprès de laquelle on se sent en sécurité entre la cave et le grenier. « La peur d'abord est bien différente. L'enfant est là près de sa mère, vivant dans la partie moyenne. Ira-t-il du même cœur à la cave et au grenier[47] ? »

L'image d'une mère qui exerce une activité professionnelle était pourtant à cette époque encore exceptionnelle. De nombreuses études ont montré son impact dans la confiance des enfants en la vie et en ont même fait une variable de réussite. Plutôt que la profession des pères, c'est celle des mères qui semble le déterminant le plus sensible à la réussite sociale. On évoque moins aisément ce qui vous porte et la discrétion de Bachelard à l'égard de sa propre mère ne saurait être simplement interprétée comme une dévalorisation, mais bien au contraire comme une force qui l'habite[48]. Le commerce des idées et le souci de la communication ne sont pas sans lien avec celui des journaux.

Bachelard mentionnera, au détour d'une phrase, sa lecture critique d'une certaine presse qui donne à voir la vie des gens, dans sa forme psychologique la plus démagogique, sans mise à distance réflexive et sans rectification critique. Il dénonce ce mépris du lecteur qui subit une « culture » psychologisante et à qui l'on offre, en guise de formation, un « intérêt pour *l'humain* » qui « s'étale dans la presse et les romans, sans plus d'exigences que celle d'un récit *original*, sûr de trouver des lecteurs quotidiens et assidus[49] ». L'expérience immédiate, soumise aux intérêts primitifs qui abaissent, n'édifie pas une culture qui élève. La presse, sensible aux sirènes du marché et de plus en plus dépendante des puissances d'argent, a renoncé à son rôle éducatif.

Le poids des valeurs

L'influence maternelle est probablement à l'origine de choix de vie singuliers pour une époque très patriarcale. Bachelard a épousé une institutrice, malheureusement trop tôt disparue, et non une femme au foyer. Il a joué le double rôle parental, père et mère à la fois, auprès de sa fille, demi-orpheline à 7 mois, avec le succès que l'on sait.

---

[47] Bachelard (Gaston), *La Terre et les rêveries de la volonté*, Corti, 1948.

[48] « J'oserais seulement dire, en raison du contact discret mais chaleureux que l'on avait avec Bachelard, qu'il a sans doute eu une bonne mère. » Clancier (Anne), in *Bachelard, Colloque de Cerisy*, UGE, 1974.

[49] Bachelard (Gaston), *La Formation de l'esprit scientifique*, Vrin, 1938.

L'éducation émancipatrice dont Suzanne a bénéficié auprès de ce père attentif et aimant en a fait un être intellectuellement accompli. Dès l'âge de cinq ans, elle faisait montre de si brillantes dispositions que son père l'imaginait devenir « savante ». Elle a bénéficié très tôt des cours paternels et l'a accompagné dans ses nombreux séminaires. La carrière de Bachelard s'est toujours construite avec la volonté de ne pas nuire à son développement. Il ne quitte le lycée pour l'université que lorsqu'elle accède au second degré et il est affecté à Paris au moment où elle approfondit ses études supérieures.

On n'a pas suffisamment remarqué, dans son parcours singulier, le souci qui a été le sien de veiller à l'épanouissement de sa fille, tant l'époque était très marquée par le clivage des sexes et des fonctions. Suzanne a pu ainsi développer des recherches phénoménologiques et épistémologiques de haute tenue, après avoir traduit *Logique formelle et logique transcendantale* d'Edmond Husserl, mener une brillante carrière universitaire et diriger le centre national d'études d'histoire et de philosophie des sciences, à une époque où peu de femmes avaient encore accès à ce type de fonction et seulement à peine un demi-siècle après la première licenciée-es lettres, Julie Daubié.

Ajoutons que Bachelard a toujours eu le souci de l'égalité au point d'interroger une langue qui forge à tort la supériorité du masculin sur le féminin. Il dénonce le vocabulaire qu'il juge trop « partial » parce qu'il « privilégie le masculin en traitant bien souvent le féminin comme un genre dérivé, subalterne ». Il questionne la grammaire comme le font de nos jours de nombreux féministes. « Pour chaque mot masculin je rêve un féminin bien associé [...] Mais est-on jamais sûr de bien faire le partage ? » Il souhaite « rouvrir, dans les mots eux-mêmes, des profondeurs féminines[50] », tout en n'hésitant pas au passage à rendre hommage au *Deuxième sexe* de Simone de Beauvoir en louant ses « analyses qui touchent le fond des problèmes[51]».

Le modèle familial, très en avance sur son temps du point de vue des valeurs d'égalité, imprègne Bachelard au plus haut point. L'école représentera également à Bar-sur-Aube un vecteur de profonde transformation sociale.

Né deux ans après l'institution de l'école républicaine gratuite et laïque, Bachelard entre au collège en 1895. Comme la plupart des élèves issus de l'agriculture, du commerce et de l'artisanat, il suit la

[50] Bachelard (Gaston), *La Poétique de la rêverie*, PUF, 1960.
[51] Bachelard (Gaston), *La Poétique de la rêverie*, PUF, 1960.

filière moderne et ne bénéficie pas du prestige des humanités. Qu'à cela ne tienne, il étudiera le latin ultérieurement en autodidacte pour préparer l'agrégation de philosophie, choisissant une méthode originale et peu orthodoxe, fondée sur la déduction des règles grammaticales à partir d'une simple imprégnation de la langue latine. L'essentiel était assuré. Le progrès des générations était tel qu'il put ainsi accéder au premier grade universitaire. Comme la plupart des élèves de cette filière, il arrête ses études, une fois le baccalauréat de philosophie en poche, pour des motifs à la fois matériels, liées aux possibilités pécuniaires familiales, et bien entendu structurels, en raison de la destination habituelle des élèves de son milieu social.

Bachelard révèle pourtant de remarquables qualités qui lui valent des prix d'excellence. Il n'hésitera pas à souligner ses faiblesses d'ordre orthographique, quelque soixante années plus tard, en s'en ouvrant à Henri Bosco : « Je perds la mémoire. Je multiplie les fautes d'orthographe. J'ai l'impression de retrouver mon plus grand défaut scolaire à 60 ans de distance[52]. » Il est vrai que les méthodes très analytiques alors en usage, comme certains en ont encore la nostalgie en louant la syllabique, ne favorisaient guère l'intelligence des mots. « En ces temps où [...] les lettres une par une s'écrivaient [...] l'orthographe était un drame[53]. » L'anxiété de l'œuvre à construire ravive les souffrances scolaires. Bachelard confesse volontiers ses insuffisances. Sa modestie et sa grande exigence passeront sous silence ses qualités d'acteur de théâtre, de violoniste et de footballeur. Sa simplicité et sa discrétion feront vite oublier le danseur, grand amateur de bals, et l'ardent et brillant cavalier.

Néanmoins le couperet est tombé et la nécessité de subvenir à ses besoins lui fait renoncer aux études longues pour lesquelles il a pourtant bien des dispositions. Ce choix obligé est un sacrifice inacceptable. Trente-six ans plus tard, dans *La Formation de l'esprit scientifique*, Bachelard fustigera ces cursus scolaires trop courts, véhiculant des vérités scolaires à courte vue, incapables de former en profondeur et énoncera le concept de formation tout au long de la vie, promis à un bel avenir : « Alors oui, l'école continue tout le long d'une vie. Une culture bloquée sur un temps scolaire est la négation même de la culture scientifique. Il n'y a de science que par une école permanente[54]. » Il

[52] Bachelard (Gaston), *Lettre du 04/01/1958*, in *Correspondance Gaston Bachelard-Henri Bosco,* in Cahiers Henri Bosco, n°47-48, Artois Presses Université, 2013.

[53] Bachelard (Gaston), *La Poétique de la rêverie*, PUF, 1960.

[54] Bachelard (Gaston), *La Formation de l'esprit scientifique*, Vrin, 1938.

récidivera dans *Le Rationalisme appliqué* en considérant le savant comme un écolier au sens noble du terme : « l'homme adonné à la culture scientifique est un éternel écolier[55] ».

Mais pour l'heure, il lui faut gagner sa vie et il accepte une tâche de répétiteur au collège de Sézanne, situé à une centaine de kilomètres de Bar-sur-Aube. Il a dix-huit ans. À cette époque, la fonction s'ouvre progressivement sur une carrière d'enseignant. A-t-il d'emblée envisagé cette voie tracée à l'avance ? C'est probable puisqu'il y revient quinze ans plus tard. Pourtant il ne s'y attardera pas et ne renouvellera pas l'expérience l'année suivante. Est-ce l'effet d'une autocensure d'ordre social ? Ce n'est pas impossible, mais outre l'aversion de Bachelard pour les sentiers trop balisés que l'on emprunte aux autres à défaut de les construire ou de les créer, il a d'autres rêves. Le réel est trop étroit. Il faut en élargir les bases en explorant le champ des possibles. À la linéarité d'un parcours sécurisé, il préfère la sinuosité des chemins plus libres.

Les dessous de l'école républicaine

L'enseignement ne fait guère rêver en 1902 même si l'on s'efforce de le réformer. Bachelard n'a eu de cesse d'en critiquer la conception. Ce fut, bien entendu, l'un des objets privilégiés de *La Formation de l'esprit scientifique*. Mais cette préoccupation inspira également bien des analyses contenues dans la plus grande partie de son œuvre. Seules vingt-cinq années séparent cette expérience peu concluante de répétiteur et les premières publications. À peine plus d'un quart de siècle après son cursus scolaire secondaire, Bachelard s'intéresse au processus réel de construction des connaissances. Le vécu scolaire décevant conduisait à la mise en question des pratiques de l'école et de leur légitimité scientifique. En 1902, la critique est encore indicible. Un simple répétiteur n'a pas son mot à dire. Il ne s'exprime pas, il duplique la parole magistrale.

Le bouillonnant et dynamique Gaston Bachelard s'est très vite heurté à l'autoritarisme et au dogmatisme des enseignants. Il décrit, dans *La Formation de l'esprit scientifique*, l'âme professorale sans nuance. La critique est cinglante et à la mesure d'un ressenti douloureux : « Âme professorale, toute fière de son dogmatisme, immobile dans sa première abstraction, appuyée pour la vie sur les succès scolaires de sa jeunesse, parlant chaque année son savoir,

---

[55] Bachelard (Gaston), *Le Rationalisme appliqué*, PUF, 1949.

imposant ses démonstrations, tout à l'intérêt déductif, soutien si commode de l'autorité, enseignant son domestique comme fait Descartes ou le tout venant de la bourgeoisie comme fait l'agrégé de l'université[56]. » Bachelard n'a pas vécu de démocratie scolaire. Il a subi une autorité formelle et aveugle, écrasante et arbitraire. Il s'est perçu comme un domestique condamné à l'obéissance. Par contraste, le maître est un enfant de la bourgeoisie qui participe d'un ordre social pour lequel Bachelard n'éprouve nulle attirance. Les rapports pédagogiques sont des rapports de classe.

La critique devient encore plus acerbe un an plus tard dans le *Lautréamont* qui est l'occasion d'exprimer, à travers l'œuvre poétique brève et fulgurante du poète disparu à l'âge de vingt-quatre ans, une violente diatribe contre les pratiques enseignantes. Il juge le dogmatisme inacceptable, non en tant qu'il soumet l'autre, mais en tant qu'il entrave la raison. L'impératif ne fait pas bon ménage avec la science. Il est même contradictoire avec l'enseignement scientifique empreint de rationalité et de discursivité. « L'obéissance qui, dans le règne de la culture, devrait être une pure conscience du vrai, prend alors, du fait de la paternité usurpée des maîtres, un goût insupportable d'irrationalisme. Il est irrationnel d'obéir à une loi avant d'être convaincu de la rationalité de la loi[57]. » Un enseignement autoritaire n'a aucune légitimité logique.

Renonçant à la raison discursive, le maître est condamné à l'arbitraire et ouvre la voie à la violence, à la tragédie et à la cruauté. La barbarie s'insinue dans la pensée lorsque la raison est défaite. « Seule une évocation des tristes heures scolaires peut nous faire comprendre [...] une éducation arbitraire, où le professeur se nourrit avec confiance des larmes et du sang de l'adolescent. » Le professeur n'examine pas les preuves et les idées, il les impose, il ne cherche pas à convaincre, il ordonne. Somme toute, « qui enseigne commande[58] ». L'enseignement s'adresse à un élève servile et docile plutôt que réfléchi et critique. Le « complexe de supériorité[59] » du professeur s'affirme dans un rapport de force qui écrase la vanité de l'élève et l'humilie. Le corps se courbe et la raison se fige.

Contraint à l'inactivité intellectuelle et à l'immobilité physique, l'élève risque la bêtise et l'ankylose. « Lautréamont, poète turbulent,

---

[56] Bachelard (Gaston), *La Formation de l'esprit scientifique*, Vrin, 1938.
[57] Bachelard (Gaston), *Lautréamont*, Corti, 1940.
[58] Bachelard (Gaston), *La Formation de l'esprit scientifique*, Vrin, 1938.
[59] Bachelard (Gaston), *Lautréamont*, Corti, 1940.

[...] a dû souffrir comme tant d'autres des immobilités scolaires. Il a subi les attitudes des adolescents assis, de l'écolier réduit aux joies articulaires du coude et du genou. » La violence s'exerce même lorsque l'élève s'écarte malgré lui de l'image du bon écolier : « L'enfant, par sa faiblesse physique, le jeune camarade, par son retard intellectuel, sont des tentations constantes de violence. »

La sévérité du professeur qui n'a d'égale que son autoritarisme arbitraire a quelque chose de pathologique. Bachelard qui fréquente de grands psychiatres la juge psychotique : « La sévérité est une psychose ; c'est en particulier, la psychose professionnelle du professeur. » Elle résulte de l'arrêt prématuré du développement psychique. Le savoir est pour le professeur un capital si durement acquis qu'il le défend avec hargne et persévérance en provoquant sa « somnolence ». Figé plutôt qu'en devenir, un savoir, plus fiévreusement possédé que scrupuleusement visité, est un bien jalousement conservé. Le professeur sévère et rigide est avare : « l'homme cultivé ruminant sans cesse le même acquis, la même culture » devient, « comme tous les avares, victime de l'or caressé » parce que l'« on tient beaucoup à ce qu'on a péniblement acquis[60] ».

L'avare évite les occasions de générosité, comme le maître évacue les erreurs, les incompréhensions et les contradictions. Les enseignants « savent, ils croient qu'ils savent, ils disent qu'ils savent » et « démontrent[61] » en écartant les objections. Le maître sait, sait qu'il sait et préfère ignorer ce qu'il ne sait pas. À force de jouir de ses certitudes et de fuir les incertitudes, il immobilise sa réflexion qui perd de son dynamisme et de sa tonicité. Se contentant de ses fiches jaunies et du confort de la rigidité intellectuelle, il a cessé de se questionner, d'assouplir une pensée qu'il ne modifie ni ne rectifie. Le sentiment de maîtrise croissante l'éloigne de la recherche et émousse sa curiosité. À force de savoir qu'il sait, le maître cesse de se cultiver et d'actualiser ses connaissances. Il n'est plus ouvert qu'à lui-même et à ses souvenirs idéalisés. Ainsi naît la sévérité maladive.

La répétition des mêmes connaissances, jointe à la fréquence de leurs apparitions, confèrent une légitimité indiscutée au capital intellectuel initialement constitué. L'enseignant finit toujours par n'accepter que ce qui confirme ce qu'il sait. Il a un sentiment croissant de l'évidence de son savoir et, par contraste, du caractère de plus en plus insupportable

[60] Bachelard (Gaston), *Lautréamont*, Corti, 1940.
[61] Bachelard (Gaston), *La Poétique de la rêverie*, PUF, 1960.

de l'ignorance. Il est victime d'une idée fixe. Non seulement, il ne se pose plus de questions, tant ce qu'il sait va de soi, mais il dissuade l'élève de s'aventurer à en poser.

La dissuasion est souvent implicite et sans mystère. Elle n'a pas besoin d'être dite pour être comprise. Tout est prétexte à décourager. Le corps magistral impérieux n'est pas avare de signaux d'agacement. Les mots qui blessent, les regards qui condamnent, les gestes qui écartent l'intrus sont autant de manières d'abaisser plutôt que d'élever. Un haussement de ton, un visage fermé, une gestuelle peu engageante suffisent à décourager les questionneurs. Si l'élève s'affranchit du cours, il risque l'exclusion, s'il perd pied, il s'expose à l'humiliation.

Et si par bonheur et audace, un élève avoue son incompréhension, l'évidence fera immédiatement écran au pédagogue qui la jugera inintelligible. Pétri de son savoir trop bien su, il prendra l'incompréhension pour une objection ou pour une altération de capacités, la rejetant comme sans objet et la considérant comme inadmissible.

Et pourtant les défaillances guettent le maître. Dès sa thèse, Bachelard formule très clairement le besoin que l'on a d'errer. Il considère que l'aventure et le risque sont constitutifs de l'esprit d'innovation : « Cette assurance qui n'a jamais été attaquée, l'erreur la guette », non par insuffisance, mais par nécessité. L'erreur est organique et logique, elle est « l'élément moteur de la connaissance[62] ».

L'élève modèle demeure immobile et attentif. Il ne doit pas fabriquer son savoir, il reçoit des vérités toutes faites qui lui sont dogmatiquement transmises. Le droit à l'erreur lui est interdit. La pédagogie se réduit à l'évaluation et au classement, elle n'est ni accompagnement ni cheminement partagé. « Hélas! Les éducateurs [....] ne guident pas les élèves vers la connaissance de l'objet. Ils jugent plus qu'ils n'enseignent ! Ils ne font rien pour guérir l'anxiété qui saisit tout esprit devant la nécessité de corriger sa propre pensée et de sortir de soi pour trouver la vérité objective [63] . » Le sentiment de puissance cognitive et d'omniscience diminue la lucidité et le discernement, tout en renforçant la prétention à juger. La croissance de l'empathie est à cet égard inversement proportionnelle à la croissance de la faculté d'apprécier ou de déprécier. Moins l'on comprend, plus l'on sait et plus l'on juge.

---

[62] Bachelard (Gaston), *Essai sur la connaissance approchée*, Vrin, 1927.

[63] Bachelard (Gaston), *La Dialectique de la durée*, PUF, 1936.

Le goût prononcé pour l'évaluation caractérise bien des enseignants au point qu'ils évaluent plus qu'ils n'accompagnent. Ils jugent les élèves plus que les processus d'apprentissage. Ils passent davantage de temps à établir des critères de jugement, des grilles d'évaluation, des tableaux d'appréciation, plutôt qu'à conseiller, guider et aider. Ils comparent les élèves les uns aux autres, sans voir que chacun est simplement ce qu'il peut être indépendamment d'autrui, sans voir que personne n'est supérieur aux autres. L'attachement à une notation qui se veut rigoureuse et exigeante parachève pourtant la volonté de jauger et de juger. La posture du juge que l'on confond à tort avec celle du pédagogue découle de la position magistrale du magister. Le maître qui sait apprécie chacun en fonction de son degré de docilité et de sa capacité à recevoir et à restituer ce qui lui est simplement transmis. Il professe et étalonne. Il a le goût de la chaire et de l'estrade. Il distribue les talents avec suffisance et condescendance. Faute de recul réflexif, il prend de la hauteur physique.

La forme descendante et achevée des énoncés professoraux privilégie la déduction sur l'induction. Elle ne laisse de place ni à la découverte ni à une démarche vivante d'investigation, s'éloignant ainsi de la pensée scientifique en marche : « Une fois de plus nous devons nous rendre compte que si c'est la pensée déductive qui enseigne et explique, c'est la pensée inductive qui découvre[64]. » De même que la méthode cartésienne promeut l'ordre de la pensée aux dépens de son extension, la méthode pédagogique propre à un enseignement descendant « est réductive[65] ». Son contenu en est même très pauvre. Il est affligeant, voire même infantile. Bachelard dénonce « l'infantilisme de la pseudo-culture scientifique qu'on dispense dans nos écoles[66] ».

Il n'y a bien sûr aucun espace de création même dans le domaine poétique : « Dans le règne du langage plus qu'ailleurs, les valeurs intellectuelles, les valeurs objectives, les valeurs enseignées sont rapidement opprimantes. La rêverie poétique, elle-même, est rapidement une rêverie savante, voire une rêverie scolaire. On doit se débarrasser des livres et des maîtres pour retrouver la primitivité poétique[67]. » L'ennui c'est que cela dure longtemps. Les leçons n'en finissent pas, les cours s'allongent indéfiniment, les programmes

---

[64] Bachelard (Gaston), *La Valeur inductive de la relativité*, Vrin, 1929.
[65] Bachelard (Gaston), *Le Nouvel esprit scientifique*, PUF, 1934.
[66] Bachelard (Gaston), *L'Eau et les rêves*, Corti, 1942.
[67] Bachelard (Gaston), *Lautréamont*, Corti, 1940.

s'étoffent. La continuité monotone et monocorde de la parole magistrale est sans instant décisif et sans élan offensif.

Il existe alors le refuge du rêve, cette manière qu'ont les élèves brillants de tromper l'ennui. « Quelle délivrance pour ta rêverie quand tu quittes la classe pour remonter sur le coteau, sur ton coteau[68] ! » Ce départ imaginaire est « sans fin » pour « l'écolier assis à son banc, mais parti cependant pour l'école buissonnière, pour les voyages de la géographie dynamique, pour cette géographie rêvée qui le console de la géographie récitée[69] ». Consacrant de nombreux ouvrages et autant de conférences radiophoniques à la rêverie, Bachelard a dû très tôt expérimenter cette manière singulière de s'absenter du réel pour explorer d'autres vies.

Néanmoins il ne se contente pas de rêver, il choisit la rupture pour ne pas dire la révolte. « La vie et le verbe réels doivent être des révoltes, des révoltes conjuguées, des révoltes éloquentes. Il faut donc dire sa révolte, il faut la dire à son maître, à ses maîtres, au maître[70]. » En 1903, il se détourne de l'école et de la fonction de répétiteur. « Il semble d'abord bien évident qu'il faille lutter contre la médiocrité de notre vie psychologique, qu'il faille, à la fois, briser les images et briser les conduites. » Le spectacle d'une école figée dans ses pratiques et dogmatique dans ses démarches ne satisfait pas ce jeune champenois curieux des innovations et toujours désireux d'en savoir davantage. Le conservatisme scolaire déplait à cet homme de dialogue et d'esprit.

Ce n'est probablement pas par opportunisme professionnel que Bachelard devint postier à 19 ans. Ce n'est sans doute pas non plus sur le seul conseil d'un ami, comme l'évoquent les « témoins[71] » de Gaston Bachelard, qu'il s'engagea aussi durablement. Le choix était plus réfléchi que soumis aux aléas du moment. Pourquoi s'est-il aussi longtemps éloigné de l'école pour y revenir quinze ans plus tard ?

Le choix postal

S'il est vrai que la Poste n'eut de cesse de recruter au cours des années 1900 engendrant une croissance fulgurante des ressources humaines, il est vrai aussi qu'une première expérience de répétiteur au collège de Sézanne pouvait conduire à des perspectives du même ordre, dans des conditions plus confortables, permettant poursuite d'études et

[68] Bachelard (Gaston), *La Poétique de la rêverie*, PUF, 1960.
[69] Bachelard (Gaston), *La Terre et les rêveries de la volonté*, Corti, 1948.
[70] Bachelard (Gaston), *Lautréamont*, Corti, 1940.
[71] Giroux (Daniel), *Témoins de Gaston Bachelard*, Bar-sur-Aube, 1985.

intégration dans le corps enseignant. Outre les charges horaires moins lourdes, la distance qui séparait Sézanne, située dans la Marne, et Bar-sur-Aube n'était que de 102 kilomètres alors qu'elle était de 168 kilomètres avec Remiremont. Dans le premier cas, Bachelard ne quittait pas sa chère Champagne, dans le second, il découvrait les Vosges et la Lorraine voisine en se familiarisant avec le Grand Est. Les bénéfices devaient donc être bien réels pour envisager pareille entreprise, à une époque où les moyens de transport étaient lents et réduits.

Au demeurant, mis à part son exil parisien éprouvé à deux reprises, Bachelard est resté fidèle à l'Est en conformité avec le tropisme familial. Il n'a jamais cherché à explorer l'Ouest ni le Sud. Sa vie s'est déployée durant soixante-dix-huit années dans le triangle oriental constitué de Bar-sur-Aube, Remiremont, Pont-à-Mousson, Sézanne, Dijon et Paris. Il n'est pas un homme de voyages ni de grande distance autrement que par la pensée[72]. L'espace a moins de charme que la durée dont l'intensité peut agrandir la vie. Il n'y a pour lui de « voyage » que « dans les mondes lointains de l'imagination[73] », car « le goût des voyages relève du goût d'imaginer[74] » et ce sera un goût bien tardif. Il n'est pas non plus un homme des hauteurs vertigineuses. Les belles montagnes vosgiennes qui entourent la jolie ville de Remiremont n'y seront pas une terre d'accueil. Il préfère la Champagne vallonnée au vertige des reliefs abrupts, la terre que l'on foule en marcheur infatigable aux escalades périlleuses dès que l'on quitte le plancher des vaches. L'épisode de l'ascension des tours de la cathédrale de Strasbourg lui confirma, par l'épreuve du vertige, sa crainte des hauteurs abyssales[75].

On imagine mal un tel penseur s'engager dans une aventure aussi incertaine en quittant la Champagne tant aimée. Il fallait que les raisons soient fortes et que l'imaginaire postal l'emportât largement sur l'imaginaire pédagogique. Les rêves de Bachelard étaient des rêves de bâtisseur incarnés par la figure de l'ingénieur. Gustave Eiffel, né dans le Grand Est, venait d'édifier sa tour et la Poste était en pleine révolution technique. Les poètes admirés, Baudelaire, Hugo, Rilke, Novalis et Bosco incarnaient le dynamisme onirique. Lautréamont, auquel il a consacré un essai, était soucieux d'articuler les mots et les

---

[72] René Poirier souligne que cet homme « attaché au monde sensible [...] n'a pas été du tout un voyageur. », in *Bachelard,* Colloque de Cerisy, UGE, 1974.

[73] Bachelard (Gaston), *L'Air et les songes*, Corti, 1943.

[74] Bachelard (Gaston), *Les Aventures de Gordon Pym,* in *Le Droit de rêver,* PUF, 1970.

[75] Bachelard (Gaston), *La terre et les rêveries de la volonté*, Corti, 1948.

actions. Bachelard brûlait d'envie d'agir. Il avait l'ambition des patrons inventeurs. Il se rêvait constructeur, concepteur de recherches et directeur de travaux plutôt qu'hussard noir ou philosophe. Il ne songeait ni à éduquer ni à penser la science, mais à faire un usage concret des connaissances scientifiques et techniques.

Or la Poste et la télégraphie connaissaient une croissance fulgurante en vertu des inventions dont elle était le champ d'application privilégié. Le rêve d'ingénieur pouvait s'y réaliser à merveille. Mais c'était sans compter sur les ruses d'un destin qui trace une autre route à votre insu. Bachelard ne sera jamais ingénieur des Postes et Télégraphes. « J'ai conservé longtemps, comme une nostalgie, d'avoir renoncé à être ingénieur des télégraphes : c'était ma première ambition. Le sacrifice fut considérable[76]. »

Pourquoi ce nouveau renoncement ? L'échec d'un rêve est le commencement d'une vie et c'est à partir de cet abandon que la véritable carrière de Bachelard se nouera. Mais en 1903, le rêve prend encore le pas sur le réel pédagogique.

À dix-neuf ans, Bachelard renonce à la fonction éducative. Il y reviendra quinze ans plus tard avec la volonté de repenser la pédagogie. Son éloignement de l'école que nombre d'enseignants ne connaissent pas lui a permis de construire la distance nécessaire à l'examen critique des pratiques. Implicitement, il aspirait à un enseignement plus laïque, libéré du poids de la croyance et ouvert à la rationalité. Il souhaitait vivement substituer le savoir au croire.

Malheureusement la pédagogie n'offrait guère en 1903 de perspective stimulante, tant elle était empreinte de conservatisme. Certes, né en 1884, Bachelard était le produit de la nouvelle école laïque, gratuite et obligatoire du vosgien Jules Ferry. Sans elle, il n'aurait pas été bachelier. Mais il ne suffit pas de rendre accessibles les enseignements pour que les pratiques soient revisitées. Il ne suffit pas non plus d'une simple loi pour séparer le laïque du religieux. Le pédagogue de 1900 prêchait encore. L'élève indocile risquait l'excommunication.

Les premières innovations pédagogiques sont apparues dans les années vingt, sous l'impulsion notamment de Célestin Freinet. En 1903, le progrès était du côté de la Poste plutôt que de l'école. Une école figée et uniforme contrastait avec le dynamisme technologique d'une Poste intégrant les découvertes scientifiques les plus récentes.

---

[76] Revue des PTT de France, Paris, septembre-octobre 1955.

La Poste située au 62, Boulevard Thiers à Remiremont en 1903[77]

Le même bâtiment en 2019. La Poste a déménagé, cent mètres plus loin, au n°41.

[77] Archives municipales de Remiremont, fonds des Postes et Télégraphes, cote 3D6. La municipalité délibéra le 27 mai 1893 en faveur d'une mémoire photographique de la ville. Soixante et onze clichés furent réalisés.

1903 marque l'entrée de Gaston Bachelard à la Poste de Remiremont dans les Vosges, après son succès au concours de surnuméraire des Postes et Télégraphes partagé avec l'un de ses amis, Paul Evrard. Il s'installe dans un petit studio au numéro 10 de la rue de la Xavée, situé en centre ville, à proximité du Boulevard Thiers. L'immeuble est constitué de petits appartements modestes habités par des employés, des ouvriers, une couturière et un chômeur.

Le 10 de la rue de la Xavée à Remiremont où Bachelard habita de 1903 à 1905.

Bachelard démarre au bas de l'échelle. Ils ne sont que deux surnuméraires, destinés aux tâches les plus ingrates. Juste au-dessus figurent sept commis qui sont coordonnés par un commis principal, dépendant directement du receveur, en charge du bureau de poste. Les locaux sont très petits ; ils forment l'équivalent d'une pièce d'une vingtaine de mètres carrés pour un accueil sur quatre guichets. On en fait le plan pour envisager un agrandissement qui débouchera sur un déménagement dans un autre bâtiment plus grand sur le même boulevard Thiers. La Poste passera du numéro 62 au numéro 41.

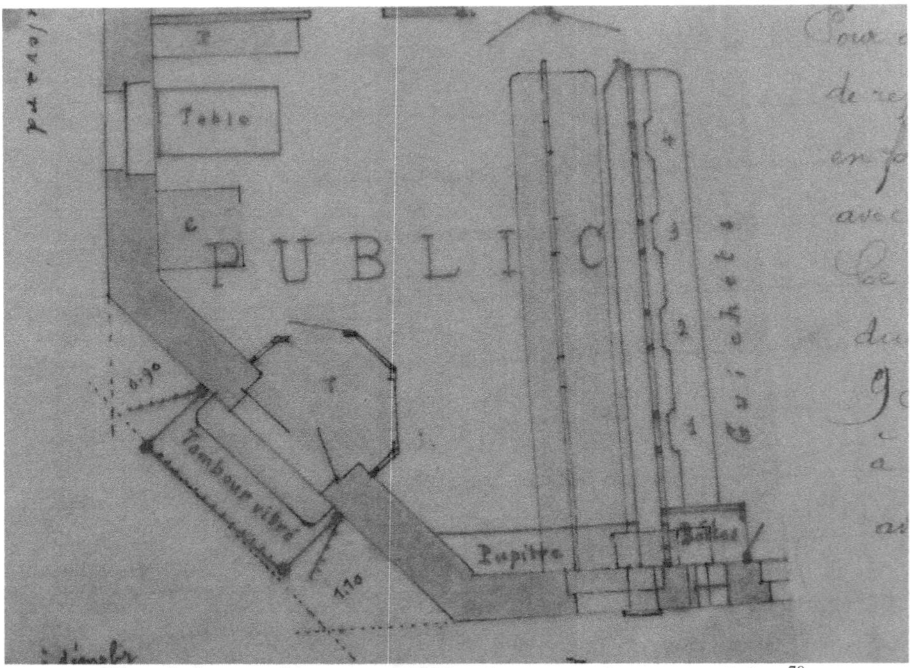

Plan du bureau de poste en 1905 qui comportait quatre guichets[78]

Bachelard accepte sa condition. Il sait que les non-héritiers doivent se battre et mobiliser leur volonté pour accroître leur intelligence, à défaut de disposer de prérequis culturels. Il sait qu'ils ne doivent pas seulement penser, mais qu'ils doivent penser contre leur cerveau, surmonter les obstacles, conquérir les nouveaux champs, déployer leurs forces et vaincre l'inertie. « Devant ce monde inerte qui ne vit pas de notre vie, qui ne souffre d'aucune de nos peines et que n'exalte aucune de nos joies, nous devons arrêter toutes les expansions, nous devons brimer notre personne[79]. » Leur philosophie est une *philosophie du non,*

[78] Archives municipales de Remiremont, fonds des Postes et Télégraphes, cote 3G1.
[79] Bachelard (Gaston), *La Psychanalyse du feu*, Gallimard, 1938.

leur psychologie est une *psychologie du contre.* Leur élan vital a besoin d'adversité et de matérialité pour se déployer, leur fibre nerveuse, d'orgueil pour s'allonger et leur intelligence, de combat pour s'étendre. « La vie vertueuse est une vie trop monotone, un morceau tout nu d'obéissance, de même que la vie littéraire est une vie trop scolaire, trop fidèle aux héros de l'école, un morceau tout froid d'éloquence [...] La souffrance subie ne peut être effacée que par la souffrance projetée. La conscience [...] s'inversera [...] pour devenir la certitude d'une force, la volonté d'un avenir, la sûre lumière d'une personne ivre de desseins[80]. »

Bachelard accordera toujours plus d'estime à la force dynamisante qui bouscule le prévisible qu'à la forme pressentie qui déploie l'être. Son destin est semblable à celui d'un Louis Guilloux, fils d'un ouvrier breton, d'un Jean Giono, fils d'un cordonnier provençal, d'un Albert Camus, fils d'un ouvrier agricole algérien, d'un Pierre Bourdieu, fils d'un journalier béarnais ou de nos jours d'un Edouard Louis, fils d'ouvriers picards. Il n'était pas tracé à l'avance ni voué à être simplement développé, il fallait en déplacer le cadre. Dans sa vie, comme dans sa pensée, rien n'est en compréhension, tout est en extension.

Ce ne sont pas les héritages qui forgent les gens de peu, mais leurs apprentissages si durement conquis. Ce qui compte à leurs yeux, c'est ce que l'on construit et non ce qui est donné, car rien ne nous est donné quand on est si peu. « La réalité maxima est au bout de la connaissance, non point à l'origine de la connaissance. » Les héritiers n'y voient que des problèmes de forme là où il faut faire preuve d'énergie et déployer ses ressources avec vigueur. « Les exemples des phénoménologistes ne mettent pas assez en évidence les degrés de tension de l'intentionnalité ; ils restent trop formels, trop intellectuels. » Ils y mettent les formes et non les forces. Or « on ne connaît pas tout de suite le monde dans une connaissance placide, passive, quiète ». Le savoir est le fruit d'une conquête sans merci et le savant est un combattant tenace. « Je comprends le monde parce que je le surprends avec mes forces incisives, avec mes forces dirigées, dans la juste hiérarchie de mes offenses, comme des réalisations de ma joyeuse colère, de ma colère toujours victorieuse, toujours conquérante[81]. »

La connaissance est une bataille lorsque l'on est dans l'ignorance, elle est naturelle lorsque l'on est un initié. Le non-héritier est besogneux

---

[80] Bachelard (Gaston), *Lautréamont*, Corti, 1940.
[81] Bachelard (Gaston), *L'Eau et les rêves*, Corti, 1942.

et laborieux, l'héritier semble facile et doué. Le premier arrache ses succès et conquiert sa liberté à la force de son courage intellectuel, le second se prétend pétri de talent et affiche une aisance insolente. Le premier est tardif, le second est précoce. Il faudra bien des efforts et bien des obstacles surmontés pour que Bachelard révèle son génie. Le temps sera long et sinueux pour que naisse le grand penseur.

Survivre n'est pas vivre

Il n'est pas facile pour un jeune et brillant bachelier, à peine sorti du lycée et après une expérience éclair de répétiteur de collège à Sézanne, de travailler durant soixante heures par semaine à des tâches aussi monotones que celles qui consistaient à télégraphier des heures durant et à gérer des envois postaux de plus en plus nombreux. Ce fut la vie restreinte de millions de travailleurs rivés à la chaîne et soumis aux lois du taylorisme, ce fut aussi la vie étriquée de millions de femmes réduites au maternage et au ménage sans cesse recommencés. L'unicité d'une existence laisse le sentiment amer d'un inaccomplissement et pour ne pas dire d'une vie simplement inutile. On ne s'accomplit pas postier.

C'est le refus de ce triste destin qui a poussé Bachelard à tracer d'autres sillons et à rêver d'autres vies que la sienne. Mieux vivre ne pouvait signifier autre chose que de vivre plusieurs vies en une seule. Non pas une vie double ou triple, mais une vie multiple. « La vie, et peut-être la réalité entière, serait une conquête progressive de la liberté [...] Nous verrons que cette vie ne réalise son adaptation qu'en majorant en quelque sorte son énergie dans un effort inventif et nécessairement imprévu[82]. » La vraie vie n'est pas restreinte à quelques gestes simples indéfiniment répétés, elle est variation et expansion. Bachelard entreprend de préparer le baccalauréat de mathématiques en inaugurant sa formation scientifique. Dès cette époque, il vit deux journées en une seule, segmentant sa nuit en deux parties. « Il se couchait vers 21h30 et dormait jusqu'à minuit, puis il se mettait au travail, de minuit à quatre heures pour ensuite se recoucher jusqu'à 7h30 du matin, heure à laquelle commençait sa "deuxième" journée[83] ! »

S'il fallait donc subvenir à ses besoins, la Poste offrait des perspectives d'évolution. Mais pour un esprit d'une infatigable

---

[82] Bachelard (Gaston), *Essai sur la connaissance approchée*, Vrin, 1927.

[83] Giroux (Daniel), *Entretien avec Madame Babeau*, in *Témoins de Gaston Bachelard*, Bar-sur-Aube, 1985.

curiosité elle inaugurait, dans les petites marges d'un temps complet de soixante heures par semaine, la perspective d'une vie scientifique clandestine.

Cette institution venait de fusionner depuis 1886 avec les Télégraphes. Les grandes transformations qui l'affectaient en matière de technologie et de savoir-faire en faisaient le chantre de la modernité et le véritable lieu de la rationalité en acte. Les Postes et Télégraphes attiraient les esprits enclins à la nouveauté. La croissance vertigineuse des emplois faisait de cette structure le second employeur de l'État derrière l'éducation. La communication au service de l'industrie et des affaires comportait des enjeux stratégiques et politiques de premier ordre. Les particuliers commençaient à s'en emparer. De même que les opérateurs téléphoniques du XXIème siècle atteignent des valeurs financières supérieures à celles de l'industrie traditionnelle, l'essor des P et T conditionnait la croissance économique. C'est pourquoi leur rattachement au ministère du commerce et de l'industrie allait de soi.

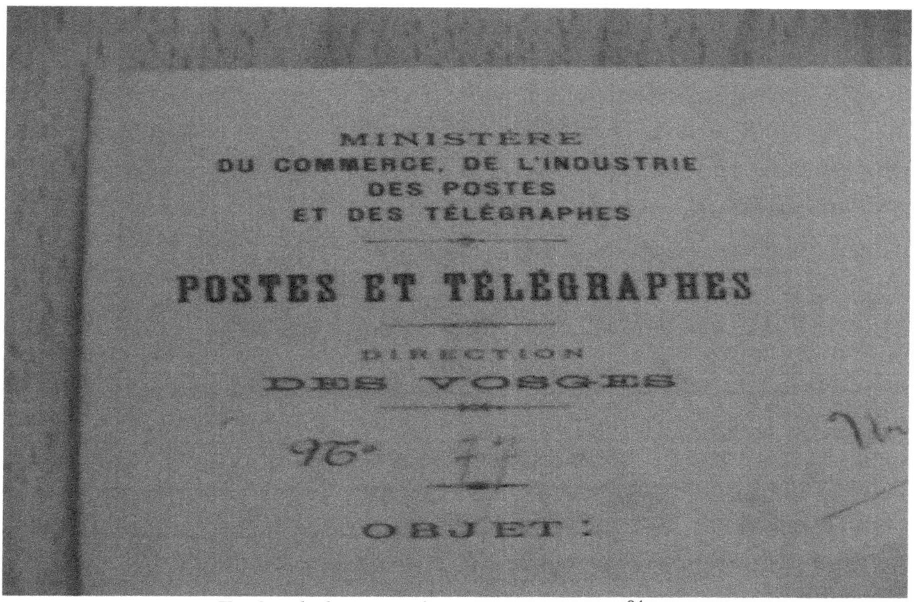

Entête de la Poste des Vosges en 1905[84]

La modernité postale symbolisait celle des sciences en pleine révolution. Le jeune Bachelard était fasciné par les inventions et les innovations. Il insiste beaucoup, dans la première partie de son œuvre,

[84] Archives municipales de Remiremont, fonds Postes et Télégraphes, cote 3G1.

sur l'émergence du nouveau, comme le titre de ses premiers livres nous l'indique : *La Valeur inductive de la relativité, Le Nouvel esprit scientifique, Le Pluralisme cohérent de la chimie moderne, L'Expérience de l'espace dans la physique contemporaine.* La nouveauté l'attirait davantage que l'enracinement des savoirs. De là l'intérêt pour la chimie de Mendeleïev, la physique relativiste, la physique nucléaire, la mécanique ondulatoire de De Broglie, la mécanique quantique de Niels Bohr, Erwin Schrödinger et Wolfgang Pauli, et même la passion pour la poésie de Tristan Tzara ou de Paul Eluard et la peinture de Henri Matisse ou de Paul Klee. S'il élargit sa culture de la relativité au surréalisme et au cubisme, c'est pour mieux y appréhender les révolutions de pensée.

La nouveauté contredit en effet la raison. Logiquement, il n'y a rien de plus dans les effets que dans la cause. Mais dans l'innovation, il y a un surplus d'être inintelligible, un excédent de vie impensable, un imprévu inexplicable de telle sorte qu'il y a plus dans l'effet que dans la cause. La nouveauté surprend et offre toujours plus que ce qu'elle promettait. L'imprévisible fait problème, faute d'une antériorité qui puisse l'expliquer. L'inconnu angoisse et attire. La découverte est un facteur de risque et de troubles qui repousse et rapproche, un fauteur de désordres qui provoque et autorise d'incertains cheminements. Loin de répéter l'ancien, elle le dépasse.

Pareille limite de pensée ne pouvait que susciter la curiosité d'un esprit alerte. Bachelard a pris le risque du chaos de la pensée en tentant d'affronter les limites du concevable et les bornes du convenable. Il a édifié son œuvre entre la profusion des sentiments et celle des idées, entre les images et les mots pour penser l'improbable nouveauté qu'il a mise en mots sous la forme de la rupture, de la coupure, de la césure, de la fracture et de la brisure. Et c'est d'abord à la Poste et non à l'école qu'il en trouvait la première expression. La révolution télégraphique y était en marche.

Bachelard ne sera pas facteur, mais postier télégraphiste. En tant qu'agent des postes, il pèse, « avec un soin administratif, les lettres chargées dans un bureau de poste ». Il utilise la balance qu'il retrouvera un peu plus tard lors des expériences de physique et chimie. « On a dit bien souvent que la chimie moderne avait vraiment commencé avec l'usage systématique de la balance. » De cette expérience répétitive, il fait une source de curiosité : « On émerveille toujours le sens commun en disant que le monnayeur pèse ses pièces au lieu de les compter[85]. » La communication et la technique formaient l'horizon de ses activités.

Le télégraphe était effectivement un formidable outil de communication. Objet de l'attention des plus grands, Victor Hugo lui consacre 198 vers, porteurs d'enjeux stratégiques, politiques et militaires. C'était aussi un objet de polémique pour quelques particuliers qui écrivaient au maire de Remiremont ou au directeur des Postes des Vosges pour se plaindre de l'implantation inopportune d'un poteau télégraphique.[86] Il fallait alors user d'esprit diplomatique pour vaincre les réticences au progrès technique.

Les pressions étaient d'ailleurs aussi fortes de la part des usagers. Les plaintes sur des retards pris par le télégraphe étaient fréquentes. On attendait beaucoup de la Poste et des postiers. On réclamait l'implantation de nouvelles boîtes aux lettres pour renforcer la proximité avec le service postal. Bachelard avait conscience de participer à une véritable révolution technologique et économique.

La Poste au cœur de la révolution technologique et scientifique

Le domaine télégraphique capitalisait un nombre considérable d'inventions concourant à la transformation du cinétique en électrique. Claude Chappe, inventeur du télégraphe, Samuel Morse, qui a breveté le télégraphe électrique et son code, et Thomas Edison, créateur du tube à vide, participaient de l'engouement postal. L'invention du téléphone, que l'on doit à Graham Bell et qui découle des lois de l'électromagnétisme permettant la transmission de la voix humaine à distance, achevait de fasciner celui qui était délibérément ouvert à la nouveauté et aux innovations. L'invisible et le caché recelaient bien plus de richesses que la présence bruyante des phénomènes qui leur faisaient écran. La puissance sonore inaudible et les propriétés dynamiques des électrons, pourtant imperceptibles, nous ont permis la communication sonore à distance. « La musique de l'électron dans un champ alternatif s'est trouvée [...] réalisable. Cet être muet nous a donné le téléphone. Le même être invisible va nous donner la télévision[87]. »

C'est sans compter aussi sur la découverte des ondes radio par Rudolf Hertz en 1886, du générateur de haute fréquence de Nikola Tesla en 1889, du principe de la radioconduction d'Edouard Branly en

---

[85] Bachelard (Gaston), *La Philosophie du non*, PUF, 1940.

[86] Archives municipales de Remiremont, fonds des Postes et Télégraphes.

[87] Bachelard (Gaston), *La Formation de l'esprit scientifique*, Vrin, 1938.

1890 et de l'association du champ magnétique et du courant électrique par François Arago. Ces innovations ont des effets pratiques considérables. Ainsi l'expérience d'Eugène Ducretet en 1898, reprenant l'expérimentation trois ans plus tôt de Guglielmo Marconi, réalise les premières communications hertziennes à moyenne distance, à partir de la troisième plate-forme de la Tour Eiffel, reliée au Panthéon par la télégraphie sans fil. La communication devenait mystérieuse et invisible, aussi étonnante que la microphysique.

La vie de Bachelard coïncide avec le développement de la radio dont il saura faire fréquemment usage, aussi bien comme épistémologue, que comme acteur et concepteur. Il souligne le caractère commun au système électrique et électrodynamique que l'on retrouve aussi bien dans la lampe d'Edison que dans la transmission des ondes électromagnétiques. Il s'agit de systèmes fermés, non en raison d'un contenant spatial, mais d'un contenant temporel résultant de rythmes régulateurs. « Il suffit de comparer les ondes entretenues utilisées en TSF aux étincelles toujours irrégulières et accidentelles produites par les machines électriques du XVIIIème siècle pour comprendre ce qu'est un phénomène temporellement maîtrisé. » La maîtrise est celle de l'espace-temps. La réalité empirique en est encore très éloignée puisqu' « on paie son électricité à l'hectowattheure, son charbon à la tonne. » alors que l' « on est tout de même éclairé et chauffé par des vibrations[88] ».

Le lien entre les sciences et les techniques se révèle donc particulièrement fécond du point de vue de l'inventivité et oriente les préoccupations de Bachelard vers un *rationalisme appliqué* qu'il opposera en 1949 à un rationalisme idéaliste. La fascination pour le renouveau scientifique est à la source de sa pensée et la découverte de l'univers microphysique n'en finit pas de révéler toute sa richesse. Dès sa thèse, il fait partager son enthousiasme : « L'infiniment petit est le centre géométrique de notre étonnement[89]. »

Le contexte économique et technologique de l'époque ne peut que nourrir son goût de la nouveauté et de l'innovation. Les bouleversements techniques renforcent la confiance dans le progrès hérité de l'optimisme du XIXème siècle. La passion pour le développement du chemin de fer, pour l'extension des réseaux de

---

[88] Bachelard (Gaston), *La Dialectique de la durée*, PUF, 1936.

[89] Bachelard (Gaston), *Essai sur la connaissance approchée*, Vrin, 1927.

communication vont de pair avec la révolution industrielle et son expression artistique, le mouvement Art nouveau.

Au cours de sa seconde année de surnuméraire des postes, en 1905, au moment où la société se laïcise en séparant le croire du savoir, furent publiés les quatre articles d'Einstein qui révolutionnèrent la physique newtonienne. Ils mirent en évidence la nature corpusculaire de la lumière physique quantique, l'électrodynamique des corps en mouvement et énoncèrent la relativité restreinte. Cette nouveauté décisive rompit avec la tradition déductive des sciences physiques que l'on retrouvait de manière caricaturale en pédagogie. Bachelard consacrera cette innovation décisive en publiant, en 1929, son premier ouvrage qui succéda à sa thèse et qui s'intitulait précisément *La Valeur inductive de la relativité*. « La relativité, c'est plus qu'un renouvellement définitif dans la façon de penser le phénomène physique, c'est une méthode de découverte progressive » qui rompt « avec un enseignement et des habitudes particulièrement solides » et qui apparaît « comme proprement extraordinaire[90] ». La relativité était inattendue.

Bachelard y revint à plusieurs reprises et notamment en 1934 dans *Le Nouvel esprit scientifique*, en 1937 dans *L'Expérience de l'espace dans la physique contemporaine* et en 1938 dans *la Formation de l'esprit scientifique*. Il fit alors, du début du XXème siècle, la troisième et dernière grande période de l'histoire de la pensée scientifique et considéra 1905 comme « l'ère du nouvel esprit scientifique ». En effet « la relativité einsteinienne vient déformer des concepts primordiaux que l'on croyait à jamais immobiles. À partir de cette date, la raison multiplie ses objections, elle dissocie et réapparente les notions fondamentales, elle essaie les abstractions les plus audacieuses. Des pensées dont une seule suffirait à illustrer un siècle, apparaissent en vingt-cinq ans, signes d'une maturité spirituelle étonnante[91]. » Il s'agissait de la mécanique quantique de Max Planck, de la mécanique ondulatoire de Louis de Broglie, de la physique des matrices d'Albert Einstein et de la mécanique de Paul Dirac.

L'expérience directe d'un bouleversement technologique a trouvé, en l'enthousiasme relativiste de 1905, son apogée, de nature à stimuler le jeune Bachelard dans sa réussite au second baccalauréat scientifique. Remiremont marquera à jamais le futur philosophe.

---

[90] Bachelard (Gaston), *La Valeur inductive de la relativité*, Vrin, 1929.
[91] Bachelard (Gaston), *La Formation de l'esprit scientifique*, Vrin, 1938.

Savoir et pouvoir

Après son expérience postale de Remiremont qui n'excéda pas deux années dans ce bureau de poste sans histoire et proche de la petite gare, Bachelard devint cavalier télégraphiste lors de son service militaire. Sa petite taille pour notre époque, un mètre soixante-six, ses qualités physiques et sportives nécessaires à la pratique acrobatique et périlleuse de la voltige au galop sur des terrains malaisés, ses compétences en matière de télégraphie électrique, inventée soixante-dix ans plus tôt par un artiste peintre, Samuel Morse, lui permirent d'exercer des missions délicates et dangereuses, exigeant autant de discrétion que de dextérité.

En 1907, son retour à la vie civile nécessitait assurément des challenges à la hauteur de son dynamisme. Bachelard est mû par ses projets qui transcendent sa vie purement organique. « Il faut substituer à l'impression bien vague et pauvre du vécu la décision du plan de vie. On se sent une durée en proportion du nombre de projets[92]. » Et Bachelard est en quête d'intensité. Il veut vivre plusieurs durées en une seule en évitant l'indécision et les hésitations d'une existence soumise au diktat physiologique.

Il ne retourna pas dans les Vosges, conscient que la vie étroite du surnuméraire de province enferme dans le champ d'un nombre limité d'expériences indéfiniment répétées. Il choisit l'aventure. « L'expérience commune, dans la vie commune, est comme toute expérience unitaire une monomanie. Vivre une vie simplement humaine, en suivant une carrière sociale bien déterminée, c'est toujours plus ou moins être victime d'une idée fixe[93]. » Or rien n'est plus insupportable pour un esprit curieux et ardent que la linéarité d'un parcours et la fadeur d'un devenir trop limpide.

Bachelard monta à Paris dans le bureau de la gare de l'Est, pour une durée plus conséquente de six années, au cours de laquelle il apprit par cœur les noms de toutes les rues de Paris. Les situations les moins favorables seront toujours, pour celui qui demeurera un écolier continué, des occasions d'apprendre.

Mais il fut d'abord ambulant. C'est en 1845 que l'administration, sous l'impulsion de François Donat Blumstein (1795-1879), inspecteur des Postes, décide de se doter d'un service de bureau de poste itinérant qu'on appellera le service des ambulants. Dans ce cadre, Bachelard trie les dépêches pendant le trajet du train. Celles-ci sont déposées, classées,

[92] Bachelard (Gaston), *La Psychanalyse du feu*, Gallimard, 1938.
[93] Bachelard (Gaston), *Lautréamont*, Corti, 1940.

au gré des arrêts et récupérées par les bureaux locaux pour les redistribuer. Cette activité mobile et contraignante ne dura pas. Il devint commis manipulateur six mois plus tard et fut alors chargé de la transmission des messages dans toute la France, via un central téléphonique. Il travaillait la nuit, propice à bien des rêveries dont il se fit l'écho dans *L'Air et les songes* en 1943 : « Le travail est une source de rêveries indéfinies autant qu'une source de connaissances. »

La rêverie s'accompagne de curiosité et du désir de savoir, car « savoir et fabriquer sont des besoins qu'on peut caractériser en eux-mêmes, sans les mettre nécessairement en rapport avec la volonté de puissance. Il y a en l'homme une véritable volonté d'intellectualité. On sous-estime le besoin de comprendre quand on le met [...] sous la dépendance absolue du principe d'utilité[94]. » L'ambition de Bachelard est moins sociale qu'intellectuelle. C'est plutôt la curiosité qui est le moteur de sa vie. « L'homme veut voir. Voir est un besoin direct. La curiosité dynamise l'esprit humain[95]. » Connaître le monde pour le comprendre et pour bâtir n'est pas la même chose que l'assujettir à des intérêts sociaux restrictifs.

La question politique n'est pas au cœur des préoccupations du philosophe. On ne lui connaît pas de véritables engagements, sinon autour des valeurs éthiques. On note une sensibilité écologiste bien avant l'heure lorsqu'il déplore, en traitant de l'eau et des rêves, l'outrage à la nature que constitue « la rivière souillée par les égouts et les usines ». Il est horrifié de voir le spectacle affligeant de tant « de fontaines souillées dans nos campagnes » ! et s'indigne en esthète devant « cette grande beauté naturelle ternie par les hommes[96] ». On note également son appartenance au conseil municipal de Bar-Sur-Aube. Il fut partie prenante sur une courte période de l'équipe d'Arthur Bureau, maire durant une vingtaine d'années. Les liens avec ce hussard noir de la République de sensibilité de gauche remontaient à l'enfance puisqu'il avait été le directeur de l'école de Bar-sur-Aube alors que l'illustre philosophe n'en était que l'élève.

Bachelard subit l'occupation allemande en 1940 et éprouva aussi de vives sympathies pour le mouvement de résistance. Il découvrit en 1942 *Liberté* de Paul Eluard et en apprécia particulièrement le contenu subversif. Il fut proche des philosophes de la Résistance qui s'y sont

---

[94] Bachelard (Gaston), *La Psychanalyse du feu*, Gallimard, 1938.
[95] Bachelard (Gaston), *L'Eau et les rêves*, Corti, 1942.
[96] Bachelard (Gaston), *L'Eau et les rêves*, Corti, 1940.

distingués. Georges Canguilhem lui succèdera en 1955 à la direction de l'Institut d'histoire des sciences. On compte également, parmi eux, l'un des professeurs de Suzanne qu'elle admirait tant et auquel elle a probablement apporté une aide discrète dans son action. Il se nommait Jean Cavaillès. Arrêté, il fut fusillé en 1944 à la citadelle d'Arras avec une centaine d'autres martyrs, victimes de la barbarie nazie. Bachelard lui rendit un hommage appuyé en 1950 : « À l'arrivée de Jean Cavaillès à la Sorbonne, au début de 1941, nous nous retouvâmes dans la même peine, [...] Il aimait venir dans notre petit appartement. Nous parlions là si librement ! [...] J'ai voulu simplement apporter le témoignage d'un ami[97]. »

Son appartenance sociale à un milieu modeste le conduit également à se sentir plus proche du peuple que des puissants. Il rappelle encore en 1961 qu'il n'habitait pas « la Champagne des riches marchands de champagne[98] », n'évoquant jamais Reims ni Epernay. Il avait précisé aussi quelques années plus tôt ses choix éthiques et sociaux. « Entre l'homme chef de clan et l'homme maître des forges, nous choisissons le maître ouvrier [...] La volonté de puissance inspirée par la domination sociale n'est pas notre problème[99]. » Il préférait aux oisifs qui tirent parti du travail des autres, aux politiques soucieux de leur puissance, les travailleurs de la matière ou « l'union des travailleurs de la preuve[100] ».

Sensible à la misère humaine, Bachelard possède une fibre sociale. « Je me donne tout entier aux enfances courageuses, aux enfances qui luttent contre la misère[101]. » Il préconise « l'institution d'une technique sociale qui permette aux hommes [...] de supprimer ou d'amoindrir cette misère faite d'injustices sociales évidentes[102] ». Non-héritier, il sait que, pour les gens du peuple, rien n'est donné et tout est à construire. Cela devient le principe de lecture de la science moderne.

Toutefois ses choix demeurent secrets comme l'homme qu'il était. Il suggère plus qu'il n'énonce de certitudes en la matière. Il cultive une certaine proximité lexicale avec des notions dont les partis ouvriers sont

---

[97] Bachelard (Gaston), *L'œuvre de Jean Cavaillès*, in *L'Engagement rationaliste*, PUF, 1972.

[98] Knapp (Hubert) et Bringuier (Jean-Claude), *Bachelard ou l'héritage invisible*, in *Cinq colonnes à la une*, ORTF, 1961.

[99] Bachelard (Gaston), *La Terre et les rêveries de la volonté*, Corti, 1948.

[100] Bachelard (Gaston), *Le Rationalime appliqué*, PUF, 1949.

[101] Bachelard (Gaston), *Lettre du 31/10/1958,* in *Correspondance Gaston Bachelard-Henri Bosco*, in Cahiers Henri Bosco, n°47-48, Artois Presses Université, 2013.

[102] Bachelard (Gaston), *Le problème philosophique des méthodes scientifiques,* in *L'Engagement rationaliste*, PUF, 1972.

porteurs. Outre *l'union des travailleurs de la preuve,* on peut citer également, *Le Nouvel esprit scientifique* (NES), proche de la nouvelle économie politique (NEP) de la Russie révolutionnaire de 1921 dont le lien explicite avec elle se colore d'un peu de sympathie. « Il ne manque qu'un peu de vie sociale, qu'un peu de sympathie humaine pour que le nouvel esprit scientifique – le n.e.s. - prenne la même valeur formative qu'une nouvelle économie politique – la n.e.p.[103]. » De même que le NES réorganise la science pour en accroître la rationalité, la NEP rectifie la doctrine initiale et réorganise l'économie pour en augmenter l'humanité.

Mais il ne dit rien de compromettant ni n'écrit rien de concluant sur ces questions délicates, préférant s'en tenir à une éthique politique plutôt qu'à une implication dans le monde cruel de l'action politique qui n'est en réalité pas le sien. « Il n'est pas tout à fait normal de laisser échapper sa pensée, de laisser voir sa pensée, de dire toute sa pensée[104]. » Il fustige la soumission à des intérêts particuliers et met en garde contre le pragmatisme à courte vue, sans toutefois désigner les puissants. « Tout pragmatisme, par le seul fait qu'il est une pensée mutilée, s'exagère fatalement. L'homme ne sait pas limiter l'utile. L'utile, par sa valorisation se capitalise sans mesure[105]. » L'utile va de pair avec le sentiment de l'avoir au détriment de l'être, il prive d'une vision réellement objective au service de la connaissance.

À l'époque du Front populaire, il montre dans *l'Expérience de l'espace dans la physique contemporaine*, avec une ironie plus mordante, le lien étroit entre la préservation du capital et l'édification de la logique formelle. « Mon coffre est dans mon bureau ; mon portefeuille est dans mon coffre, donc mon portefeuille est dans mon bureau [...] Ce n'est pas sans raison qu'on a fondé la logique formelle sur un tel emboîtement de biens[106]. » Il récidivera un an plus tard dans une critique très morale du réalisme, perçue comme une philosophie innée. Contraire aux valeurs désintéressées de la science, celui-ci s'appuie sur des convictions substantialistes qui visent à thésauriser. « La substance d'un objet est agréée comme un bien personnel. On en prend possession spirituellement comme on prend possession d'un

[103] Bachelard (Gaston), *Le Nouvel esprit scientifique*, PUF, 1934.
[104] Bachelard (Gaston), *Le Rationalime appliqué*, PUF, 1949.
[105] Bachelard (Gaston), *La Formation de l'esprit scientifique*, Vrin, 1938.
[106] Bachelard (Gaston), *L'Expérience de l'espace dans la physique contemporaine*, Alcan, 1937.

avantage évident[107]. » Le réaliste est un avare dominé par *le sentiment de l'avoir*.

Bachelard cite, à l'appui de son analyse, *Eugénie Grandet* d'Honoré de Balzac et *l'Argent* d'Emile Zola ; des textes que ne renierait pas Léon Blum. Il évoque la figure du notaire qui compte les fortunes « jusqu'au dernier centime » ou du propriétaire qui tient beaucoup à ce qu'il a acquis. Le réaliste est aussi *un mangeur* qui fait de *la digestion* un principe d'explication fantasmé. À l'image du capitaliste accumulateur de richesses, il a la voracité des plus fortunés.

Loin de cette vision cumulative, Bachelard défend les techniques homéopathiques, toujours suspectes aux yeux des puissants. Elles opèrent suivant de faibles doses quotidiennes au moyen de micropilules qui contrarient « la joie d'avaler ». Elles ont contre elles « le plaisir de la possession, bien clairement physique, bien clairement matérielle, qui résulte de la conscience de digérer et de grossir » et « l'évident sentiment de force qu'on éprouve à posséder une substance, à choyer réserves et capitaux[108] ». La masse est d'abord volume. On réprouve, de la même manière et à tort, les thérapies ondulatoires pour soigner les contractures et les tensions parce qu'elles sont invisibles et insaisissables. Gageons que le partage des richesses pourrait conduire à leur distribution à dose homéopathique, éradiquant par là-même la pauvreté, si tant est que les puissants s'y résignent.

Pourtant la solution est moins politique que psychanalytique. « La psychanalyse qu'il faudrait instituer pour guérir du substantialisme est la psychanalyse du sentiment de l'avoir. Le complexe qu'il faudrait dissoudre est le complexe du petit profit qu'on pourrait appeler, pour être bref, le complexe d'Harpagon[109]. » Tant que l'objet est une source d'intérêt intime, il ne peut être compris et rationnellement analysé en ses diverses variables. Celui qui appréhende ses erreurs comme des vérités définitives est prisonnier d'un « énorme succès subjectif ». Son assurance sans borne lui confère « une ivresse » sans fin, lui ôtant à jamais toute lucidité. « L'homme qui aurait l'impression de ne se tromper jamais se tromperait toujours. »

La seule issue à cette subjectivité aveuglante est le regard d'autrui. On découvre ses erreurs à travers le regard des autres puisque l'enfer, ce ne sont pas les autres, comme le pensait Jean-Paul Sartre, mais nous-

---

[107] Bachelard (Gaston), *La Formation de l'esprit scientifique*, Vrin, 1938.
[108] Bachelard (Gaston), *La Dialectique de la durée*, PUF, 1936.
[109] Bachelard (Gaston), *La Formation de l'esprit scientifique*, Vrin, 1938.

mêmes. « Il faut en venir au *contrôle social* [...] Nous prétendons choisir l'œil d'autrui - toujours l'œil d'autrui - pour voir la forme - la forme heureusement abstraite - du phénomène objectif : Dis-moi ce que tu vois et je te dirai ce que c'est. » Cela passe par une confession fraternelle de ses propres fautes. « Avouons donc nos sottises pour que notre frère y reconnaisse les siennes, et réclamons de lui et l'aveu et le service réciproques. » Pour Rousseau déjà, la volonté générale incarnée par un contrat social sans mystère passait par les confessions. La psychanalyse chez Bachelard assure une fonction de contrôle social qui est en même temps heuristique. « Ce n'est pas en pleine lumière, c'est au bord de l'ombre que le rayon, en se diffractant, nous confie ses secrets[110]. »

L'exigence de désintéressement sera politique, pour Rousseau, en conditionnant l'énoncé légitime de la loi à l'édification de la volonté générale. Elle sera scientifique, pour Bachelard, en purifiant l'esprit de ses préjugés singuliers. Pour le philosophe champenois, l'éthique scientifique est indissociable de l'efficacité de la science. L'esprit scientifique ne progresse que grâce à l'identification des obstacles subjectifs avec lesquels il convient de rompre, en se décentrant de ses premières pensées et en transcendant les volontés individuelles. Le sujet se libère de ses convictions intimes en les socialisant, il s'affranchit de ses préjugés en les dépersonnalisant.

Le rêve d'ingénieur

Forgé aux valeurs de la République et empreint d'une éthique scientifique, Bachelard dispose donc de ses soirées pour l'étude. Il n'a pas oublié sa première ambition, celle de devenir ingénieur. « Avant toute action, l'homme a besoin de se dire à lui-même, dans le silence de son être ce qu'il veut devenir[111]. » Et il a le choix entre « rester pesant » en s'enferrant dans la médiocrité quotidienne ou « devenir léger » en élevant son esprit grâce à la ténacité et au courage. « Il faut que chacun s'apprenne à échapper à la raideur des habitudes d'esprit formées au contact des expériences familières[112]. » Il n'hésite pas à opter pour la légèreté.

Il se lance dans la préparation d'une licence de mathématiques en vue d'affronter le prestigieux concours d'ingénieur des Postes et

---

[110] Bachelard (Gaston), *La Formation de l'esprit scientifique*, Vrin, 1938.

[111] Bachelard (Gaston), *L'Air et les songes*, Corti, 1943.

[112] Bachelard (Gaston), *La Psychanalyse du feu*, Gallimard, 1938.

Télégraphes. Il sera toujours coutumier de la double vie. Ce sera, plus tard, celle de l'épistémologue en quête des progrès conceptuels et de l'esthète soucieux de rêveries matérielles. L'étude lumineuse de Dominique Lecourt, publiée chez Grasset en 1974, soulignait déjà, à travers son titre, *Bachelard, le jour et la nuit,* cette volonté d'habiter aussi bien les concepts que les images.

Pour l'heure, les deux axes sont ceux de l'expérience technique de la Poste et de la théorie mathématique, avec en arrière-plan les rêves de l'ingénieur. Cette première partie de la vie qui s'arrête à l'âge de trente ans est déterminante sur la pensée du futur pédagogue et philosophe. Avec lui, le matérialisme sera toujours rationnel, le rationalisme toujours appliqué, la connaissance souvent approchée et la physique contemporaine marquée par l'expérience de l'espace. Les rêveries elles-mêmes qui obéissent à une axiomatique inconsciente sont en même temps toujours matérielles. Et la raison a besoin de l'imagination pour ne pas se répéter. Les chemins s'entrecroisent plus qu'ils ne se juxtaposent. « Notre être onirique est un. Il continue dans le jour même l'expérience de la nuit[113]. » Notre être réel est double. Il imagine et raisonne.

La dualité est apparente, ses composantes ne s'ignorent pas réciproquement, mais s'enrichissent l'une et l'autre dialectiquement. « Dans le langage actif de la littérature, le psychisme veut réunir, comme dans toutes ses fonctions, le changement et la sécurité. Il organise les habitudes de connaissance - des concepts – qui vont le servir et l'emprisonner. Voilà pour la sécurité, la triste sécurité. Mais il renouvelle ses images, et c'est par l'image que se produit le changement. Si l'on examine l'acte par lequel l'image déforme et déborde le concept, on sentira en action une évolution à deux flèches[114]. » Grâce aux images, les concepts se transforment plutôt qu'ils ne se figent, grâce aux concepts les images prennent forme.

Le devenir est pluriel ou il n'est pas. L'unicité immobilise, le multiple galvanise. « Le temps ne dure qu'en inventant[115]. » « Un processus homogène n'est jamais évolutif. Seule une pluralité peut durer, peut évoluer, peut devenir[116]. Les apparences sont pourtant trompeuses. La densité du temps est inversement proportionnelle à sa perception. Dans l'intensité, on ne voit pas le temps passer, dans la

[113] Bachelard (Gaston), *L'Air et les songes*, Corti, 1943.
[114] Bachelard (Gaston), *L'Air et les songes*, Corti, 1943.
[115] Bachelard (Gaston), *L'Intuition de l'instant*, Stock, 1932.
[116] Bachelard (Gaston), *La Dialectique de la durée*, PUF, 1936.

routine, l'ennui s'éprouve durablement. Mais les habitudes s'accumulent sans inventer tandis que les expériences différentes s'imprègnent les unes les autres, nous ébranlent, nous troublent et nous font sortir de nous-mêmes. « La conscience ne s'éclaire qu'en se multipliant dans un système de relations[117] », car « du même l'autre ne peut surgir[118] ». La plupart des progrès scientifiques ne naissent pas de l'esprit déductif ni de la contemplation des mêmes objets éclairés par les mêmes procédures de pensée et de raisonnement.

C'est en étant distrait par la chute inattendue d'une pomme qu'Isaac Newton a pu imaginer la pesanteur et la loi de gravitation et c'est en sortant de son domaine qu'Alexandre Fleming a découvert la pénicilline, en constatant qu'un voisinage accidentel de moisissures avait eu des effets inhibiteurs sur le développement de son objet d'étude, le staphylocoque. Le phénomène de découverte par sérendipité, mieux identifié de nos jours, rejoint très clairement la volonté de privilégier l'induction en croisant la raison et l'imagination, la logique et l'expérience. « Et dans le détail même de la recherche scientifique, devant une expérience bien déterminée qui pourrait être enregistrée comme telle, comme vraiment une et complète, l'esprit scientifique n'est jamais à court pour en varier les conditions, bref pour sortir de la contemplation du même et chercher l'autre, pour dialectiser l'expérience[119]. » Il n'y a de progrès que par l'hétérogène.

L'énergie forme, la force nous forge

En menant une double vie, Bachelard élargissait le réel et s'engageait dans de nouveaux possibles. Le second chemin se superposait déjà au premier. Mais étaient-ils vraiment compatibles ? Entre une technique ancrée dans le concret et le pragmatique et des mathématiques abstraites, c'est le grand écart. L'ordre chronologique des chemins n'est pas anodin. Ce n'est pas à partir des mathématiques que Bachelard choisit la technique et son champ d'application, c'est exactement l'inverse qui s'est produit. Le premier chemin de vie de Bachelard ouvrait vers la technique et l'imaginaire de l'homo faber. Il ne s'agissait ni d'appliquer ni d'expliquer. Bachelard n'est pas d'abord soucieux d'en savoir plus que son père. Il vise d'abord la recherche

[117] Bachelard (Gaston), *La Valeur inductive de la relativité*, Vrin, 1929.
[118] Bachelard (Gaston), *Etude sur l'évolution d'un problème de physique*,Vrin, 1927.
[119] Bachelard (Gaston), *La Formation de l'esprit scientifique*, Vrin, 1938.

concrète de l'efficacité sociale, le désir de puissance sur les choses, le rêve d'ingénieur.

Avec la télégraphie, on communique en tout point de l'espace, avec le courrier postal, on est au centre de bien des échanges. Il y a quelque chose de l'ordre du don d'ubiquité qui se réalise ainsi. La technique consiste en un ensemble de procédés et d'outils bien ajustés qui décuplent la puissance humaine, aussi bien dans le temps que dans l'espace. Toute force n'est pas l'expression de la puissance d'un sujet, mais *toute force est relation.* C'est l'effet levier. La technique agrandit la vie humaine et satisfait à une volonté de puissance.

Il est probable qu'un fils de cordonnier y retrouvait quelque peu les siens. La force précède la forme et l'inspire. Il n'est pas de concept ni d'image sans une dynamique qui les produit. Cet ordre n'en a pas fini d'inspirer l'œuvre.

Chapitre 2

LE CHEMIN DE LA TECHNIQUE

La fabrique de la pensée

> « Le philosophe est-il vraiment condamné à penser son appareil de radio sous les espèces des boutons de réglage et de l'ampleur du pavillon ? »
> *Le Rationalisme appliqué*, PUF, 1949.

La nécessité de gagner sa vie à l'issue du lycée n'explique pas tout. « Ce qui commande l'être, c'est moins les circonstances nécessaires pour subsister que les conditions suffisantes pour progresser [120]. » Bachelard a véritablement trouvé un chemin inspirant dans le monde postal, un chemin susceptible de le faire progresser dans le domaine qu'il s'est d'emblée choisi. S'il s'est très vite détourné de l'enseignement peu engageant, il n'a cessé la pratique télégraphique qu'au bout de seize années, à l'âge de trente-cinq ans. C'est dire qu'il y a consacré toute sa jeunesse et que quelque chose de fort s'est joué dans ce monde alors prestigieux et aux contraintes techniques exigeantes.

Le rêve d'ingénieur des Postes et Télégraphes naquit progressivement et devint un projet sérieux au retour du service militaire. Ce fut un aiguillon pour pimenter ces années où parfois la routine provoquait la lassitude. « Le ralentissement général de la vie », faisait subir « les heures faibles de la vie, cette paresse organique plus triste encore que le dégoût [121] » ! La perspective socialement et

[120] Bachelard (Gaston), *L'Intuition de l'instant*, Stock, 1932.
[121] Bachelard (Gaston), *Lautréamont*, Corti, 1940.

intellectuellement stimulante de concevoir, de construire et d'inventer, au lieu d'exécuter, donnait un autre sens à ces heures sans consistance. Le divorce entre ce qu'il faisait et ce qu'il imaginait et pensait ouvrait de nouveaux espaces de liberté.

Faire pour savoir

Néanmoins, si le projet fait évoluer le parcours de l'employé, il ne rend pas totalement raison du choix initial. La première aspiration de l'adolescent qui s'ennuyait souvent à l'école, le corps immobilisé des heures durant à sa table, est avant tout d'être actif et utile. Bachelard répugne au vide et à l'indolence, il n'apprécie guère la soumission aux seules contraintes physiologiques. Ses parents sont constamment affairés ; ils manipulent, transportent, réparent et font un usage constant d'une multiplicité d'outils. L'image d'un labeur de tous les instants lui tient lieu de modèle.

Le plan de vie de Bachelard est en même temps sous l'influence du complexe de Prométhée dont les étapes sont tracées dans *La Psychanalyse du feu* : « Nous proposons donc de ranger sous le nom de complexe de Prométhée toutes les tendances qui nous poussent à savoir autant que nos pères, plus que nos pères, autant que nos maîtres, plus que nos maîtres. » Savoir autant que son père, c'est d'abord maîtriser une technique. L'art du télégraphiste sera l'art du cordonnier. L'entrée à la Poste inaugure le chemin de la technique et c'est lui qui est le plus proche des pratiques familiales et des valeurs qui les promeuvent. Bachelard est dans un rapport de totale loyauté à l'égard de sa famille.

Les premières techniques transmises à l'enfant sont celles de la maîtrise du feu. Dès sa thèse, cette technique le préoccupe : « Le feu [...] est un autre Protée qui embrase les substances, les fond, les fait rougir, les convertit en vapeur, les dilate, les unit dans des combinaisons nouvelles [...] le mot feu entraîne [...] avec lui l'idée de flamme et de lumière[122]. » Ce qui l'intéresse, c'est ce pouvoir de transformation instantanée, cette fulgurance qui éclaire, éblouit et délivre de l'ennui. Il y revient dans *La Psychanalyse du feu* pour tenter d'en percer le mystère et surtout pour l'intégrer dans sa philosophie du repos. « On ne conçoit guère une philosophie du repos sans une rêverie devant les bûches qui flambent. » Le feu, c'est d'abord une technique de cuisson : « Tout cuisait à la fois : les pommes de terre pour les cochons, les pommes de terre plus fines pour la famille. Pour moi, un œuf frais

[122] Bachelard (Gaston), *Étude sur l'évolution d'un problème de physique*, Vrin, 1927.

cuisait sous la cendre. » Et d'autres jours, il fait croustiller les gaufres ou produit un brûlot.

Bachelard affectionne la cuisine comme espace de transformation des ingrédients et espace de production. Il sait que la ménagère garde « la réserve de pâte » « au coin du pétrin[123] » et qu'il est toujours possible de pétrir, modeler, transformer, déformer et allonger une pâte que l'on manipule à souhait. L'activité culinaire suscitera toujours un grand intérêt à la fois gastronomique et livresque, car « la valeur gastronomique prime la valeur alimentaire[124] » chez les êtres de désir. C'est elle qui le conduira vers les explorations alchimiques.

Alors éloigné de Bar-sur-Aube, Bachelard cherchera vainement à la bibliothèque de Dijon des livres de cuisine, c'est-à-dire de simples livres de recettes. Mais il y trouvera des ouvrages culinaires du XVIIIème qui lui permettront, dans les années trente, d'étudier les croyances alchimistes qui prennent appui sur le modèle culinaire pour imaginer leurs expériences. La fermentation et la coagulation leur servent de prêt-à-penser. Elles assimilent le processus de cuisson à celui de la digestion. Bachelard en conclura que « la digestion commence à la cuisine » et que « l'homo faber qui correspond à l'intelligence biologique est cuisinier[125] ».

Mais le feu, c'est aussi un vecteur de rassemblements familiaux, un élément de la pensée et un producteur de mythes et de mystères. Maîtriser le feu, c'est s'emparer du savoir et du pouvoir de tout changer et transformer. « Moins monotone et moins abstrait que l'eau qui coule, plus prompt même à croître et à changer que l'oiseau au nid surveillé chaque jour dans le buisson, le feu suggère le désir de changer, de brusquer le temps, de porter toute la vie à son terme, à son au-delà[126]. » L'engouement pour les révolutions scientifiques et techniques, pour les ruptures épistémologiques, pour l'intensité des instants a été largement préparé par les rêveries du feu. L'amour y est lui-même associé. L'intérêt pour le feu suggère les feux de l'amour jusque dans sa préparation. On aime à préparer le feu, comme on aime les préambules et les préalables amoureux. « On doit convenir que si le feu est utile après, il est agréable dans sa préparation. Il est peut-être plus doux avant qu'après, comme l'amour. »

---

[123] Bachelard (Gaston), *La Formation de l'esprit scientifique*, Vrin, 1938.
[124] Bachelard (Gaston), *La Psychanalyse du feu*, Gallimard, 1938.
[125] Bachelard (Gaston), *La Formation de l'esprit scientifique*, Vrin, 1938.
[126] Bachelard (Gaston), *La Psychanalyse du Feu*, Gallimard, 1938.

Le feu évoque enfin la disparition, l'anéantissement et la mort. Dans son ultime texte posthume qu'il n'a pu achever, le feu demeure central. Il y commente la mort légendaire d'Empédocle qui se serait jeté dans les fournaises de l'Etna, se vouant ainsi au feu pour « réussir à devenir rien[127] ». Il y analyse également le mythe du Phénix qui renait de ses cendres. Le feu est un objet technique qui a des effets philosophiques. Il rassemble en son sein la naissance, la vie, l'amour et la mort.

La maîtrise du feu contribue aussi au développement de métiers artisanaux. Bachelard écrira de nombreuses pages sur le travail de pétrissage du potier, sans trop s'attarder sur celui de la cuisson. Mais c'est surtout sur le métier de forgeron que se concentreront ses réflexions. Il ne cesse d'admirer celui qui conquiert la malléabilité par la ruse et auquel il consacre un chapitre complet dans *la Terre et les rêveries de la volonté*. Le son de l'enclume lui évoque son pays et le chant du coucou. Il est aussi un remède à l'ennui et à l'indolence. En forgeant, on ne perd pas son temps. « Quand l'enclume se noue à l'épaule, le temps de l'ennui ne peut s'infiltrer dans l'être entier. » Les muscles « agissant avec l'outil contre la matière », produisent « la constitution d'un temps actif, d'un temps qui refuse les malaises du temps soucieux, du temps ennuyé, du temps passif ». Le marteau ne se répète pas, il rebondit. Il ne s'attarde pas, il s'abat dans la violence d'un instant. Il est, comme le feu dont il se sert, l'expression de la puissance incarnée par la grande pince, le gros soufflet et le lourd marteau. Les outils du forgeron fascinent et impressionnent. Ils ne sont pas faits pour les hésitants, les indécis et les distraits. Devant l'enclume, le doute n'est pas permis.

D'autres métiers artisanaux viendront compléter l'inventaire. Dès *L'Expérience de l'espace dans la physique contemporaine*, il est question du rémouleur. La perspective y est encore imprégnée de considérations épistémologiques : le rémouleur est victime de ses illusions, il tourne sa meule en croyant « que son effort est continu et que l'accroissement de vitesse est régulier » alors même qu'il est discontinu. Bachelard ne s'attarde pas sur l'image cinétique, il va droit au concept physique. Il n'a pas encore séparé les deux axes de son œuvre.

---

[127] Bachelard (Gaston), *Fragments d'une poétique du feu*, PUF, 1988.

Plus tard, en 1949, dans l'émission radiophonique sur la rêverie et la radio[128], il ne se soucie plus autant de redresser les représentations lorsque l'imaginaire se déploie. Il laisse à celui-ci son espace de développement et dévoile les matières de ses premières pensées. Il a besoin de matériaux pour explorer le champ des images.

Il évoque alors l'ébéniste du village qui fabrique des armoires individualisées, comportant chacune leur secret et le sabotier qui ne peut faire un sabot, en manipulant la gouge et le rabot, la varlope et la râpe, sans être en colère. Dans *La Terre et les rêveries de la volonté*, après le potier et le forgeron, ce sera le tonnelier « qui a la grande, la lointaine, l'insondable responsabilité du vin ». Dans *L'Air et les songes*, c'est au tour du bûcheron d'être mis en valeur. Sa connaissance de la matière y est précieuse : il sait que « l'on ne lutte pas sans habileté contre le sens du bois, contre ses fibres » et que « le suprême ridicule est du géométrique plaqué sur du végétal[129] ». Bachelard s'amuse à parodier Bergson et sa fameuse définition du comique considéré comme « du mécanique plaqué sur du vivant [130] ». Somme toute, le bûcheron vaut bien le philosophe. Même le cantonnier n'est pas un simple artisan, c'est un artiste de la gestuelle qui doit trouver le bon usage du marteau. Ce n'est pas donné à tout le monde de savoir « casser sans fracasser et jouir finement, en artiste, d'un petit coup sec[131] ». Le savoir technique est d'abord un savoir-faire gestuel.

Le savoir-faire agricole

Le philosophe champenois est aussi familier de la terre et de ses techniques. Il n'a rien de commun sur ce point avec Nietzsche qui préfère les cimes que la glaise, les rochers que l'humus, les alpages que les champs immenses de la Champagne. Il connaît le jardin et le verger, « les joies de la bêche et du râteau » et a envisagé d'exposer en un livre « l'agriculture imaginaire » pour marquer son « attachement à la terre[132] ». Ses parents possèdent quelques terres labourables, jardinent et vinifient. Ses ancêtres haut-marnais étaient artisans ou cultivateurs. L'association du travail de la terre et du fer était fréquente. Denis Diderot, son lointain aïeul, est identifié au fils de coutelier dont il cite

[128] Bachelard (Gaston), *La Radio, comme possibilité de rêve éveillé*, émission radiophonique, la Radiodiffusion Française, 1949.
[129] Bachelard (Gaston), *La Terre et les rêveries de la volonté*, Corti, 1948.
[130] Bergson (Henri), *Le Rire*, Alcan, 1900.
[131] Bachelard (Gaston), *La Terre et les rêveries de la volonté*, Corti, 1948.
[132] Bachelard (Gaston), *La Terre et les rêveries de la volonté*, Corti, 1948.

souvent certains articles de *L'Encyclopédie*, tels que *porcelaine* ou *trempe*. C'est d'ailleurs dans ce dernier article que l'encyclopédiste est pris en flagrant délit de soumission aux traditions alchimistes lorsqu'il valide la pratique de la trempe de l'acier dans le jus d'ail. « On peut lire dans *L'Encyclopédie* cette méthode de trempe pour les aciers fins [...] Diderot, le fils du coutelier, n'a pas réagi contre cette méthode. Il a laissé passer l'article. On ne critique pas la technique de ses pères[133]. »

Bar-sur-Aube vue des vignes

La ruralité est le socle originel. C'est elle qui inspire la pensée d'un Descartes concepteur de la notion de *tourbillon* qui ressemble fort à un nuage de poussière produit par un coup de vent. La campagne est vraiment l'horizon des rêveries et la source des premières connaissances. Il suffisait d'évoquer le travail de la terre pour que naissent les souvenirs et les vertus du courage et de la persévérance. La notion d'énergie dont l'expression scientifique se retrouve dans son épistémologie est le moteur des travaux horticoles. « Il subsiste en nous une connaissance confuse de l'énergie, [...] faite d'un mélange d'opiniâtreté et de rage, de courage et d'entêtement [...] Il suffit d'une racine qui interrompt le rythme de la bêche pour que s'obscurcisse la joie de jardiner, pour que le travailleur, oubliant la claire rationalité de

[133] Bachelard (Gaston), *La Formation de l'esprit scientifique*, Vrin, 1938.

sa tâche, anime l'outil d'une énergie vengeresse[134]. » La beauté florale n'en est pas pour autant exclue. Le jardin est aussi bien économique qu'esthétique. « Qui suit dans son jardin toutes les fleurs qui s'ouvrent et se colorent a déjà mille modèles pour la dynamique des images[135]. »

Bachelard fabriquant le feu, cuisant, jardinant n'a pas manqué de faire le vin et de vendanger dans sa jeunesse. Il en garde la trace physique. Un bon vendangeur doit oublier le mal de reins : « On goûte le vin blanc de mon pays avec les reins[136]. » Le vin est un thème récurrent. C'est la richesse d'un terroir, sa marque de fabrique. Dès 1932, se liant d'amitié avec Gaston Roupnel, un universitaire et écrivain de Dijon, spécialiste de la ruralité et auteur d'un essai sur l'*Histoire de la campagne française*, il se nourrit de son amour pour la nature à travers de grandes promenades bucoliques. La rencontre et la convergence des idées donnent lieu à un ouvrage aussi inattendu que décalé, relativement aux premiers travaux épistémologiques, qui portera sur le temps et s'intitulera *L'Intuition de l'instant*. Dès 1932, Bachelard dévie de son premier chemin.

Pour la première fois en effet, la rêverie et l'imaginaire émergeront de ses réflexions éminemment logiques. Il avoue, dans *La Dialectique de la durée*, l'influence d'une « doctrine vivante, enseignée le long des chemins de Bourgogne, au coin des vignes » par l'historien de la ruralité. Certes, « cette campagne humanisée » qu'il décrit, illustre fort bien la relativité du temps et de l'espace d'Einstein et leur indissociation lorsque « M. Gaston Roupnel nous a fait comprendre le lent ajustage des choses et des temps, l'action de l'espace sur le temps et la réaction du temps sur l'espace. » Mais le glissement insensible s'amorce avec la métaphore picturale : « La plaine labourée nous peint des figures de durée aussi clairement que des figures d'espace. »

Le lien entre la culture de la vigne et son terroir n'est pas celui que l'on croit. Il procède du retournement de perspective. Si Roupnel souligne bien, dans l'*Histoire de la campagne française,* que la vigne a simplement besoin d'une terre en pente car « une toute petite inclinaison suffit pour concentrer le soleil », le choix du terroir ne suffit plus puisque c'est la vigne qui crée la terre qui la porte. « Comme le disait Gaston Roupnel, la vigne crée tout, même son sol[137]. » Le vin est également ce que l'on entrepose à la cave. C'est en descendant vers les

---

[134] Bachelard (Gaston), *La Philosophie du non*, PUF, 1940.
[135] Bachelard (Gaston), *L'Air et les songes*, Corti, 1942.
[136] Bachelard (Gaston), *Lautréamont*, Corti, 1940.
[137] Bachelard (Gaston), *La Terre et les rêveries du repos*, Corti, 1948.

profondeurs de l'imaginaire que l'homme va le chercher. Il est précieux et mystérieux à tel point que Bachelard y consacre le dixième chapitre de *la Terre et les rêveries du repos*, intitulé « Le vin et la vigne des alchimistes » .

Il y goûte aussi volontiers, ne s'embarrassant pas de considérations morales ou hygiénistes. Il le boit frais, comme tout champenois, sans jamais mettre de l'eau dans son vin. « L'eau et le vin sont des liquides ennemis. C'est médecine que les mêler [...] Un vin coupé, un vin coupé d'eau – la bonne langue française ne s'y trompe pas – c'est vraiment un vin qui a perdu sa virilité. » Il le boit pur en pensant aux alchimistes et aux poètes et file la métaphore : « le vin est le sang de la vigne ».

Mais si le vin doit rester sans mélange, associé au feu, il possède des vertus thérapeutiques que l'on transmet de génération en génération. Le monde rural, sensible aux influences alchimiques qu'élucidera Bachelard dans *La Formation de l'esprit scientifique* et qu'il reprendra dans les textes ultérieurs, sait que le meilleur remède à la chlorose est « le vin rouge qui avait éteint le fer rouge[138] ».

En revanche, Bachelard est moins friand des loisirs ruraux tels que la chasse ou la pêche. Seule, au détour d'une phrase, la chasse aux perdreaux naïve, sans technique, illustre métaphoriquement les errements du réalisme dans un ouvrage épistémologique : « l'arme à la bretelle » et « en tirant en plein ciel, nous serions sûr de manquer le perdreau[139] ». Les déplacements de sens qu'il effectue de manière récurrente, les illustrations qu'il produit, de plus en plus fréquentes au fil de l'œuvre, témoignent d'un rapport privilégié au pays natal qu'il considère, en toute subjectivité, comme l'un des plus beaux pays du monde.

Le passage par la technique va marquer Bachelard d'une empreinte singulière. Ce sont des années de construction de la personnalité, des années fondatrices dont les effets sont durables. Les enrichissements sémantiques provoqués par les métaphores techniques sont fréquents.

Dès *Le Nouvel esprit scientifique*, Bachelard met en garde contre le risque de confusion cognitive, propre à une démarche plus historique qu'épistémologique en matière d'histoire des sciences, en évoquant le risque « de prendre l'échafaudage pour la charpente ». La clarté du bâtisseur est aussi celle du tisserand. En bon musicien, quelques années

---

[138] Bachelard (Gaston), *La Terre et les rêveries du repos*, Corti, 1948.

[139] Bachelard (Gaston), *L'Expérience de l'espace dans la physique Contemporaine*, Alcan, 1937.

plus tard, il soulignera les limites du métronome par l'évocation du tissage : « Le métronome est un instrument grossier. C'est le compte-fils, ce n'est pas le métier à tisser [140]. » On y apprendra également que « le fil du temps est couvert de nœuds » et que « l'erreur est souvent [...] une broderie ». C'est dire combien la technique artisanale imprègne la pensée tandis que l'image en forge le travail. La fabrication des objets inspire la connaissance des phénomènes et la technique préside à la constitution d'une *phénoménotechnique*.

La science instruit par ce qu'elle construit

Mais ce ne sont pas simplement les métaphores qui vont être imprégnées de techniques concrètes, c'est toute la conception de la science physico-chimique qui va devenir technique. En se rénovant, la science se technicise. Dès son article intitulé *Noumène et Microphysique*, Bachelard indique la rupture avec la vision réaliste des sciences : « La physique n'est plus une science des faits, elle est une technique d'effets[141]. » En conséquence de quoi, « l'atome n'est pas notre objet ; il n'est pas un objet offert à notre recherche ; il n'est pas un donné[142] » ; il est un corps pur, « une conquête de l'esprit pur. La pureté du produit est la preuve de la sûreté de la technique ». Rien n'est trouvé, tout est inventé, tout est factice. Dans *Le Pluralisme cohérent de la chimie moderne*, la physique est « une science d'effets », si bien que la technique tend à se substituer à la science. « L'atomistique est précisément devenue une technique[143]. »

On est loin de la pensée contemplative qui cherche à appréhender le monde réel. La technique fabrique le monde correspondant à la pensée. « Les véritables substances chimiques sont des produits de la technique plutôt que des corps trouvés dans la réalité. Cela suffit pour désigner le réel en chimie comme une réalisation[144]. » La science technique se rapproche de l'artisanat qui fabrique ses propres objets et ses propres méthodes dont elles sont l'expression : « c'est la méthode qui définit les êtres ». Elle les définit en les rendant possibles ou en les réalisant.

Ainsi, la méthode peut éclairer les conditions de possibilité de l'objet de référence - c'est une goutte de cire bombardée de rayons X à l'abri de la lumière naturelle qui permet de découvrir la surface de la cire,

---

[140] Bachelard (Gaston), *La Dialectique de la durée*, PUF, 1936.
[141] Bachelard (Gaston), *Noumène et microphysique,* in *Études*, Vrin, 1970.
[142] Bachelard (Gaston), *Les Intuitions atomistiques*, Boivin, 1933.
[143] Bachelard (Gaston), *Les Intuitions atomistiques*, Boivin, 1933.
[144] Bachelard (Gaston), *La Philosophie du non,* PUF, 1940.

c'est un sucre fabriqué qui permet d'en dégager l'essence – ou bien la méthode va jusqu'à créer ses propres objets, sa propre matière telle que la matière plastique dont Bachelard loue « la merveilleuse industrie[145] » ou même ses propres odeurs : « La technique moderne, sur des bases abstraites, a su multiplier les odeurs au point que le laboratoire est plus riche que le jardin[146]. » La technique enrichit le réel en en révélant les structures non visibles et en créant de nouveaux phénomènes.

Aux yeux de Bachelard, empruntant avec enthousiasme son premier chemin de vie professionnel dans la télégraphie, c'est la technique qui est décisive. Persuadé de son rôle prépondérant, il l'affirme très clairement : « La science atomique moderne est bien sous la dépendance de sa pensée technique, non pas sous la dépendance de notre expérience commune[147]. » On ne trouve pas le phénomène, mais on le produit.

Désormais, ce n'est plus le réel qui doit fournir la matière de la pensée, mais le réalisé ; ce n'est plus l'objet qui doit retenir l'attention de l'observateur, mais l'objectivé ; et ce n'est plus à l'expérience que le savant doit avoir recours, mais à l'expérimentation. Pour la science moderne, il n'est plus question de donné. L'organisation rationnelle de l'expérience l'efface au profit d'une construction de phénomènes. « Cette réalisation qui correspond à un réalisme technique nous paraît un des traits caractéristiques de l'esprit scientifique contemporain[148]. »

Bachelard s'intéressera de près à la physique atomique parce qu'elle est la science qui coordonne le mieux les conditions techniques de son action et qui s'instruit de ce qu'elle construit. Reprenant les thèses phénoménologiques en leur conférant une dimension plus technique, il créera le concept de phénoménotechnique dès 1934 : « La véritable phénoménologie scientifique est donc bien essentiellement une phénoménotechnique. » Il complètera cette conception, dans *Le Rationalisme appliqué,* par l'apparition d'un nouveau concept d'objet, « l'objet abstrait-concret » que « la science technique » réalise. Le corps simple en chimie n'est plus un corps que l'on trouve dans la nature, mais « un corps simplifié qu'il faudrait supposer non pas à l'origine d'un monde mais bien au terme d'une technique[149]. » Cette technique,

---

[145] Bachelard (Gaston), *La Terre et les rêveries de la volonté*, Corti, 1948.
[146] Bachelard (Gaston), *La Formation de l'esprit scientifique*, Vrin, 1938.
[147] Bachelard (Gaston), *Les Intuitions atomistiques*, Boivin, 1933.
[148] Bachelard (Gaston), *Le Nouvel esprit scientifique*, Vrin, 1934.
[149] Bachelard (Gaston), *Les Intuitions atomistiques*, Boivin, 1933.

imprégnée de mathématiques, permet de révéler le véritable noumène du phénomène, la loi de sa production.

La science technique crée un nouveau monde. C'est elle qui change la vie grâce à l'artifice et au factice. Le savant n'est pas celui qui sait, il est celui qui invente. Il n'est pas celui qui contemple, il est celui qui réalise. « Le savant est un inventeur », il est « le contremaître de la nature ». C'est lui le véritable patron qui commande le monde des objets par l'usage de la raison et qui décuple leur pouvoir. Loin de diriger les hommes par l'usage de la force et de la puissance primitive, le savant accroît l'efficience naturelle en créant l'artificiel.

La science technique change l'homme

Mais le primat de la technique n'est pas seulement épistémologique, il est axiologique. De manière aussi inattendue qu'originale, Bachelard surprend son lecteur en développant, notamment à la faveur des rêveries, une dimension éthique et politique de l'usage de la technique à contretemps d'une certaine modernité. La conception et l'exécution ne se fragmentent plus, elles sont indissociables et indivisibles. En devenant technicien, le savant sait ce qu'il fait et fait ce qu'il sait. Il n'est plus cet homme divisé qui dissocie ce qu'il dit et ce qu'il entreprend. Il ne délègue plus, il assume, il conçoit et réalise, il pense et fabrique. Par la technique, il est ingénieur et ouvrier, inventeur et maître-d'œuvre, technicien et savant. Il devient l'homme total, l'humain accompli dans un monde sans classes.

Il y a en effet au cœur de la pensée de Bachelard une opposition récurrente qu'il dénonce entre ceux qui font et ceux qui disent ce qu'il faut faire, entre les classes populaires et les cols blancs, le « travailleur » et le « contremaître[150] ». « Le projet intellectuel, bien souvent, se distingue trop de l'exécution. Il reste le projet d'un chef qui commande à des exécutants[151]. » Bachelard sait de quoi il parle, lui qui a vécu le destin de l'employé obéissant. C'est d'ailleurs la même critique qu'il faisait à l'enseignement injonctif et au professeur qui commande l'élève. La figure de l'intellectuel qui demeure dans l'idéalité est la figure hégélienne du maître qui devient l'esclave de son esclave, faute de maîtriser la réalité du travail. C'est sans doute aussi celle du pédagogue qui ne se rend plus compte de ce que sont les élèves, à force de les juger plutôt que de les accompagner dans leurs tâches

---

[150] Bachelard (Gaston), *La Terre et les rêveries du repos*, Corti, 1948.
[151] Bachelard (Gaston), *La Terre et les rêveries de la volonté*, Corti, 1948.

d'apprentissage, et qui finit par en perdre la maîtrise en criant au désenchantement.

« Les vrais travailleurs sont ceux qui ont mis « la main à la pâte. » Ils ont la volonté opérante, la volonté manuelle » qui est visible aux ligatures de la main[152]. » « Les diseux » ne sont pas de vrais travailleurs, ils ont les mains lisses. Bachelard fait son choix en faveur de ceux qui œuvrent directement contre la matière et combattent contre les substances. Ceux qui mettent la main à la pâte savent ce dont ils parlent. L'homme méritant creuse la terre, perce la pierre et taille le bois. Certes, Bachelard ne sombre pas dans un populisme de mauvais aloi et reconnaît le statut de travailleur aux femmes et hommes de science. Mais s'il les rassemble, sous le vocable à connotation politique de « l'union des travailleurs de la preuve[153] », c'est parce qu'ils réalisent ce qu'ils conçoivent et expérimentent ce qu'ils préconisent dans la plus totale coopération et sans jamais diviser le travail de manière inéquitable.

Mieux encore, il y a une véritable intelligence de la main, une conscience des gestes produits. Le cogito cartésien s'enrichit d'un « cogito pétrisseur[154] puisque le métaphysicien se confronte à la matière tandis que le malaxeur se fait penseur. On conçoit fort bien « une métaphysique de la poussière [155] », l'on apprécie chez le poète Lautréamont que « le mot trouve l'action, tout de suite » et qu'« une action crée sa forme, comme un bon ouvrier crée son outil[156] » et l'on goûte volontiers à « la poésie de l'enclume ». « L'enclume ! L'un des plus beaux mots de la langue française. Bien qu'il donne un son sourd, ce mot n'en finit pas de sonner[157]. » Les valeurs s'inversent. Le forgeron est poète et rêveur : « Quand la déformation s'annonce sous le marteau, quand les barres se courbent, quelque chose du rêve des déformations s'introduit dans l'âme du travailleur. Alors s'ouvrent peu à peu les portes de la rêverie. Alors naissent les fleurs de fer. » « L'ouvrier » est également un « poète à la main pétrissante » et le chef est oisif. Le premier fait ce qu'il dit, le second délègue ses tâches parce qu'il aime mieux « jouir du travail des autres » et faire faire ce qui est à la portée de sa main.

---

[152] Bachelard (Gaston), *L'Eau et les rêves*, Corti, 1942.
[153] Bachelard (Gaston), *Le Rationalisme appliqué*, PUF, 1949.
[154] Bachelard (Gaston), *La Terre et les rêveries de la volonté*, Corti, 1948.
[155] Bachelard (Gaston), *Les Intuitions atomistiques*, Boivin, 1933.
[156] Bachelard (Gaston), *Lautréamont*, Corti, 1940.
[157] Bachelard (Gaston), *La Terre et les rêveries de la volonté*, Corti, 1948.

Il y aurait donc de la pensée dans les actes pratiques et techniques. La main cogite, agite, imagine, rêve. Elle travaille le geste et affermit l'intelligence. « Le bon outil maladroitement manié provoque le rire de tout un atelier. Un outil a un coefficient de vaillance et un coefficient d'intelligence. » La main forge ses propres outils. Elle façonne le corps. À chaque pratique et à chaque métier correspondent une silhouette, un faciès et une main qui ont été transformés et déformés en travaillant. « Comment mieux dire qu'à la main vigoureuse se lie la mâchoire contractée ? Et plus encore : un type de travail manuel est lié à une contraction particulière du visage. Le faciès du limeur de métal est si différent de celui du forgeron[158] ! » La main donne aussi à l'esprit son assise. Elle célèbre l'étroite solidarité entre l'intelligence manuelle et l'intelligence spirituelle.

Mais la pensée qui en résulte use d'un langage rigoureux et économe. Bachelard n'a pas suivi la filière des humanités. Il est longtemps critique à l'égard du langage redondant qui ne va pas droit au but et se méfie des littéraires plus enclins à juxtaposer les synonymes qu'à hiérarchiser les notions, plus verbeux que démonstratifs. « C'est là une tendance générale, dont on trouverait d'ailleurs la trace dans des domaines bien éloignés de la pensée scientifique, comme la psychologie et la littérature : moins une idée est précise et plus on trouve de mots pour l'exprimer[159]. » L'abondance verbale est en raison inverse de la richesse des informations. L'ennui guette les latinistes. « Rappelons [...] la correction parlée des versions latines où le maître explique avec un luxe de circonlocutions ce qui devait être écrit en un seule locution. »[160] L'érudition affichée est un signe d'incontinence verbale et le masque de la vacuité.

Bachelard créera d'ailleurs le concept de complexe de culture pour désigner l'usage inapproprié des connaissances accumulées sans un effort de l'esprit. Il fustigera les habitudes scolaires sclérosantes. Prenant l'exemple d'une approche nominaliste de la mythologie, il dénoncera les évocations « livresques des naïades et des nymphes » qui ne sont que « le produit de la bourgeoisie bachotée[161] ». Si l'héritier ne fut pas exclu des humanités, il n'a pas pour autant de talent. Souvent prétentieux et soucieux de préserver sa distinction sociale, il arbore en

---

[158] Bachelard (Gaston), *La Terre et les rêveries de la volonté*, Corti, 1948.
[159] Bachelard (Gaston), *La Formation de l'esprit scientifique*, Vrin, 1938.
[160] Bachelard (Gaston), *Le Rationalisme appliqué*, PUF, 1949.
[161] Bachelard (Gaston), *L'Eau et les rêves*, Corti, 1942.

tout lieu son érudition superficielle comme on agite un drapeau. Sa maîtrise toute scolaire des lettres classiques est sans esprit, mais pas sans complexe. « Cet hellénisme de pacotille, si caractéristique des complexes de culture », fonctionne pour la galerie. Son opacité qui masque sa frêle cohérence et sa faible profondeur est destinée à ôter tout repère aux profanes. Ainsi « Pierre Louys s'est adressé à la mythologie scolaire pour écrire sa nouvelle. Ne pourront la lire que des "initiés" à la connaissance scolaire des mythes[162]. » Décidément le bourgeois ne fait guère montre d'esprit et son élitisme n'est guère républicain.

La matière rebelle

Il arrive également que la pratique fasse défaut chez les penseurs plus enclins à la contemplation oisive et superficielle qu'à l'exploration active et laborieuse. En bons métaphysiciens généralistes, en bons professionnels du regard, ils finissent par perdre le sens de ce qu'ils disent lorsqu'ils évoquent des savoir-faire qu'ils n'ont jamais pratiqués. « Il faut n'avoir jamais tenu une lime en main », déplore férocement Bachelard à propos de Bergson, « pour caractériser la psychologie de l'homo faber par la seule finalité d'un modèle géométrique[163]. » Tout ne va pas aussi droit que l'ordre que l'on donne lorsqu'il s'agit de travailler la matière de ses mains. Elle fait obstacle. Elle résiste et impose ses propres lois au modeleur, au forgeron, à l'ajusteur et au fondeur. « L'administration des forces demande une singulière prudence, une lente intégration des actes partiels, très délicate quand la pièce a été dégrossie [...] On veut limer droit, on veut imposer des plans rectangulaires. Mais il semble que la matière, de son côté, veuille garder une rotondité. Elle défend sa rondeur, sa masse ronde [...] Seul le travailleur sait, par quelles fines attaques, par quelle retenue de ses forces, il conquiert la simplicité dont il marque l'objet. »

La leçon est sans appel et Bachelard de s'indigner, contredisant celui qui aurait pu être son propre maître et dont l'aura était très grande : « Comment une philosophie de l'action comme la philosophie bergsonienne a-t-elle pu mutiler la psychologie de l'homo faber au point d'en négliger la moitié et plus précisément la partie temporelle, celle qui organise le temps du travail, qui en fait une durée volontaire

[162] Bachelard (Gaston), *L'Eau et les rêves*, Corti, 1942.

[163] Bachelard (Gaston), *La Terre et les rêveries de la volonté*, Corti, 1948.

et réglée[164] ? » Ce qui manque somme toute à Henri Bergson et aux autres métaphysiciens, c'est l'expérience. La pensée du tout n'est pas la pensée de tout. Celui qui ignore la démarche technique ignore ce qu'il faut de patience et de force, de persévérance et de résistance pour transformer la matière brute en objet confectionné. Il ne sait pas que les gestes faciles et précis résultent d'une lente familiarisation manuelle et d'un patient et précis ajustement qui repose sur une bonne « connaissance des rapports dynamiques de l'outil et de la matière. »

Il y a bien entendu une pointe d'ironie dans ces analyses qui dénoncent les prétentions des philosophes à savoir tout penser alors même qu'ils ne savent pas ce qu'ils ignorent. L'ironie de Bachelard est au demeurant légendaire. C'est une force. Ses élèves ont souligné son goût des bons mots, son humour, lui qui se disait « rêveur de mots[165] ». Mais plutôt que l'humour, c'est une ironie souvent mordante qu'il cultive à souhait. Elle participe de sa propension à la polémique et ses cibles favorites sont les philosophes les plus en vue tels que Bergson, Sartre ou Meyerson.

C'est aussi une méthode de pensée qui le rattache à la longue lignée socratique aussi bien qu'à Nietzsche et qu'il énonce explicitement dans *La Psychanalyse du feu* : « Loin de s'émerveiller, la pensée objective doit ironiser [...] Sans cette vigilance malveillante, nous ne prendrons jamais une attitude vraiment objective. Sans vouloir instruire le lecteur, nous serions payés de nos peines, si nous pouvions le convaincre de pratiquer un exercice où nous sommes maîtres : se moquer de soi-même. » Il n'hésite pas à qualifier de « bêtises » ses écrits sur l'imaginaire et à circonscrire le rayonnement de sa pensée à sa région natale en produisant le surprenant concept de « philosophe champenois ». L'ironie détruit les autosatisfactions immédiates et favorise les rectifications et le déploiement de l'esprit critique. En faisant corps avec une raison dynamique, elle s'associe au rire qui est « la meilleure » forme « de réduction des préjugés[166] ».

Le même goût bergsonien pour la célébrité est ainsi incarné par Jean-Paul Sartre qui a publié, en 1938, *La Nausée* et, en 1943, son grand ouvrage de métaphysique *L'Etre et le néant.* Bachelard s'en prend volontiers au héros de *La Nausée* qui semble plus contemplatif qu'actif. « Il y aurait sans doute quelque humanité à mettre Roquentin, le héros

---

[164] Bachelard (Gaston), *La Terre et les rêveries de la volonté*, Corti, 1948.

[165] Bachelard (Gaston), *La Poétique de la rêverie*, Corti, 1960.

[166] Bachelard (Gaston), *Un Livre d'un nommé René Decartes*, in *L'Engagement rationaliste*, PUF, 1972.

de *La Nausée*, devant l'étau, la lime à la main, pour lui apprendre sur le fer la beauté et la force de la surface plane, la rectitude de l'angle droit. Une bonne bille de bois à dégrossir à la râpe suffirait à lui apprendre gaiement que le chêne ne pourrit pas, que le bois rend dynamisme pour dynamisme, bref, que la santé de notre esprit est dans nos mains[167]. » Le sentiment de nausée, face à une matière dépourvue de conscience, est insupportable à Bachelard qui y voit, au contraire, l'opportunité de déployer la joyeuse volonté de faire et de transformer. Le travail manuel a des effets thérapeutiques.

Le forgeron, le fondeur, le potier et le rémouleur produisent des associations d'idées et des associations de forces. Ils durcissent la matière molle ou assouplissent la matière dure. Ils apaisent en favorisant le développement de gestes réguliers et en créant des rythmes structurants.

En s'éloignant du monde des objets et de la fabrication, l'intellectuel bourgeois ignore les bienfaits du travail contre les matières. C'est pourquoi les thérapies proposées sont souvent très abstraites. La démarche analytique fait l'économie d'une pratique souvent salutaire. « La psychanalyse, née en milieu bourgeois, néglige bien souvent l'aspect réaliste, l'aspect matérialiste de la volonté humaine. Le travail sur des objets, contre la matière, est une sorte de psychanalyse naturelle. Il offre des chances de guérison rapide parce que la matière ne nous permet pas de nous tromper sur nos propres forces[168]. » Faute d'une expérience manuelle et technique, Sigmund Freud s'en est tenu aux outils auxquels il était familier.

Les recherches de Françoise Dolto inspireront davantage Bachelard en introduisant auprès des enfants une pratique artistique qui se substituera au langage peu signifiant pour eux. Mais c'est surtout Carl Gustav Jung qui, en élargissant le champ aux pratiques culturelles, aux mythes, aux archétypes et à l'idée d'un inconscient collectif sera la véritable source de sa pensée. Bachelard reprochera au fondateur de la psychanalyse, Sigmund Freud, de s'être limité à une approche langagière de reconstruction d'une histoire jugée singulière. Il regrettera qu'il n'ait pas vu que le manque d'expérience technique pouvait altérer le psychisme et que le sujet, dépourvu de contact avec la nature, pouvait se déréaliser et décompenser. Le patient, déconnecté de

---

[167] Bachelard (Gaston), *La Terre et les rêveries du repos*, Corti, 1948.
[168] Bachelard (Gaston), *La Terre et les rêveries de la volonté*, Corti, 1948.

la matérialité, n'accède pas à la maîtrise du travail qui ne s'acquiert que dans la confrontation dynamique à la matière.

C'est pourquoi le visqueux auquel est exposé Roquentin « n'apparaît plus que comme un piège pour oisif. Dans son premier aspect, il est une matière d'énervement pour une main qui ne veut rien faire, qui veut rester propre, blanche, disponible, pour un philosophe qui croirait l'univers en désordre si son petit doigt ne glissait pas bien, ne glissait pas librement sur la page blanche. » Confronté à la pâte molle et collante, Roquentin ne peut s'en défaire, à moins de suivre les conseils avisés d'un Bachelard expérimenté. « D'abord, dans le pétrissage, si la pâte colle aux doigts, une poignée de farine suffit pour nettoyer la main. Nous domestiquons le visqueux par l'attaque indirecte d'une matière sèche[169]. » La mise en relation des matières produit des effets différents selon le dosage des éléments et la composition de l'assemblage. Il suffit de s'y coller pour le comprendre.

La même expérience vaut pour le poisseux au temps des confitures. « Voici les cerises dénoyautées à pleines soupières. Les doigts déjà collent un peu, signe agréable que les fruits sont bien mûrs. Puis le jus s'éclaircit dans le grand chaudron d'or. La louche est rose, les guêpes bourdonnent [...] S'il vient un oisif, tout lui semble poisseux, désagréablement poisseux ; la cuisine encombrée, il la croit sale. » Mais Sartre qui n'a probablement jamais fait de confiture considérera, dans *L'Être et le néant*, que Bachelard confond l'imagination et la perception en assimilant la matière à une constante de l'imaginaire alors qu'elle n'est qu'une variable de nos affects. Ne croyant pas en la réalité des quatre éléments, Sartre ignorera que « celui qui a peur d'une matière visqueuse s'en met partout ».

La morale du travail

Le travail manuel possède incontestablement une dimension morale sur laquelle Bachelard reviendra à plusieurs reprises. Pour autant, il ne le rapproche pas des valeurs pétainistes. Outre qu'il n'a pas cherché à développer une famille traditionnelle ni à la promouvoir, qu'il a élevé sa fille dans le souci de son accomplissement intellectuel et social, à l'encontre des thèses régressives en faveur du retour au foyer et du cantonnement des femmes aux tâches ménagères et maternelles, qu'il s'est ouvert à l'internationale de la pensée et de la science et qu'il a noué des liens forts avec des intellectuels résistants ; sa critique ne porte

[169] Bachelard (Gaston), *La Terre et les rêveries de la volonté*, Corti, 1948.

pas sur les oisifs en tant que tels, mais sur ceux qui prétendent commander et penser à la place de ceux qui travaillent. Il s'agit bien de découvrir l'intelligence de la main et les vertus intellectuelles de la technique si méprisée. Il s'agit bien de considérer le travail manuel et technique comme la source de la connaissance et de la pensée et non comme son point d'arrivée.

Le travail valorisé n'est pas le travail parcellaire et aveugle, inspiré du taylorisme, mais le travail artisanal et technique qui instruit. C'est la trajectoire du progrès anthropologique qu'il cherche à édifier. « La plus grande conquête morale que l'homme ait jamais faite, c'est le marteau ouvrier. Par le marteau ouvrier, la violence qui détruit est transformée en puissance créatrice. De la massue qui tue à la masse qui forge, il y a tout le tracé des instincts à la plus grande moralité[170]. » Ce que ne perçoivent pas la plupart des intellectuels, élevés loin du contact rugueux avec la matière, c'est que le travail contre les choses apprend à connaître ses propres forces, édifie l'esprit, donne de la joie et de l'enthousiasme, initie à la douceur et à la délicatesse, éduque à l'humilité et au goût du progrès.

Il n'est pas certain que le mépris manifesté à l'égard des formations professionnelles, vers lesquelles on oriente encore aujourd'hui les élèves par défaut, ne fasse pas écran à leur véritable vertu, celle de développer une puissance utile, de façonner une volonté exacte, de forger une intelligence adaptée au monde qui nous entoure. Penser en faisant, connaître en fabriquant, juger en éprouvant, ce sont là autant d'atouts psychiques et cognitifs pour une formation intellectuelle équilibrée. « Il faut connaître ces forces premières dans les muscles du travail pour mesurer ensuite leur économie dans les œuvres réfléchies.» Jean Piaget, lui-même, se préoccupera de la construction du nombre en lien avec la manipulation des objets et fera naître l'intelligence formelle de la maîtrise des opérations concrètes.

Le matérialisme des objets techniques

Ainsi, à travers son parcours postal d'employé manipulant lettres et colis, Bachelard ne découvre pas seulement la vertu éthique, thérapeutique et heuristique du travail manuel et technique, mais il prend conscience de l'antécédence et de la prééminence de la matière sur la forme et par là-même des enjeux philosophiques d'une posture matérialiste. Il n'est pas loin de penser, avec Rousseau, à une éducation

[170] Bachelard (Gaston*), La Terre et les rêveries de la volonté*, Corti, 1948.

par les choses et la nature plutôt que par les mots. La forme est une puissance d'illusion qui nous masque la matière à laquelle elle fait écran. La matière est la vraie richesse à la fois pour la science, la poésie et l'imagination.

Bachelard n'a eu de cesse de critiquer les philosophes qui s'en tiennent à des considérations générales et vagues sur la science et sur ses objets. Il juge qu'ils n'entrent pas en matière et qu'ils énoncent des idées immuables que l'expérience ne saurait contredire, faute de point d'appui. Pour lui, le rationnel sera toujours matérialiste ou appliqué. Sur le plan esthétique, il laisse « à d'autres le soin d'étudier la beauté des formes » et consacre ses « efforts à déterminer la beauté intime des matières ; leur masse d'attraits cachés, tout cet espace affectif concentré à l'intérieur des choses[171] ». Qu'est-ce la matière dans l'art et la technique ? Elle est mouvement, véritable source de dynamisme et de courage, elle est « l'intimité de l'énergie du travailleur. Les objets de la terre nous rendent l'écho de notre promesse d'énergie ». Le métal, la pierre, le bois et les gommes « éveillent en nous des joies musculaires dès que nous prenons le goût de les travailler ».

Si la forme n'est plus à créer, la matière s'offre comme un univers de possibles. Elle dynamise en nourrissant l'adversité. « Le marteau ou la truelle en main, nous ne sommes plus seuls, nous avons un adversaire, nous avons quelque chose à faire. » « Le granit est un type de provocation, sa dureté fait offense, une offense qu'on ne vengera pas sans armes, sans outils, sans les moyens de la ruse humaine. » L'imagination formelle est scolaire et n'a guère d'intérêt. C'est l'imagination du contemplatif oisif et du patron philosophe. « Une main oisive et caressante qui parcourt des lignes bien faites, qui inspecte un travail fini, peut s'enchanter d'une géométrie facile. Elle conduit à une philosophie d'un philosophe qui voit l'ouvrier travailler. Dans le règne de l'esthétique, cette visualisation du travail fini conduit naturellement à la suprématie de l'imagination formelle. »

Seule l'imagination matérielle dont il crée le concept se révèle féconde et se déploiera un temps, à la faveur des quatre éléments que sont le feu, l'air, l'eau et la terre.

La matière n'est pourtant rien sans la main qui l'anime, sans le geste qui la meut. « La main travailleuse et impérieuse apprend la dynamogénie essentielle du réel. » Elle n'est pas seulement artistiquement féconde, elle dynamise le travailleur, sans le pousser à la

[171] Bachelard (Gaston*), La Terre et les rêveries de la volonté*, Corti, 1948.

faute, elle est un inverseur d'hostilité. « La matière dure est dominée par la dureté coléreuse du travailleur [...] Il ne s'agit plus de prendre le parti des choses, mais de prendre les choses à partie [...] Mais la colère du travail ne brise rien, elle reste intelligente[172].»

La prééminence de la technique conduit à prendre de sérieuses distances avec la métaphysique classique en édifiant une philosophie du non qui n'est autre qu'un matérialisme technique. Ce point de vue qui découle d'un parcours en tant qu'elle fournit les matériaux d'une pensée est celui des objets. Bachelard ne cessera d'y porter une attention particulière. Qu'il s'agisse du téléphone, de la maison, de la machine à coudre, de la lampe, de la chandelle, de la cire, du métier à tisser, de la forge, des outils ; le monde des objets nourrit sa pensée. Le travail technique y a aussi une place de choix.

Sa thèse sort du cadre universitaire classique en s'intéressant notamment au travail à la pelle et à l'histoire de l'industrie. Il y fait référence à Taylor, à l'*Évolution de l'industrie* de Bellet, aux *Procédés mécaniques spéciaux et tours de mains* de Grimshaw, à la *Cinématique* de Reuleaux, à la *Science et industrie* de Le Chatelier et à *l'Introduction à l'étude de la médecine expérimentale* de Claude Bernard. Certaines de ses références, peu communes au monde philosophique, - Taylor, Bellet et Grimshaw – ne seront pas reprises dans la bibliographie de *l'Essai sur la connaissance approchée*. En introduisant ces exemples, issus du monde technique industriel ou médical, Bachelard avait conscience de rompre avec ce mépris métaphysique pour le monde de la fabrication.

Un autre philosophe champenois, élève et biographe de Bachelard, François Dagognet, souligna quelque soixante-dix ans plus tard, dans un entretien publié par *Le Monde* en 1993, la valeur primordiale du monde des objets et donna implicitement une interprétation nouvelle de cet intérêt bachelardien : « Pour savoir ce que nous sommes, ce n'est pas forcément en nous qu'il faut regarder. Les philosophes, au cours de l'histoire, sont demeurés trop exclusivement tournés vers la subjectivité, sans comprendre que c'est au contraire dans les choses que l'esprit se donne le mieux à voir. Il faut donc opérer une véritable révolution, en s'apercevant que c'est du côté des objets que se trouve l'esprit, bien plus que du côté du sujet. »

---

[172] Bachelard (Gaston), *La Terre et les rêveries de la volonté*, Corti, 1948.

Et si « prendre les choses à partie » était une manière de se prendre en main philosophiquement et de se construire un chemin de vie ? Ecarté des humanités, soumis au diktat pédagogique, familier du monde laborieux, Bachelard a pris le chemin des techniques postales pour mieux comprendre la construction du savoir et de la connaissance, il a manipulé les lettres et les colis pour mieux saisir le poids des mots et des images. C'est en découvrant que la pensée et la pesée sont consubstantielles qu'il chercha le point d'équilibre entre les approches les plus opposées, d'abord dans les sciences et les mathématiques, puis dans l'éducation et l'esthétique. C'est par la familiarité avec les objets qu'il s'est ouvert d'autres chemins.

Chapitre 3

LE CHEMIN DE LA SCIENCE ET DES MATHEMATIQUES

La force du connaître

> « C'est vraiment par la raison que tout peut recommencer. »
> *L'intuition de l'instant*, Stock.

Comment le petit employé des postes vosgien, féru de techniques et d'inventions, devint un brillant étudiant en mathématiques et physique ?

On ne sait pas très précisément à quel moment la vie de Bachelard l'a conduit vers les sciences et les mathématiques. Il est probable que l'idée a germé très tôt dans son esprit. Un insatiable désir d'apprendre et de connaître, incarné par le mythe de Prométhée qui n'a eu de cesse de le fasciner, l'a toujours animé. Il en a conçu l'idée d'une école tout au long de la vie, d'une culture scientifique sans cesse renouvelée et d'un écolier indéfiniment prolongé. On peut fort bien comprendre que ce désir, à jamais entravé par une sortie précoce du système d'enseignement lui interdisant l'accès à l'enseignement supérieur, se soit exacerbé.

Mais il faut ajouter à cette appétence, les rêveries d'un homme épris de curiosité. « Ce sentiment est le minimum d'affectivité nécessaire pour donner l'impulsion à l'énergie nerveuse de la connaissance[173]. » Le rêve de maîtrise entretient le désir d'en savoir plus. Il explique la ténacité du postier, la patiente obstination de l'étudiant, la persévérance hors du commun du chercheur, semblable à celle d'« un amant » « patient comme un savant ». L'amant tisse sa toile auprès de l'aimée

[173] Bachelard (Gaston), *Essai sur la connaissance approchée*, Vrin, 1927.

pour la conquérir. Le savant, sans cesse sur le métier, remet son ouvrage. La conquête est lente et longue, tant le fruit est convoité. Bachelard « tisse son esprit maille après maille dans l'effort quotidien d'une connaissance accrue[174] ». Il est un artisan de la connaissance qui entrelace obstinément les fils du savoir.

La patience du télégraphiste

Avant de devenir ce qu'il fut, Bachelard a dû songer longtemps à son destin. « Avant toute action, l'homme a besoin de se dire à lui-même, dans le silence de son être ce qu'il veut devenir[175]. »

Délimitant sa vie au quart nord-est de la France, il n'a pas cherché à en étendre le champ autrement que par la connaissance. À l'extension géographique, synonyme de dispersion intellectuelle, il préféra l'intensité de la découverte, la flamme de la connaissance. Le feu qui n'a eu de cesse d'animer sa vie jusqu'à son dernier souffle, à la faveur de son dernier ouvrage publié de son vivant, *La Flamme d'une chandelle,* et des *Fragments* posthumes *pour une poétique du feu*, brûlait de ses plus vifs éclairs. La fulgurance qui animait ce regard profond aux yeux gris marron lui interdisait d'accepter la condition d'un simple exécutant. À la durée continue d'une vie d'employé, il préférait la richesse de l'instant éphémère, la vigueur de la discontinuité.

Remiremont n'offrait probablement pas ce terrain d'intense activité intellectuelle que Bachelard recherchait. Elle n'était pas ville à assouvir l'insatiable curiosité d'un homme de sciences. Le bureau des Postes et Télégraphes, partagé entre deux rues, formait un angle droit. Le bâtiment était étroit, sobre et même un peu austère. Toutefois, si l'expérience vosgienne de deux années ne laissa aucune trace visible dans l'œuvre, elle fut première et fondatrice. C'est elle qui le conduisit à préparer en solitaire et à réussir le baccalauréat mathématique.

Le monde du télégraphe s'ouvrait aux plus grandes découvertes de la physique du XIXème siècle. Il associait d'ores et déjà les mathématiques à la physique et aux révolutions techniques qui en ont découlé. Il réduisait la distance et agrandissait l'espace, tout en accélérant le temps. La distribution instantanée des dépêches conférait à l'instant sa force et sa richesse. Le progrès postal engendrait dans les modes de communication une simultanéité croissante entre l'émission

---

[174] Bachelard (Gaston*), Le Rationalisme appliqué*, PUF, 1949.
[175] Bachelard (Gaston*), L'Air et les songes*, Corti, 1943.

et la réception. Qu'il s'agissait du télégramme, du téléphone ou de la radio, ces outils d'information ou de communication instantanés nous livraient en un éclair ce qui nous était destiné. Le temps resserré sur l'instant devenait discontinu. Les nouvelles simultanéités interrogeaient les espaces qu'elles rapprochaient. L'espace-temps devenait un concept pensable.

La première expérience professionnelle achevée, Bachelard doit répondre aux obligations militaires. Il n'abandonne pas pour autant la télégraphie puisqu'il fut incorporé de 1905 à 1907, en cette qualité, au 12ème Régiment de Dragons de Pont-à-Mousson. Il avait choisi d'être cavalier télégraphique et avait été affecté le 10 octobre 1905 en armée active. Son livret militaire le décrit d'ailleurs avec les yeux gris marron, les sourcils châtains foncés, le front ordinaire, le nez moyen, le menton rond, la bouche moyenne, le visage ovale pour une taille d'un mètre soixante-six. Promu brigadier en 1906 et affecté au 8ème régiment du génie, il avait obtenu un certificat de bonne conduite en 1907.

Le cavalier télégraphiste reprend alors le chemin de la Poste. Il ne retourne pas à Remiremont, mais décide, comme Julien Sorel et Lucien de Rubempré, de monter à Paris. C'est là qu'il entamera son périple universitaire consacré aux sciences physiques et expérimentales ainsi qu'aux mathématiques. En dépit des obstacles temporels, événementiels et professionnels le contraignant à une réussite placée sous le sceau de la tardivité, Bachelard obtint sa licence de mathématiques et de physique en 1912, à l'âge de vingt-huit ans. On peut supposer qu'il l'ait commencée deux ou trois années plus tôt, c'est-à-dire en 1909.

Est-ce le choix de travailler à Paris qui l'a conduit vers cet ambitieux projet ou la perspective d'un tel projet qui l'a amené à muter ?

Le choix de la culture scientifique

Quitter Bar-sur-Aube pour Paris n'est pas simple pour un modeste provincial. Il s'éloigne véritablement de sa famille et s'envole de ses propres ailes dans une ville près de mille fois plus importante que la sienne. À moins de poursuivre un objectif hors du commun, la réussite est loin d'être assurée. Il mettra tous les atouts de son côté, remplaçant l'inquiétude par la connaissance. Paris lui deviendra vite familier, il n'ignorera aucune de ses centaines de rues dont il apprendra les noms par chœur et y retrouvera, à la fin de sa vie, les traits de la ruralité. L'imaginaire, la mémoire et la connaissance se révèleront très vite les meilleurs alliés face à l'adversité du monde. C'est en lui-même qu'il trouvera les ressources nécessaires à sa réussite.

Il est probable que Bachelard n'ait pas d'emblée exprimé ses choix, tant il est secret et aime vivre caché. « On ne peut penser librement que si l'on a la faculté de cacher absolument sa pensée [...] la pensée libre doit retrouver le génie de l'hypocrisie[176]. » La liberté comme le bonheur se vit à l'intérieur. La transparence menace la liberté de pensée. Elle a besoin d'un refuge pour se déployer et d'une philosophie du repos pour prospérer. La double vie qu'il construit entre l'université et la Poste est un gage de liberté. Son projet de devenir ingénieur demeure secret et à l'abri des curiosités malveillantes.

C'est donc ce projet ambitieux qui le galvanise au point de lui faire quitter sa province natale. L'épisode du service militaire a probablement dû contribuer à accroître son désir de cesser d'être un simple exécutant. En dépit d'un service rendu de qualité, il n'en éprouva pas pour autant une grande propension pour l'art militaire qu'il jugeait mineur. « La hiérarchie des choses est plus complexe que la hiérarchie des hommes. L'atome est une société mathématique qui ne nous a pas dit son secret ; on ne commande pas cette société avec une arithmétique de militaire. »[177] Il le tenait même en faible estime. Ce monde incarnait plus fortement encore la scission déjà éprouvée à l'école et à la Poste entre celui qui commande et celui qui exécute, entre le maître des forges et l'ouvrier, entre le maître et l'écolier, entre le contremaître et l'employé, entre le commandant et le soldat.

La science technique peut au contraire donner raison à l'élève relativement au maître, à l'employé par rapport au patron, au soldat par rapport au gradé. « La dialectique du maître et du disciple s'inverse souvent. Dans un laboratoire, un jeune chercheur peut prendre une connaissance si poussée d'une technique ou d'une thèse qu'il est sur ce point le maître de son maître[178]. » La science médiatise la relation du maître à l'élève. Elle conduit de l'un à l'autre, car elle met en œuvre ce qu'elle conçoit, instruit ce qu'elle construit et construit ce qu'elle instruit. L'art militaire se fonde sur la division des tâches et des rôles, la perspective des savoirs scientifiques unifie ce que les autres séparent. La science technique conduit à une véritable émancipation de toute

---

[176] Bachelard (Gaston*)*, *Le Rationalisme appliqué*, PUF, 1949.
[177] Bachelard (Gaston*)*, *La Philosophie du non*, PUF, 1940.
[178] Bachelard (Gaston*)*, *Le Rationalisme appliqué*, PUF, 1949.

hiérarchie réductrice. Grâce à elle, l'enfant peut en savoir plus que son père et le patron peut perdre son aura.

Certains biographes ont une lecture projective du parcours de Bachelard. Ils y voient le désir de s'élever socialement, le désir d'un mieux-être quotidien et d'une vie plus bourgeoise. Certes, sur le tard, au cours d'une émission radiophonique sur le thème de la rêverie et de la radio[179], il déplorera la misérable condition de l'employé des Postes et Télégraphes qu'il fut en constatant qu'il fallait aujourd'hui un salaire mensuel d'employé postier pour s'offrir un demi à la terrasse d'un café parisien. Mais c'était pour mieux dénoncer la pauvreté à laquelle il était très sensible. Ses goûts sont ceux d'un homme simple qui répugne au luxe des hôtels particuliers. Il considère le confort comme « un mot épouvantable [180] » et préfère la maison modeste ou la hutte du charbonnier. Son appartement parisien n'est qu'une chambre de seize mètres carrés : « Je vis dans une unique chambre de 4m. sur 4m[181]. » À la différence de certains critiques ambitieux, il n'y a en lui nul désir de carrière ni d'ascension sociale ou de fortune.

Il n'aime d'ailleurs pas les ascensions qui lui donnent le vertige comme le rapporte ce fameux épisode de l'ascension des tours de la cathédrale de Strasbourg qui s'est déroulé en 1904. Bachelard a le sens du récit, il raconte cet événement en ménageant transitions et ruptures.

« Un des grands malheurs de ma vie inconsciente est d'être monté jusqu'à la lanterne de la flèche de la cathédrale de Strasbourg. J'avais vingt ans. Jusque-là je ne connaissais que les modestes clochers de la campagne champenoise. Que de fois j'avais profité d'une porte négligemment ouverte pour gravir à l'intérieur de la tour du clocher, vivant sans crainte dans un monde d'escaliers et d'échelles ! J'ai passé près de l'auvent des cloches bien des heures à regarder la belle rivière, les collines, les coteaux. » Jusque-là tout va bien. Bachelard reproduit à Strasbourg ce qui lui est familier. Il croit savoir sans prévoir. Bar-sur-Aube est plus qu'un repère, c'est un refuge habituel qu'il espère retrouver ailleurs.

Et puis la rupture est brutale comme l'ascension qui devient à Strasbourg « brusquement inhumaine. En suivant le guide dans

---

[179] Bachelard (Gaston), *La Radio, comme possibilité de rêve éveillé*, émission de la Radiodiffusion Française, 1949.

[180] Bachelard (Gaston), *La Radio, comme possibilité de rêve éveillé*, émission de la Radiodiffusion Française, 1949.

[181] Bachelard (Gaston), *Lettres à Louis Guillaume*, 2 octobre 1957, La Part Commune, 2009.

l'escalier de pierre, le visiteur est d'abord gardé à main droite par les fines colonnettes, mais subitement, très près du sommet, ce réseau ajouré des colonnes s'arrête. À droite, c'est alors le vide, le grand vide au-dessus des toits. L'escalier tourne si vite que le visiteur est bien seul, loin du guide. Alors la vie dépend de la main sur la rampe. »

Faute d'anticipation, Bachelard s'est laissé emporter par le sentiment d'être partout chez lui et cela a des effets durables. « Monter et descendre, deux fois quelques minutes d'un vertige absolu, et voilà un psychisme marqué pour la vie [...] Plus jamais je ne pourrai aimer la montagne et les tours ! L'engramme d'une chute immense est en moi. Quand ce souvenir revient, quand cette image revit dans mes nuits, un malaise indéfinissable descend dans mon être profond[182]. »

L'horreur du vide résultait moins d'une expérimentation à la manière de Pascal que d'une douloureuse et imprévisible expérience. L'ambition sociale aveugle et démesurée peut occasionner les mêmes risques de chute. Bachelard est un homme avisé. Aux rêveries de l'air qui sont des rêveries d'envol et des rêveries de chute, il préfère les rêveries de la terre et du terroir qui sont celles du repos et de la volonté. L'ambition spirituelle rassure l'homme de science qui peut, en quelques formules, maîtriser le monde sans s'y perdre.

L'ancien collégien de Bar-sur-Aube préférera retourner, dix-sept ans plus tard, dans l'établissement dont il fut l'élève comme professeur. Lorsqu'il devra envisager de quitter sa ville natale en 1930, à quarante-six ans, trois ans après sa thèse, ce fut pour lui un choix difficile et longuement réfléchi. La perspective était plus intellectuelle que sociale. Il s'agissait d'enrichir son esprit au contact des plus grands. Certes Bachelard a la volonté de ne pas prendre « le chemin facile et commun, la route de la plaine » et d'emprunter « le sentier ascendant qui mène aux larges horizons[183]». Mais il n'a plus vingt ans et son ambition patiemment construite est bien celle de la connaissance. Elle est aussi celle d'un père qui voit bien que sa fille pourrait devenir plus savante que lui en quittant tôt la petite ville de Bar-sur-Aube.

Ce sont là sans doute les raisons d'une carrière tardive qui marque l'issue d'un long travail de culture et non le point de départ d'une ambition universitaire. Il sait, en choisissant la culture plutôt que la nature, qu'il ne peut plus faire autrement que d'exercer à Dijon, puis à Paris. Bachelard est dans un dilemme, écartelé entre territoire et culture,

---

[182] Bachelard (Gaston),*La Terre et les rêveries de la volonté*, Corti, 1948.
[183] Bachelard (Gaston), *La Valeur inductive de la relativité*, Vrin, 1929.

entre les racines familières et l'ouverture à d'autres horizons. Homme simple, resté proche du peuple, il consacre, au moment de son nouvel exil parisien, deux ouvrages aux rêveries de la terre, un autre à la poétique de l'espace qui loue le plaisir de se ressourcer dans l'intimité de la maison. La rêverie compensera la longue absence. Elle est un complément indispensable à l'aventure incertaine de la connaissance.

L'homme curieux, enclin à l'extension de son pouvoir de connaître, triomphe en dépit de la crainte de l'inconnu. À trois reprises, Paris incarna cette valeur suprême, non sans quelque nostalgie du pays délaissé. La préparation du concours d'ingénieur des Postes et Télégraphes et de la licence de mathématiques et de physique à vingt-huit ans, la Sorbonne à cinquante-six ans et l'Académie des sciences morales et politiques à soixante et onze ans l'attirèrent ou le fixèrent dans la capitale. Mais il n'aimera finalement Paris qu'à condition de ne voir dans la Place Maubert qu'un village.

L'abstraction technique et ses applications

Bachelard va faire une découverte qui le conduira plus aisément de l'univers familial à celui de la science. En réalité, la science n'est pas au fondement même de la technique, elle en est le prolongement. Le second chemin apparaît comme la suite logique du premier. C'est en éprouvant d'abord les joies de la technique que Bachelard, fidèle à ses sources familiales et à son parcours initiatique, va la considérer comme première. Il inverse en quelque sorte l'ordre des valeurs en usage en soumettant la science à la pratique technicienne. Loin de produire la technique, elle en est la résultante. « La pensée abstraite et mathématique prolonge la technique[184]. » C'est moins la science qui se technicise, que la technique qui se scientifise.

C'est en approfondissant la technique que Bachelard en découvre l'expression scientifique et mathématique. Les savoir-faire sont plus fondamentaux que les savoirs qui les formalisent. Les mathématiques et les sciences sont les instruments d'un processus de fabrication qui éclaire le champ des possibles. On ne comprend le réel qu'en le réalisant. On ne s'instruit qu'en construisant.

La science et les mathématiques du XXème siècle ont en même temps changé de visage. Elles coopèrent étroitement en ne prenant plus le réel donné comme la source de la connaissance, mais le rationnellement construit. « La science du siècle dernier s'offrait

---

[184] Bachelard (Gaston), *La Formation de l'esprit scientifique*, Vrin, 1938.

comme une connaissance homogène, comme la science de notre propre monde, au contact de l'expérience quotidienne, organisée par une raison universelle et stable, avec la sanction finale de notre intérêt commun[185]. » La modernité scientifique rompt délibérément avec l'empirisme à la fois étroit et vague.

Il s'agit alors de penser les conditions de variabilité du réel, de chercher sous le réel les possibles en les calculant. Sous l'influence des sciences et des mathématiques, la technique en microphysique élargit son champ à l'imperceptible, elle produit l'invisible, l'atome, et l'inaudible, l'électron. Ce qui est peut ne plus être et devenir autre qu'il n'est. La chose-mouvement ondule et s'efface. « Les techniques radiophoniques » relèvent de « choix qui rappellent des adhésions à des axiomatiques particulières[186] ». L'algèbre nous a donné la radio et la télévision tandis que celles-ci donnèrent consistance aux mathématiques.

À l'échelle humaine de la macrophysique, les mêmes changements s'opèrent. En passant de l'empirisme au rationalisme, les intérêts s'inversent, le savant allant à contresens de l'expérience immédiate. Loin de généraliser à partir du particulier, c'est l'abstrait qui le guide et lui permet de penser le fondement du particulier. Le passage à l'abstrait n'est donc pas un détournement simple de l'expérience, il en est le retournement. Les exemples d'inversion se multiplient au point d'ébranler les convictions les plus fermes. Les idées de contresens, de renversement et d'inversion semblent défier la raison.

C'est pourtant le prix à payer du progrès scientifique. En bouleversant et renversant les représentations, l'esprit humain s'émancipe. La pensée du feu n'est possible que si l'on renverse les intérêts. À première vue, la flamme est pittoresque, attire l'attention et nous masque les cendres. Mais penser le feu revient précisément à prendre garde à la transformation opérée, à la combustion. Les cendres prennent le pas sur le feu, reléguant le spectaculaire au rang de l'insignifiance et promouvant l'inaperçu, de l'arrière-plan au premier plan.

Ce n'est plus l'expérience qui guide le savant, c'est la théorie qui enrichit son champ d'investigation. Les inventions techniques sont marquées par une rupture avec l'expérience commune. « L'expérience

---

[185] Bachelard (Gaston), *Noumène et microphysique,* in *Etudes*, Vrin, 1970.
[186] Bachelard (Gaston), *Le Rationalisme appliqué*, PUF, 1949.

commune ne conduit souvent pas plus loin qu'elle-même[187]. » On se méfie des certitudes empiriques qui relèvent de l'imprudence scientifique et on réhabilite le probable dont les degrés sont mesurés. « La vie active commune nous a habitués à estimer le probable au-dessous du certain [...] les valeurs épistémologiques sont justes à l'envers, car ce dont nous sommes certains est automatiquement d'une pauvre valeur scientifique, ou plutôt de nulle valeur scientifique[188]. »

Le dogmatisme des maîtres et les affirmations péremptoires des adeptes des recettes indéfiniment réitérées nous conduisent à la stérilité spirituelle. Bien au contraire, la science technique nous tient en éveil parce qu'elle « est une énigme qui renaît[189] », un problème qui rompt notre tranquillité coutumière. « Pour un esprit scientifique, toute connaissance est une réponse à une question. S'il n'y a pas eu de question, il ne peut y avoir connaissance scientifique. Rien ne va de soi. Rien n'est donné. Tout est construit[190]. » Les révolutions techniques s'opèrent à la faveur de semblables retournements.

En quittant le règne des évidences, on s'éloigne du monde sensible : « On voit la température sur un thermomètre ; on ne la sent pas[191]. » On s'émancipe de l'expérience usuelle : « La machine à coudre a trouvé sa rationalisation quand on a rompu avec les essais d'imiter le geste de la couseuse[192]. » On inverse les logiques coutumières : longtemps l'on s'éclairait en brûlant une bougie qui se consumait lentement ; avec Thomas Edison, c'est en ne se consumant pas que la lampe éclaire. En inventant l'ampoule électrique, il a dû s'affranchir du modèle familier de la combustion fondé sur les propriétés d'une substance et non sur une combinaison de variables. Il a imaginé une technique de non-combustion basée sur la création d'un verre de lampe fermé, gardant le vide autour du filament et ne provoquant aucun tirage. Avec sa lampe électrique à fil incandescent, « l'art technique est d'empêcher qu'une matière ne brûle[193] » afin d'assurer un bon éclairage. Si le fil se consume, l'ampoule n'est plus utilisable.

---

[187] Bachelard (Gaston), *Essai sur la connaissance approchée*, Vrin, 1927.

[188] Bachelard (Gaston), *L'Expérience de l'espace dans la physique contemporaine*, Alcan, 1937.

[189] Bachelard (Gaston), *Essai sur la connaissance approchée*, Vrin, 1927.

[190] Bachelard (Gaston), *La Formation de l'esprit scientifique*, Vrin, 1938.

[191] Bachelard (Gaston), *La Philosophie du non*, PUF, 1940.

[192] Bachelard (Gaston), *Le Rationalisme appliqué*, PUF, 1949.

[193] Bachelard (Gaston), *Le Rationalisme appliqué*, PUF, 1949.

La théorie a libéré la technique de l'emprise d'une expérience unique et unilatérale. La connaissance s'est précisée en s'émancipant de l'ordinaire et du quotidien. Elle s'est complexifiée et sa puissance s'est amplifiée. « L'instrument de physique est » désormais « une théorie réalisée, concrétisée, d'essence rationnelle[194] ». « Le réel n'est jamais ce qu'on pourrait croire, mais il est toujours ce qu'on aurait dû penser[195]. »

Les applications de cette nouvelle manière de penser sont multiples et à l'origine des révolutions technologiques du XXème siècle. Dès sa thèse, Bachelard s'était beaucoup intéressé à l'histoire de l'industrie et de ses techniques. Il visite volontiers les entreprises industrielles. Il évoque ainsi dans ses cours sa découverte de la chaîne de fabrication des ampoules et le rôle du minerai de tungstène dans la confection du filament. [196] Il met en garde contre les magnifiques bigarrures du minerai qui détournent le regard de ses déterminations conceptuelles, seules de nature à produire l'objet pur attendu.

Les techniques se nourrissent d'abstraction. « La métallurgie contemporaine est un raisonnement[197] », le taylorisme rationalise le travail en créant la division des tâches étroitement spécialisées et le système des chaînes, la robotique s'introduit dans les usines. La rationalisation privilégie le concept et les formes sur l'individu et le singulier. Elle réalise des séries « avec une netteté singulière, avec une telle économie de traits, de moyens, de matière que le général est visible du premier coup sans qu'on ait besoin de le dégager par une élimination progressive du détail[198] ».

C'est dire que « l'industrie moderne n'individualise pas l'objet qu'elle crée » de sorte que « le musée « des modèles » d'une fonderie ou d'une verrerie, est une véritable collection d'idées platoniciennes[199] ». Elle réalise également des standards de gestes et de comportements de l'ouvrier achevant « la taylorisation de l'initiative humaine » dans une « mécanisation du voulu » fondée sur l'interchangeabilité des éléments.

Mieux encore, la pensée se normalise avec la fabrication de robots capables d' « une telle adresse », d' « une telle finesse d'exécution »,

---

[194] Bachelard (Gaston*), La Philosophie du non*, PUF, 1940.
[195] Bachelard (Gaston*), La Formation de l'esprit scientifique*, Vrin, 1938.
[196] Saget (Hubert), in *Témoins de Gaston Bachelard*, Bar-sur-Aube, 1985.
[197] Bachelard (Gaston*), La Formation de l'esprit scientifique*, Vrin, 1938.
[198] Bachelard (Gaston*), Essai sur la connaissance approchée*, Vrin, 1927.
[199] Bachelard (Gaston*), Essai sur la connaissance approchée*, Vrin, 1927.

d' « une telle ampleur de direction » qu' « il devient oiseux d'en faire le motif d'une condamnation. Il faut donc dire maintenant : l'intelligence scientifique est une faculté de faire des robots[200] ».

L'apprenti-sorcier

L'optimisme technologique de Bachelard est manifeste. La confiance dans le progrès scientifique résulte de la richesse et de la diversité de ses applications qui décuplent la puissance humaine. Elle est, à ce stade, autant celle de l'ingénieur, qui anticipe sur les réalisations technologiques, que celle du physicien, soucieux de connaître la nature dans son immensité.

La foi au progrès, héritière du positivisme du XIXème siècle, connaîtra néanmoins chez Bachelard, devenu philosophe, deux bémols. Le premier, déjà évoqué, concerne la dénonciation des pollutions industrielles qui souillent la belle nature. Le second met en garde, une dizaine d'années après la seconde guerre mondiale et l'utilisation de l'arme atomique au détriment du peuple japonais, contre les risques encourus par certaines applications de la physique nucléaire : « La science met aux mains des hommes des instruments d'une telle puissance qu'ils rendent de plus en plus dramatiques le destin de l'humanité[201]. » Ces deux réserves n'altèrent en rien la confiance en la science, car le mal n'est pas dans l'outil. Elles mettent en garde l'homme, capable du meilleur comme du pire, face à un instrument dont la puissance est décuplée. Elles rendent encore plus indispensables une formation de qualité et la mise en place d'une éthique.

La nouvelle science change, au demeurant, les hommes et les femmes qui en sont les acteurs et les concepteurs. L'ancien esprit scientifique classique devient *le nouvel esprit scientifique* qui s'extrait du cadre étroit de la répétition et du conservatisme, de la routine et de l'aveuglement. La découverte de nouvelles connaissances est joyeuse et conquérante. Elle est le levier du changement pour s'affranchir des habitudes ankylosantes et de la tristesse d'une vie monotone et répétitive.

Face à la prégnance de l'utilitaire et à la dépendance des données immédiates, seule la nouveauté peut troubler, seule l'abstraction peut libérer. « L'abstraction débarrasse l'esprit » « allège l'esprit », « le

---

[200] Bachelard (Gaston), *Le Rationalisme appliqué*, PUF, 1949.

[201] Bachelard (Gaston), *Le Nouvel esprit scientifique et la création de valeurs rationnelles*, in *L'Engagement rationaliste*, PUF, 1972.

dynamise [202] ». L'abstraction permet de se dégager des tracas quotidiens, de la satisfaction des besoins. « L'homme est une création du désir, non pas une création du besoin[203]. » La connaissance n'est pas un besoin, elle agrémente la vie et la rend plus légère. Les progrès humains, en la matière, n'ont d'utilité qu'après coup. Le feu n'était pas d'emblée utile dans la préhistoire, il était surtout agréable. Ses usages ne le furent pas toujours. Il n'y a pas de technique ni de science sans une réflexion nécessaire sur les fins et les valeurs de ceux qui s'en servent.

Les technosciences

Amorçant l'œuvre du philosophe champenois, le chemin de la technique éclairera celui de la science dont elle est l'expression la plus aboutie. Outre la dimension illustrative qu'elle n'en finit pas d'incarner, c'est moins à la dimension éthique qu'à la dimension épistémologique que la technique donne consistance. Il n'y a plus de concept scientifique qui n'ait pas de vérité opératoire. Il n'y a plus de réalité scientifique qui ne soit pas réalisable. Il n'y a pas de connaissance qui n'ait pas d'effets pratiques. La phénoménologie est une phénoménotechnique élargie, la théorie, un processus de réalisation en voie d'achèvement, la géométrie, une mécanique.

« La science réalise ses objets, sans jamais les trouver tout faits [...] Un concept est devenu scientifique dans la proportion où il est devenu technique, où il est accompagné d'une technique de réalisation[204]. » « Ainsi la réalisation prime la réalité. Cette primauté de la réalisation déclasse la réalité[205]. » La nature n'a plus qu'à se soumettre à notre esprit.

Néanmoins, le démiurge doit être un technicien. Il n'est nullement question d'un pur esprit spéculant sur les forces et les mouvements. En matière de cinématique, « les réalisations techniques qui en suivent le plan offrent [...] des exemples, des paradigmes susceptibles d'éveiller et de régler la pensée spéculative[206] ». La technique a un effet régulateur sur les idées les moins opérationnelles. Elle les fait redescendre sur terre en les mettant au défi du concret. Et Bachelard de conclure, en bon

[202] Bachelard (Gaston), *La Formation de l'esprit scientifique*, Vrin, 1938.
[203] Bachelard (Gaston), *La Psychanalyse du feu*, Gallimard, 1938.
[204] Bachelard (Gaston), *La Formation de l'esprit scientifique*, Vrin, 1938.
[205] Bachelard (Gaston), *La Philosophie du non*, PUF, 1940.
[206] Bachelard (Gaston), *Essai sur la connaissance approchée*, Vrin, 1927.

penseur champenois et fils de cordonnier, que « le langage a gagné sa richesse et sa précision plus par la main que par le cerveau ».

Toutefois, la technique scientifique ne peut tout. Elle se heurte aux limites des savoir-faire qu'elle construit. Si elle impose partout la loi rationnelle, elle tend à réduire l'altérité à l'identique et se rapproche de la science spéculative qu'elle dénonce. En imposant une norme, elle annihile le processus de découverte propre à la science. Afin d'éviter un idéalisme de la raison, la science doit chercher le rationnel le plus adéquat au réel plutôt que de l'imposer. Faisant « face à l'irrationalité fondamentale du donné », elle doit entreprendre des rectifications successives, au lieu de se contenter d'une rationalisation immédiate, et s'approcher progressivement de la forme rationnelle la plus fine.

En revanche, l'industrie n'a pas cette finesse. Elle ne cherche pas à mieux connaître, elle produit le rationnel familier en soumettant le réel, elle « cherche à inscrire dans la matière un rationnel clairement reconnu puisqu'il est voulu[207] ». D'un côté, la science met en œuvre la cause formelle pour penser le réel, de l'autre, la technique l'applique pour en maîtriser les usages. Voilà pourquoi la technique ne peut s'affranchir de la science sans prendre le risque d'interdire toute innovation.

Pour qui ne peut se contenter de routines uniformes et d'étroitesses de pensée, faire fonctionner la technique est toujours insuffisant. Vivre plus intensément, c'est en connaître les rouages, c'est en décrypter les principes. Ce n'est pas pour obtenir un salaire confortable que Bachelard envisage de devenir ingénieur des Postes et Télégraphes, c'est pour s'emparer du feu de la connaissance technologique. L'ingénieur est plus qu'un technicien. Mais en cheminant au cœur des savoirs scientifiques, il devient progressivement physicien et mathématicien. La mutation s'opère imperceptiblement dans sa pensée. Elle devient lisible dans la hiérarchisation des savoirs qu'il introduit sur l'objet même de son travail postal.

La notion de profil épistémologique s'esquisse ainsi dans *La Formation de l'esprit scientifique* en s'appuyant sur une organisation par niveaux de connaissance digne du *mythe de la Caverne platonicienne*. « Par exemple, au téléphone correspondent des concepts qui diffèrent totalement pour l'abonné, pour la téléphoniste, pour l'ingénieur, pour le mathématicien préoccupé des équations différentielles du courant téléphonique. » Il s'agit d'établir à propos de

[207] Bachelard (Gaston), *Essai sur la connaissance approchée*, Vrin, 1927.

la notion de téléphone « une échelle de concepts » de sorte que la pensée scientifique apparaisse comme « un obstacle surmonté ». Or c'est le mathématicien qui maîtrise les équations différentielles simplement mises en œuvre par l'ingénieur. En 1938, Bachelard hiérarchise clairement les fonctions en faisant dépendre l'ingénieur du mathématicien vers lequel s'opère un choix préférentiel.

Pourtant, onze ans auparavant, l'ingénieur était encore l'égal du physicien : « Finalement l'ingénieur n'est pas un artiste qui choisit et signe une œuvre pleine de personnalité, c'est un géomètre, gardien des saines méthodes, véritable représentant de la société technique de son époque. Il est comme le physicien, engagé dans l'étroit chemin des réalisations approchées. Il vise un but précis[208]. » On assiste alors à une mutation progressive, Bachelard devenant insensiblement de plus en plus mathématicien, de plus en plus scientifique et de moins en moins technicien. Ses références à l'histoire de l'industrie se raréfient davantage. Ses références aux sciences physiques et aux mathématiques s'accroissent. Désormais Bachelard est plus scientifique qu'ingénieur, plus épistémologue que technologue.

Le renoncement au rêve d'ingénieur mit quelques années à être intégré. Il conserva longtemps la nostalgie d'un métier dont il a été douloureusement écarté. Son intérêt croissant pour l'imaginaire alla de pair avec le deuil de ses rêves les plus chers.

La science et les mathématiques prenant progressivement le pas sur la technique, celle-ci finit par se confondre avec celles-là. Les chemins s'entrecroisent et tendent à fusionner. La technique n'est plus enrichie par la théorie, elle devient la théorie elle-même, tandis que les mathématiques l'intègrent en son sein. « L'instrument de mesure finit toujours par être une théorie et il faut comprendre que le microscope est un prolongement de l'esprit plutôt que de l'œil[209]. »

L'esprit inventeur

La technique se scinde alors en deux notions : la technique et la technologie. Le virage qui s'opère conduit Bachelard à s'affranchir de l'héritage familial des techniques de l'homo faber vers la technique qui se pense et s'invente dans le cadre théorique. Si les outils du forgeron renvoient à des gestes simples qu'ils suppléent - la pince pour pincer, le soufflet pour insuffler de l'air, le marteau pour percuter - les outils

---

[208] Bachelard (Gaston), *Essai sur la connaissance approchée*, Vrin, 1927.
[209] Bachelard (Gaston), *La Formation de l'esprit scientifique*, Vrin, 1938.

du physicien n'ont rien de gestuel lorsque celui-ci découvre la première trace du positon dans la chambre de Wilson.

C'est pourquoi il faut rompre avec la fascination technique de l'homo faber pour devenir homme de science. Si « en 1782, Marat explique la machine électrique en la comparant à une pompe », il s'interdit de la penser et de l'améliorer. En se concentrant « autour d'instruments simples qui portent le signe de l'homo faber » comme « le levier, le miroir, le tamis, la pompe », on opère des généralisations abusives à partir d'images particulières et l'on se distrait du phénomène à explorer. L'analogie technique ne doit pas servir de prêt-à-penser, elle ne doit venir qu'après la pensée scientifique. « Dans la mentalité scientifique, l'analogie hydraulique joue après la théorie. Elle joue avant dans la mentalité préscientifique[210]. » Par où l'on voit que l'effort scientifique est un effort pour s'affranchir du gestuel au profit de l'intellectuel. Bachelard lui-même, à la fin de sa vie, s'il dominait encore le savoir-faire culinaire, n'était plus du tout en capacité de bricoler des étagères [211]. L'abstraction l'avait transformé et *La Formation de l'esprit scientifique* était le récit de cette désincarnation progressive. La pensée l'avait progressivement libéré des pesanteurs du quotidien.

Naguère, l'intelligence de la main expliquait l'invention et la création. Avec la révolution relativiste en 1905, c'est l'esprit qui reprend le dessus ; non pas l'esprit fermé des réalistes soucieux du confort des habitudes intellectuelles, mais l'esprit innovant et conquérant. L'audace d'Einstein, mettant en cause le temps et l'espace absolus, interrogeant la simultanéité, questionnant les évidences du sens commun et la science newtonienne, soufflait un vent nouveau dans les sphères savantes. Bachelard est d'abord fasciné par cette nouveauté sans précédent. « Un des caractères extérieurs les plus évidents des doctrines relativistes, c'est leur nouveauté [...] Cette nouveauté est ainsi une objection, elle est un problème[212]. » Ce qui trouble et fait problème, c'est le caractère totalement inattendu et imprévisible de l'innovation relativiste. « On ne voit rien dans le système de Newton qui puisse faire prévoir le système d'Einstein et réduire ainsi la nouveauté vraiment transcendante du système moderne. » Et cela pour une raison simple :

---

[210] Bachelard (Gaston*), La Formation de l'esprit scientifique*, Vrin, 1938.
[211] Thillet (Pierre), in *Bachelard,* Colloque de *Cerisy*, UGE, 1974.
[212] Bachelard (Gaston*), La Valeur inductive de la relativité*, Vrin, 1929.

« La pensée newtonienne était de prime abord un type merveilleusement net de pensée fermée[213]. »

La fermeture du système newtonien est comparable à la tête fermée des pédagogues qui refusent d'admettre et de comprendre les erreurs de leurs élèves. Le système de pensée se protège en évitant l'examen des objections. C'est précisément en s'ouvrant aux difficultés expérimentales, liées notamment à l'expérience non aboutie de Michelson et de Morley, qu'Einstein va sortir du système newtonien. À l'inverse des cambrioleurs qui entrent par effraction, l'audace d'Einstein consistera à « sortir » « par effraction », dans la mesure où il était partie prenante d'un système théorique fermée. S'esquisse ainsi la notion de rupture épistémologique qui aura de beaux jours théoriques devant elle en inspirant, aussi bien Michel Foucault, Claude Lévi-Strauss, Louis Althusser, que les structuralistes.

Penser l'ignorance

En vertu de la notion radicale de rupture, la science cesse d'être immobile et figée, elle précise, rectifie, diversifie. Elle inverse l'ordre de la pensée préscientifique mue par les valeurs irréfléchies de l'inconscient. Centrant sur lui-même son pouvoir de comprendre le monde, l'alchimiste explique le chimique à partir du biologique faisant notamment de « la nutrition » « une fonction explicative » et non « une fonction à expliquer ». L'esprit scientifique, prenant ses distances avec les tentations de l'inconscient, choisit au contraire « d'expliquer le biologique par le chimique[214] ». La continuité épistémologique n'aurait pas permis de tels progrès, faute d'émanciper la pensée de la connivence sensible.

La science se développe dans l'hétérogénéité de l'incertitude et du probable, la chimie se pluralise, la physique s'amplifie et s'étend, le temps s'enrichit de la diversité de ses instants. Les bouleversements et les réorganisations s'opèrent suivant des axes de progrès. L'histoire des sciences épouse la discontinuité du temps et intègre en son sein les ruptures épistémologiques. Le temps est irréversible pour les pensées rectifiées. « Il y a des pensées qui ne recommencent pas[215]. » Elles sont jugées périmées.

---

[213] Bachelard (Gaston*), Le Nouvel esprit scientifique*, PUF, 1934.

[214] Bachelard (Gaston*), L'Eau et les rêves*, Corti, 1942.

[215] Bachelard (Gaston*), Le Nouvel esprit scientifique*, Vrin, 1934.

La péremption est néanmoins partie prenante de l'esprit scientifique dont la « structure » est consciente « de ses fautes historiques ». « On pense le vrai comme rectification historique d'une longue erreur, on pense l'expérience comme rectification de l'illusion commune et première. » Le savant n'est jamais aussi proche de la vérité que lorsqu'il se trompe et sait qu'il se trompe. Errer et avoir conscience d'errer est bon signe, on est sur le chemin du progrès vers la vérité. L'erreur fait partie de la connaissance, l'incertitude, de la démarche scientifique. « La connaissance scientifique est toujours la réforme d'une illusion[216]. » Le progrès ne détruit pas le cadre antérieur, il l'intègre en le réorganisant. La science progresse en enveloppant et en totalisant. Elle procède « par emboîtements successifs[217] ».

Mais envelopper, emboiter et totaliser n'est pas remplir un vide. Il faut se garder de confondre l'erreur et l'ignorance. Les maîtres assimilent souvent l'erreur au degré zéro de la connaissance et l'élève à une table rase. Ils ne comprennent pas que l'on ne comprenne pas, car ils répugnent à aller au-delà du simple constat de l'absence des connaissances attendues. En réalité, l'ignorance n'est pas, ou ce qui revient au même, cette appellation masque une structure cognitive faite d'hypothèses non vérifiées et d'idées toutes faites. Le maître, comme le savant, « ne voit pas que l'ignorance est un tissu d'erreurs positives, tenaces, solidaires [...] que les ténèbres spirituelles ont une structure et que, dans ces conditions, toute expérience objective correcte doit toujours déterminer la correction d'une erreur subjective[218] ».

Au vide, au néant et à l'échec qui séparaient d'un trait discontinu le passage de Newton à Einstein, a succédé une nouvelle continuité dans laquelle le néant a pris la forme de l'obstacle et l'erreur celle d'un moment de connaissance. Le mérite de Bachelard est d'avoir saisi, derrière l'apparente inconsistance de l'ignorance, une structure de pensée. Claude Lévi-Strauss et Michel Foucault initialiseront la même démarche en établissant, pour l'un, les systèmes de pensées des peuples sans écriture et, pour l'autre, la raison de la folie.

L'ignorance supposée fait donc écran aux erreurs bien coordonnées qui la constituent, l'alourdissent et lui confèrent une grande force de résistance et d'inertie. « À l'inconnu ne correspond pas l'ignorance, mais bien l'erreur, et l'erreur sous la forme la plus lourde des tares

---

[216] Bachelard (Gaston), *Noumène et microphysique*, in *Études*, Vrin, 1970.

[217] Bachelard (Gaston), *Le Nouvel esprit scientifique*, Vrin, 1934.

[218] Bachelard (Gaston), *La Philosophie du non*, PUF, 1940.

subjectives[219]. » L'erreur résulte d'un excès de subjectivité, voire d'un laisser-aller de la subjectivité. Le vrai que l'on approche, à la faveur d'un processus discontinu de rectifications, nécessite rigueur et exigence à l'égard de soi-même. « La surveillance intellectuelle de soi[220] » est alors indispensable. « On ne fait pas de mathématiques sans cette surveillance[221] » à l'égard des rêves, des expériences fortuites et des pensées communes. La surveillance peut même devenir sévère. « Il n'y a pas d'éducation mathématique sans une certaine méchanceté de la raison. » C'est le prix à payer pour vaincre la paresse !

Le même manque de courage conduit à la facilité de « la clarté rapide » ou de l'application d'une formule toute faite. « La tentation de la clarté rapide » consiste à ne pas s'embarrasser de nuances et de détails fins et à adopter « un schéma théorique » commode « sans rapport avec le phénomène[222] ». Qu'importe si le phénomène n'est pas réalisable et si la pensée construite est une impasse, c'est-à-dire une pensée qui ne suggère pas une autre pensée et qui ne forme pas système ! On s'en contente, pressé d'en finir avec son objet.

Cette tentation est aussi celle de la philosophie avide d'unité et de certitude. « Tout à l'opposé, le progrès scientifique marque ses plus nettes étapes en abandonnant les facteurs philosophiques d'unification facile tels que l'unité d'action du créateur, l'unité de plan de la nature, l'unité logique[223]. » Bachelard prendra le contrepied d'un Descartes à la recherche du premier principe et soucieux d'identifier des idées claires et distinctes. La nature est plurielle et diverse et nécessite au contraire de régionaliser son approche, d'interroger le phénomène et d'en varier les conditions pour penser le spécifique plus que le général, pour ne pas manquer son objet et ses fonctions mathématiques. « La microbiologie se développe, au contraire, par différenciation, en isolant en quelque sorte les modes du principe caché. C'est par une longue technique que la microbiologie trouve le microbe spécifique qui permet de perfectionner le diagnostic spécifique[224]. »

La maxime bien connue « qui trop embrasse mal étreint » s'applique également à la science qui doit s'attacher à la complexité du réel, pour ne pas se contenter du simple trop simpliste, et à la finesse des

[219] Bachelard (Gaston), *La Psychanalyse du feu*, Gallimard, 1938.
[220] Bachelard (Gaston), *Le Rationalisme appliqué*, PUF, 1949.
[221] Bachelard (Gaston), *Lautréamont*, Corti, 1940.
[222] Bachelard (Gaston), *Le Nouvel esprit scientifique*, PUF, 1934.
[223] Bachelard (Gaston), *La Formation de l'esprit scientifique*, Vrin, 1938.
[224] Bachelard (Gaston), *La Formation de l'esprit scientifique*, Vrin, 1938.

méthodes, pour ne pas assimiler le divers à l'identique et le multiple à l'un. Le simple et le général mettent assurément le savoir à l'abri des infirmations et des contradictions de l'expérience. C'est une sécurité qui ne contrarie pas les certitudes du maitre à penser. « Plus un esprit préscientifique est inculte, plus grand est le problème qu'il choisit[225]. » L'orgueil est préservé. Mais à quel prix ! Il n'y a alors plus de progrès scientifique possible car la généralité signe l'arrêt de toute expérience. « Une douce léthargie immobilise l'expérience[226]. »

Et puis il y a le simple refus du théorique tellement on est enkysté dans la facilité de l'expérience coutumière. « Il est si doux à la paresse intellectuelle d'être cantonnée dans l'empirisme, d'appeler un fait un fait et d'interdire la recherche d'une loi ! »

C'est ainsi que « tous les mauvais élèves de la classe de physique » se contentent d'appliquer des formules à chaque cas particulier sans chercher à comprendre. Ils ne réfléchissent pas aux phénomènes à circonscrire et à analyser, aux conditions de l'expérience et encore moins à l'inscription d'une équation dans un système théorique. Ils confient au hasard le soin de leur pensée plutôt qu'aux exigences de la raison. Ils ne savent pas qu' « il faut préparer le phénomène pour le produire. » Face à la nouveauté d'un phénomène et face à l'inconnu, ils perdent toute contenance rationnelle et s'en tiennent au pittoresque de l'expérience. Éblouis par la variété et versatiles, ils passent d'un phénomène à un autre sans principe ni méthode. Loin d'isoler les variables d'un phénomène et d'en varier les conditions de production, ils s'en distraient et en manquent la réalisation, se tenant toujours en-deçà de la connaissance, dans l'incapacité d'anticiper sur l'enchaînement des processus physiques.

Le dynamisme mathématique

Pourtant, le dynamisme de la science résulte de la recherche de la nouveauté. C'est même l'imaginaire et non la raison qui conduit à penser autrement. Bachelard considère qu'il existe « un besoin essentiel de nouveauté qui caractérise le psychisme humain[227] ». Ce besoin va à l'encontre du sentiment de sécurité intellectuelle que l'on conforte en figeant les cadres de pensée et en répétant indéfiniment les mêmes idées et les mêmes thèses.

---

[225] Bachelard (Gaston), *La Psychanalyse du feu*, Gallimard, 1938.
[226] Bachelard (Gaston), *La Formation de l'esprit scientifique*, Vrin, 1938.
[227] Bachelard (Gaston), *L'Air et les songes*, Corti, 1943.

Mais cet imaginaire est teinté de rationalité. Et pour la première fois, c'est moins la technique qui l'incarne que les mathématiques. « C'est la mathématique qui ouvre les voies nouvelles à l'expérience[228] » en transformant la physique. La relativité tire sa nouveauté de la constitution d'une physique mathématique, c'est-à-dire d'une mathématisation de la physique. « C'est peu de dire que la physique se mathématise, car ce n'est pas par la surface que se fait la pénétration des deux doctrines, c'est au centre même de la physique que les mathématiques viennent d'accéder et c'est maintenant l'impulsion mathématique qui donne au progrès de la science physique sa force et sa direction[229]. » La physique newtonienne avait déjà préparé le terrain en explorant la fécondité des formules et des cadres mathématiques de l'expérience. La physique relativiste le complète. Elle éveille, questionne, interpelle et analyse. « C'est la physique mathématique qui multiplie les questions, qui dégage les diverses fonctions des phénomènes, qui énumère et classe les rapports ; c'est elle seule qui découvre ou du moins elle seule peut préparer les découvertes[230]. »

Curieusement, les mathématiques abstraites ne se contentent pas d'exprimer une vision du réel, comme le suggérait l'ancienne épistémologie teintée de réalisme, elles permettent de penser les réalités les plus concrètes. On rend raison des formes par la construction d'une équation, on traduit les courbes par des fonctions si bien que « du réel, nous ne comprenons que ce que nous prévoyons mathématiquement[231] ». Mieux encore, les mathématiques ne rendent pas seulement raison des surfaces, des apparences et des formes, elles révèlent des profondeurs substantielles et éclairent aussi bien l'infiniment petit que l'infiniment grand. « C'est par les mathématiques qu'on peut vraiment explorer le réel jusqu'au fond de ses substances et dans toute l'étendue de sa diversité. » La profondeur se découvre grâce aux mathématiques qui procèdent toujours à une extension des connaissances. Elles font penser en dressant, sous le réel, le plan de sa réalisation.

L'osmose entre les mathématiques et le réel est étonnante. C'est parce que « les éléments mathématiques de la construction ont leur

---

[228] Bachelard (Gaston*), Le Nouvel esprit scientifique*, Vrin, 1934.

[229] Bachelard (Gaston*), La Valeur inductive de la relativité*, Vrin, 1929.

[230] Bachelard (Gaston*), La Richesse d'inférence de la physique mathématique, in L'Engagement rationaliste.*, PUF, 1972.

[231] Bachelard (Gaston*), Le Pluralisme Cohérent de la Chimie Moderne*, Vrin, 1932.

racine dans le réel[232] » que les mathématiques en révèlent la rationalité. Ces coïncidences sont quasi inexplicables et inexpliquées. Elles semblent s'imposer à la raison comme une axiomatique. « La correspondance du réel au mathématique devient un fait et presque un fait sans raison[233]. »

Les relations mathématiques

Néanmoins cette science exacte, la mathématique, qui est la science des sciences, doit sa capacité à rendre le réel intelligible au primat qu'elle accorde à la relation sur la substance élémentaire. « Au commencement est la relation, c'est pourquoi les mathématiques règnent sur le réel. »[234]

Lorsque les objets sont appréhendés de manière isolée et disjointe, leurs qualités semblent intrinsèques, permanentes et rattachées à un sujet singulier immuable dont la visibilité est essentielle. Lorsque ce sont les articulations qui priment sur les sujets, c'est la variabilité des êtres qui domine et leur prévisibilité tandis que leurs qualités sont secondes et externes. L'être devient extrinsèque et référentiel, il est la résultante de ces divers mouvements et relations, il est l'expression d'une multitude de rapports, il est la fonction d'une multitude de variables qui s'ouvrent au calcul et aux équations. « La relation [...] dit tout, [...] prouve tout, [...] contient tout ; elle est la totalité du phénomène pris comme fonction mathématique. [...] On en revient toujours à prouver l'existence par la relation [...] la relation affecte l'être, mieux elle ne fait qu'un avec l'être [...] si l'on retranche la relation, il n'y a plus d'attribut, partant plus de substance[235]. » « L'attribut sans la relation est un chèque sans provision[236]. »

Ainsi la relativité joue un rôle décisif dans l'évolution de la pensée de Bachelard. En introduisant de nouveaux concepts plus complexes et fondés sur la relation entre leurs composantes, elle ouvre la voie à la prééminence mathématique.

En se substituant aux notions d'espace et de temps absolus, l'espace-temps devient mathématiquement pensable, au même titre que la substance par rapport au devenir, la matière par rapport au rayonnement et la chose par rapport au mouvement. Tous forment un devenir-être,

[232] Bachelard (Gaston*), Étude sur l'évolution d'un problème de physique*,Vrin, 1927.
[233] Bachelard (Gaston*), La Valeur inductive de la relativité*, Vrin, 1929.
[234] Bachelard (Gaston*), Noumène et microphysique,* in *Études*, Vrin, 1970.
[235] Bachelard (Gaston*), La Valeur inductive de la relativité*, Vrin, 1929.
[236] Bachelard (Gaston*), Le Nouvel esprit scientifique*, PUF, 1934.

une matière-rayonnement et une chose-mouvement. La géométrie et l'énergie ne font plus qu'un. « La qualité qui nous fait paraître les corps pesants n'est pas un attribut qui appartient à chacun d'eux, mais une simple fonction de leur rapport[237]. » « La masse, posée jadis par définition comme indépendante de la vitesse, comme absolue dans le temps et l'espace [...] est une fonction compliquée de la vitesse. La masse d'un objet est donc relative au déplacement de cet objet [...] Le repos absolu n'a pas de sens[238]. »

On ne connaît pas un objet microphysique en l'isolant, on ne le connaît de manière hypothétique que par les signaux qui émanent de lui et par ceux qu'on émet ; les uns et les autres étant partie prenante de sa substance plus métaphorique que réelle. L'électron n'a de place visible que grâce au photon qui le bombarde de lumière.

Néanmoins, l'observateur use de procédés qui altèrent l'observation. Ce bombardement déplace en même temps l'électron et modifie la fréquence du photon comme le montrent les relations d'incertitudes d'Heisenberg. Le photon est mouvement et énergie de sorte que sa transformation en chose, c'est-à-dire en « phénomène arrêté », est plus qu'improbable. L'électron « s'ondulise et s'anéantit », il s'amollit, se décompose et s'évanouit, il ne se conserve pas. « La réalité est une chance[239]. » Il existe « des choses qui deviennent des riens[240] ». Tout est alors dans la méthode qui doit intégrer erreurs et incertitudes. C'est elle qui fonde l'être. Il n'y a de corpuscule qu'éclairé. « Il y a donc une interférence essentielle de la méthode et de l'objet[241]. »

C'est en travaillant sur le fonctionnel, l'organisationnel et les enchaînements que l'on découvre les constituants et les composantes encore inconnus. On prévoit ce que l'on ne voit pas, on construit ce qui n'est pas donné, on complète ce qui n'est qu'esquissé et on achève une expérience à peine ébauchée. Mendeleïev n'a pas découvert des corps chimiques qu'il a organisés ensuite, il en a élaboré le plan coordonné en construisant un tableau de classement dont l'ordonnancement les lui a livrés. Loin d'être à ordonner, les éléments sont les résultantes d'un ordre préétabli qui les préfigure. Ils n'ont même d'existence que par lui,

---

[237] Bachelard (Gaston), *La Valeur inductive de la relativité*, Vrin, 1929.
[238] Bachelard (Gaston), *La Philosophie du non*, PUF, 1940.
[239] Bachelard (Gaston), *L'Expérience de l'espace dans la physique contemporaine*, Alcan, 1937.
[240] Bachelard (Gaston), *La Philosophie du non*, PUF, 1940.
[241] Bachelard (Gaston), *Le Nouvel esprit scientifique*, PUF, 1934.

de même qu'il n'y a de substance que comme « ex-stance[242] », issue de la coordination d'attributs qui ne sont pas siens, mais qui la font être ce qu'elle est. Il s'agit de substituer à une étude en compréhension, une étude en extension.

Les objets sont « d'étranges fonctions de la fonction qui les met en rapport[243] ». Le genre détermine l'espèce ; la classe, le réel ; la chaîne, les chaînons ; les liaisons, les composantes ; la série, les corps ; l'ordre et la place, les objets ; l'équation, les membres de celle-ci ; et le système de pensées et d'expériences, les idées. « La véritable solidarité du réel » n'est pas politique, elle « est d'essence mathématique[244] ».

Repenser la langue

Une difficulté demeure. Elle tient au langage substantialiste. La grammaire d'origine aristotélicienne privilégie le sujet sur ses prédicats, en considérant qu'il les fonde et en est le substrat. De là son antériorité sur ce qui est perçu comme ses attributs. Pour la relativité, « le langage habituel est essentiellement inadéquat » en ce qu'il peine à énoncer de ce qu'elle pense avec les mots dont elle dispose. « Comment le ferait-elle correctement en suivant une syntaxe qui accepte des sujets antécédemment à leur fonction et par conséquent absolus, qui fait de la relation une sorte de réalité seconde, éphémère, mobile[245] ? » Il s'ensuit une prolifération d'attributs plus juxtaposés que hiérarchisés, une inflation de synonymes dont l'on ne perçoit pas la réelle pertinence. On a le sentiment que « moins on connaît et plus on nomme[246] ». La démarche scientifique a besoin de synthèse pour dire l'abstrait et de condensation pour cerner les relations formelles.

La science réorganise la grammaire pour améliorer la rigueur de sa pensée. « Au fond, le progrès de la pensée scientifique revient à diminuer le nombre des adjectifs qui conviennent à un substantif et non point à l'augmenter. On pense scientifiquement des attributs en les hiérarchisant et non pas en les juxtaposant[247]. » Les outils syntaxiques pour dire les relations logiques s'assouplissent en faveur d'une réelle structuration de la pensée. C'est plus difficile pour les outils lexicologiques dont la neutralité à l'égard de l'esprit scientifique fait

---

[242] Bachelard (Gaston), *La Philosophie du non*, PUF, 1940.
[243] Bachelard (Gaston), *La Valeur inductive de la relativité*, Vrin, 1929.
[244] Bachelard (Gaston), *La Philosophie du non*, PUF, 1940.
[245] Bachelard (Gaston), *La Valeur inductive de la relativité*, Vrin, 1929.
[246] Bachelard (Gaston), *La Psychanalyse du feu*, Gallimard, 1938.
[247] Bachelard (Gaston), *La Formation de l'esprit scientifique*, Vrin, 1938.

défaut. Ils influent sur nos manières de pensée plus que nous n'influons sur eux. « Les mots nous dominent plus que nous ne pensons[248]. » Ainsi l'animisme habite la langue et nous fait malgré nous évoquer le feu que l'on alimente, comme s'il s'agissait d'un être vivant.

Le même langage dans toutes ses composantes entrave plus fortement encore l'expression de la discontinuité spatio-temporelle qui caractérise ondes et corpuscules. La langue a pris le parti de la continuité. « La durée est dans la grammaire, dans la morphologie aussi bien que dans la syntaxe. Oui les mots sont là, avant la pensée, avant notre effort pour renouveler une pensée[249]. » La langue localise les utopies et néglige l'invisible. La chose-mouvement, l'être-devenir n'ont pas de lieu alors même que la langue l'exige. « Cette localisation est à la base du langage et toute syntaxe est d'essence topologique[250]. » Seul le langage mathématique peut penser cet impensable du langage linguistique.

Bachelard ne cessera jamais de travailler le langage. Il combinera jusqu'au bout les concepts les plus opposés pour élargir le champ des significations et produire de nouveaux sens. Lecteur infatigable, Il déroutera son public en créant une pensée du langage créatrice de nouveaux concepts et en sachant toujours s'émerveiller des trouvailles linguistiques. Il nous invitera toujours à aller au-delà de mots qui ne sont rien en eux-mêmes.

Les mathématiques ouvrent l'horizon des sciences

La langue se rénove en se mathématisant, elle s'affine en privilégiant les relations fonctionnelles sur le réalisme substantialiste.

La découverte fondamentale de la prééminence des mathématiques conduira logiquement Bachelard de la technique vers les mathématiques, du métier d'employé amorcé en 1903 vers les études de mathématiques entreprises vers 1909. Mais c'est sans doute aussi l'enseignement de la physique commencé en 1919 après le renoncement progressif au métier d'ingénieur qui convaincra Bachelard de l'importance croissante des mathématiques dans la constitution de la pensée scientifique.

Toutefois les mathématiques qui jouent un rôle central dans la découverte scientifique n'ont guère de commune mesure avec les

---

248 Bachelard (Gaston), *La Psychanalyse du feu*, Gallimard, 1938.
249 Bachelard (Gaston), *L'Intuition de l'instant*, Stock, 1932.
250 Bachelard (Gaston), *Le Nouvel esprit scientifique*, PUF, 1934.

mathématiques scolaires statiques et figées. Ce sont davantage les mathématiques inventives et inductrices qui tiennent lieu de méthode créatrice parce qu'elles « savent poser des questions à l'expérience raffinée [251] », parce qu'elles savent aussi imaginer les extensions possibles, anticiper des généralités, inférer des compléments et opérer des généralisations. La nouveauté est toujours inductive et extensive, amplifiante et profonde. La pensée mathématique est autant synthèse que prospective, coordinatrice qu'anticipatrice, cohérente que stimulante. Elle conduit la chimie moderne de Berthelot à créer de nouveaux corps et la physique à inventer « de la matière à partir du rayonnement, de la chose à partir du mouvement. [...] L'équation d'Einstein est donc plus qu'une équation de transformation, c'est une équation ontologique[252] ».

L'imaginaire mathématique, étudié par le mathématicien Chasles, est un « jeu difficile et délicieux qui saisit dans le réel le prétexte du général. Il utilise l'exemple pour déborder l'exemple, il demande à l'expérience elle-même, cette compagne de l'habitude, une leçon de disponibilité d'esprit [253] . » Il opèrera, non sans analogie avec l'imaginaire poétique, en construisant par extension l'unité de l'œuvre. L'abstraction libère des chaînes particulières, qu'elles soient verbales ou cognitives, elle affranchit du joug de l'expérience usuelle. Cette liberté s'explique en grande partie parce que les mathématiques ne sont pas au service du réel ni d'un quelconque usage. Elles sont indépendantes de toute application et incorporent des données physiques, sans perdre de leur valeur axiomatique.

« Il est curieux que les outils mathématiques soient presque toujours forgés avant qu'on en puisse prévoir l'emploi. Ce fut le cas pour la théorie de la courbure de Riemann, pour les matrices d'Hermite, pour les groupes de Galois. On peut y voir un argument pour la valeur inductive des mathématiques[254]. » On connaît l'impact de la géométrie non-euclidienne de Riemann et de Lobatchevski sur la découverte de la relativité. C'est en ne parvenant pas à démontrer le cinquième postulat d'Euclide qu'ils ont fait naître l'idée d'un espace courbe, rendant alors

---

[251] Bachelard (Gaston), *La Richesse d'inférence de la physique mathématique*, in *L'Engagement rationaliste*, 1931, PUF, 1972.

[252] Bachelard (Gaston), *Le Nouvel esprit scientifique*, PUF, 1934.

[253] Bachelard (Gaston), *La Valeur inductive de la relativité, Vrin*, 1929.

[254] Bachelard (Gaston), *L'Expérience de l'espace dans la physique conporaine, Alcan*, 1937.

possible un espace dynamique susceptible d'entrer en interaction avec le champ électromagnétique. « La forme riemannienne » fut « un véritable avenir pour la pensée[255] ».

Les mathématiques étendent donc le champ d'une connaissance et d'une découverte en créant un horizon de virtualité. Elles n'expliquent pas uniquement le présent, elles élargissent le champ du réel en s'ouvrant aux possibles. « Le possible est alors le cadre a priori du réel. Et c'est le calcul qui place le réel dans sa véritable perspective, au sein d'une possibilité coordonnée. » Ou mieux encore, par l'abstraction et le calcul, elles dégagent les possibles au-delà ou en-deçà du réel. C'est donc à la fois le vecteur d'explication du concret et l'outil de sa transformation. Mieux que la technique, les mathématiques élargissent et enrichissent la vie de la science. « C'est par le possible qu'on découvre le réel. » Elles mettent en lumière plus que les possibles, « le compossible[256] », c'est-à-dire le plan coordonné et cohérent des possibles.

Les mathématiques agrandissent la vie

En devenant mathématicien, Bachelard choisit d'agrandir sa vie intellectuelle. Il se libère du quotidien en en saisissant les fondements logiques. Il substitue une vie des possibles à une vie simplement réelle. Alors que « nous ne vivons le temps qu'en oubliant l'espace » et que « nous ne comprenons l'espace qu'en suspendant le cours du temps[257] », nous savons que dans la science relativiste on ne vit plus simplement le temps ni l'espace, on vit l'espace-temps qui « a pour lui son algèbre » et qui « est relation totale et relation pure ». Avec la relativité, on ne vit plus seulement avec les choses, on vit aussi avec leur devenir et leur extension.

À la veille de la première guerre mondiale, Bachelard n'a que trente ans. Il s'éloigne progressivement de son statut d'employé des postes et obtient des bourses qui lui permettent d'étudier les mathématiques y compris à Louis le Grand et de faire une véritable psychanalyse de la connaissance objective. Il s'émancipe de ses préjugés, de ses pensées communes et de ses rêves au profit du raisonnement pur, abstrait et cohérent. Sa vie intellectuelle est intense et expansive. Il ne se disperse

---

[255] Bachelard (Gaston*), La Valeur inductive de la relativité, Vrin*, 1929.

[256] Bachelard (Gaston*), L'Expérience de l'espace dans la physique conporaine, Alcan*, 1937.

[257] Bachelard (Gaston*), La Valeur inductive de la relativité, Vrin*, 1929.

pas, il étend l'usage de sa raison. Il accroît son savoir et multiplie ses champs d'étude. Mécanique, physique, chimie, algèbre n'ont plus de secret pour lui. C'est l'autre et le différent qui le poussent au-delà de lui-même, plutôt que le même et l'identique. Il bannit la répétition et la vie terne. Son choix est celui de la discontinuité et de la rupture pour mieux s'émanciper de ses origines.

Le premier chemin n'est jamais le bon. C'est en approfondissant la technique que Bachelard en découvre l'expression scientifique et mathématique. C'est en scientifisant la technique qu'il découvre que l'on ne peut s'instruire qu'en construisant. La pédagogie devient alors un domaine privilégié pour comprendre la construction des connaissances. S'il sait que l'échec et l'erreur font partie du processus d'acquisition, il ne sait pas bien encore comment cela fonctionne. S'il fut d'abord persuadé que l'histoire des découvertes ne nous aidait qu'à nous replacer dans le courant des connaissances et non à nous permettre d'inventer ou de connaître, il prend conscience d'une réelle correspondance entre perfectionnement pédagogique et perfectionnement logique.

Ainsi, en 1940, l'histoire de la mesure n'offre pas seulement « un ordre de généralité des notions », elle en éclaire le sens : « aucune précision n'est nettement définie sans l'histoire de l'imprécision première ». Il en de même de la notion de pureté en chimie : « aucune affirmation de pureté ne peut être détachée de son critère de pureté et de l'histoire de la technique de purification[258] ». Toute idée nouvelle est solidaire de l'histoire de sa production. L'histoire n'est plus accessoire, mais essentielle. D'abord cantonnée à son rôle pédagogique, elle ira jusqu'à conditionner la construction du savoir.

Voilà pourquoi Bachelard introduit le concept de formation. Il le complétera avec les notions de réorganisation et de refonte qui nous renvoient au processus même de connaissance en nous aidant à penser les systèmes scientifiques de l'intérieur. Toute réorganisation est un changement immanent à un processus, une révision des principes. Encore fallait-il en saisir l'évolution interne. Bachelard, devenu pédagogue, disposait d'un lieu d'observation privilégié. Il pouvait au quotidien suivre le cheminement de la science dans les jeunes esprits.

L'épistémologie bachelardienne va donc se construire à partir de la pédagogie des sciences dont elle est le terrain d'expérimentation et d'expérience. En abordant ce nouveau chemin, la philosophie de

[258] Bachelard (Gaston), *La Philosophie du non*, PUF, 1940.

Bachelard éclairera encore davantage les processus logiques et psychologiques à l'œuvre dans l'élaboration des savoirs. Si le mathématicien ne parvint pas à être ingénieur, au moins pouvait-il comprendre comment l'on pouvait en former.

Chapitre 4

LE CHEMIN DE LA PÉDAGOGIE

Apprendre en construisant

« L'homme est destiné à devenir intelligent. »
La Philosophie de Léon Brunschvicg,
in *L'Engagement rationaliste*, PUF.

« Une aptitude ne reste une aptitude que si elle s'efforce de se dépasser, que si elle est un progrès. »
L'Intuition de l'instant, Stock.

« Le moi s'éveille par la grâce du toi. »
Préface au « Je et tu » de Martin Buber, Aubier.

Rien ne laissait présager le retour de Bachelard à l'enseignement. Personne ne l'imaginait un jour pédagogue lorsqu'il se détourne de la fonction de répétiteur de collège pour celle d'employé des postes. L'époque est au métier pour la vie et à la vie pour un seul métier. Et puis sa critique de l'école est si radicale qu'elle exclut tout compromis. Ses rêves sont du côté des grands bâtisseurs et des ingénieurs et non du côté des répétiteurs.

Que s'est-il passé pour qu'en 1919, à l'âge de trente-cinq ans et après s'en être éloigné durant seize années, Bachelard revienne à ce point de départ professionnel ? La vocation est-elle tardive, comme il le suggère lui-même dans une lettre au poète et romancier, Pierre-Jean Jouve, en déclarant : « toute ma vie est sous le signe du tardif[259] », ou bien est-ce un choix par défaut ?

---

[259] Parinaud (André) *Bachelard,* Flammarion, 1996.

Le poids de l'histoire

De nombreuses interprétations militent en faveur de la seconde hypothèse. Des concours de circonstances malheureux semblent s'acharner pour le détourner de ce chemin. Admissible au concours d'élèves ingénieurs des Télégraphes en 1912, il échoue de peu aux épreuves d'admission en étant le premier des non admis, c'est-à-dire troisième pour seulement deux reçus. Il se met en disponibilité pour le préparer de nouveau en 1913-1914. Mais la période est bien mal choisie. Cette fois-ci, c'est la guerre qui interrompt son projet pour une durée de cinq années.

Alors qu'il étudiait les mathématiques, la physique et la chimie, qu'il semblait pouvoir prendre son envol d'ingénieur et s'affranchir du travail d'exécution qui était son quotidien, Bachelard fut de nouveau replongé dans le concret des contraintes postales et dans le pire contexte de son histoire, celui de la première guerre mondiale. François Dagognet, l'un des biographes de l'épistémologue, né à Langres comme Diderot et haut-marnais comme les grands-parents maternels de Bachelard, affirme sans détour que « la guerre de 1914-1918 brisera ce destin[260] ».

Peu enclin au militarisme et aux manières rudes de la hiérarchie militaire, Bachelard fut particulièrement « gâté » par les événements. Son incorporation sous les drapeaux, en incluant son service national dans les dragons, dura sept ans et lui prit les plus belles années de sa jeunesse ainsi que celles de son mariage. C'est avec un grand courage et un esprit constructif qu'il aborda pourtant cette période cruelle. Il progressa même dans la prise de responsabilité. Brigadier au 5ème régiment des dragons jusqu'en septembre 1915, puis au 8ème régiment du génie à compter du 6 septembre 1915, il devint sergent le 2 décembre 1916, sous-lieutenant en février 1917, lieutenant en 1923 et officier de réserve jusqu'en 1933. Son dévouement républicain lui fit oublier ses penchants naturels. Il n'avait pas non plus le choix. Marié à la veille du conflit, il devait satisfaire aux besoins matériels du jeune couple.

Cette guerre fut l'occasion d'affirmer sa bravoure, sa ténacité, sa persévérance, son sens de l'intérêt général et une certaine forme d'héroïsme. Au milieu du feu de « l'ennemi », il assura, notamment durant trois jours, le maintien des lignes de communication dont l'importance stratégique était majeure. Cela lui valut une croix de guerre et la reconnaissance de la nation. Son livret militaire y fait ainsi

[260] Dagognet (françois), *Bachelard*, PUF, 1965.

mention. Il obtint une citation à l'ordre de la nation formulée le 19 mai 1918 en ces termes : « Dans les journées de la fin de mars 1918, pénétré de ses devoirs, insensible au bruit de la bataille, a établi et sans cesse rétabli pendant deux jours et trois nuits les lignes téléphoniques constamment rompues par le feu de l'ennemi donnant à ses sapeurs un bel exemple de calme, d'opiniâtreté et d'énergie[261]. »

Il ne fit guère allusion dans ses écrits à cette période traumatique de la vie qui le mobilisa du 2 août 1914 au 16 mars 1919, en bouleversant le cours de son existence et en l'exposant quotidiennement à une mort tragique. Il y a avait là sans doute le non-dit d'un trauma collectif. C'est le silence qui traduit l'indicible. La force des mots et la vigueur des concepts épistémologiques et des images poétiques compensent pourtant l'impossible expression de l'ineffable. Ce sont les concepts de « rupture » et de « philosophie du non », que l'on retrouve dans l'art et la littérature avec le cubisme et le surréalisme, qui marquent le désir de se détourner brutalement du réalisme de ce passé très lourd. C'est aussi le développement, au moment où la seconde guerre mondiale se déclenchait, du second volet de son œuvre, consacré à la rêverie poétique et à l'imaginaire, qui constitue une manière de s'abstraire des tragédies présentes. « Mes livres ont fui les aspects dramatiques de la vie[262], dira-t-il plus tard.

Dans *La Poétique de la rêverie*, il n'y a pas de mémoire sans imaginaire. Les rêveries du feu qui font écho au feu des combats sont très présentes au fil de l'œuvre du premier au dernier ouvrage et jusqu'aux derniers mots écrits et publiés à titre posthume. Jusqu'à la fin, le feu illuminera sa pensée, non comme une puissance destructrice, mais comme un vecteur de transformation fulgurante. L'image du feu se déplace de l'horreur des combats vers les joies de l'enfance. L'œuvre opère ce déplacement. Elle répare les profondes blessures de la vie.

La guerre ne sera jamais un objet d'intérêt conscient. Tout juste aborde-t-il la question pour la première fois dans un texte tardif de 1949. Il choisit l'angle technique et scientifique, purifié de toute émotion, lui permettant de tenir cette expérience à distance et de se mettre subjectivement hors-jeu.

Il traite ainsi de la trajectoire dissymétrique des boulets de canon tirés de la Grosse Bertha et utilisée en 1917 pour défendre Paris. Il fait

[261] Registre matricule militaire, *Gaston Bachelard*, Archives de l'Aube, 2015.

[262] Knapp (Hubert) et Bringuier (Jean-Claude), *Bachelard ou l'héritage invisible*, in *Cinq colonnes à la une*, ORTF, 1961.

d'un événement traumatique un problème de physique mathématique. Cette courbe a en effet « causé bien des embarras au moment des premiers tirs de la Bertha sur Paris en 1917. Certains artilleurs – et non des moindres – n'avaient pas pensé qu'on pût ajuster la trajectoire parabolique décrite dans la stratosphère aux courbes de départ et d'arrivée dans l'atmosphère proche de la Terre[263] ». Il récidivera, quelques pages plus loin, en mentionnant la détection des sous-marins par la technique des ultra-sons, mise au point lors de la première guerre mondiale par Paul Langevin. Là encore, nous sommes dans la rationalisation. Le trauma est surmonté par la physique mathématique plutôt que par la psychologie.

Comme pour beaucoup d'anciens combattants, la tragédie de la guerre fut inexprimable. Certes, Bachelard n'est pas l'homme de l'introspection et s'il se confie parfois au fil des mots, ce sont les objets et la matière qui produisent les images et suggèrent les confidences et non les événements de sa propre vie. Son enfance, sa vie de télégraphiste et surtout celle de professeur sont évoquées par bribes à titre d'illustrations d'énoncés analytiques. En revanche, trente-huit mois de tranchées dans les pires conditions de survie humaine lorsque l'on a entre trente et trente-cinq ans, c'est une expérience surhumaine qui marque pour toujours et peine à être dite. Cette terrible guerre l'a affecté, mais l'allusion à l'enfer exposait aux dangers d'une réminiscence sans rêverie. Elle sera toujours mise à distance de vie, grâce au rêve et à la connaissance.

D'autres penseurs, il est vrai peu nombreux, choisirent de s'exprimer. Ce fut le cas d'Alain, le fils de vétérinaire, de seize ans son aîné. Pacifiste et engagé volontaire en tant que téléphoniste d'artillerie, refusant toute montée en grade militaire, il prit parti, vingt ans plus tard, de raconter le combat à travers ses élans et ses peurs[264] et de rédiger même un pamphlet contre la guerre[265]. Malheureusement pour lui, son engagement, qu'il partagea avec Jean Giono et bien d'autres et qui était le fruit du traumatisme de quatorze, le plongea dans les bras des pétainistes, au moment où le refus de combattre devenait synonyme de consentement passif à la montée du fascisme. À l'heure de la résistance, le pacifisme, naguère progressiste, était désormais plus que douteux.

---

[263] Bachelard (Gaston), *Le Rationalisme appliqué*, PUF, 1949.

[264] Alain, *Souvenirs de guerre*, Hartmann éditeur, 1937.

[265] Alain, *Mars ou la guerre jugée*, Gallimard, 1936.

Héros discret, Bachelard, sans être un militariste convaincu, a accepté la logique de la guerre et celle de l'armée. Il fut même officier de réserve jusqu'en janvier 1934. Le choix du silence et de l'oubli a permis le dépassement dans l'œuvre et la préservation de la lucidité. Il avait aussi le courage chevillé au corps. C'est lui « l'enfant prédestiné au courage qui accomplit une œuvre surhumaine[266] ». Son sens de l'intérêt général, transcendant tous les affects, pouvait même le conduire au sacrifice. « Un homme est un homme dans la proportion où il est un surhomme. On doit définir un homme par l'ensemble des tendances qui le poussent à dépasser l'humaine condition[267]. » Et dans ce dépassement, le rêveur identifie aisément les sources d'énergie et les schèmes de courage. C'est notamment « l'eau violente » qui galvanise et soustrait à toute tentation de relâchement.

Des événements formateurs

Après la guerre 14-18, Bachelard s'éloigne donc de la télégraphie, il ne cherche plus à passer le concours d'ingénieur, il se rapproche de la pédagogie. Son choix est inattendu. Pourquoi n'a-t-il pas persévéré au moment de la démobilisation en mars 1919 ? Est-ce l'effet de cette expérience humaine d'une rare intensité ?

Héros militaire, combattant exemplaire et solidaire pour ses hommes, Bachelard se découvre aussi humaniste et la fibre généreuse de celui qui veut transmettre. Montrer l'exemple est le premier pas vers la transmission et la pédagogie. « Il faut se redresser pour redresser les autres[268]. » Vivre la solidarité humaine, c'est vivre pour les autres. Mener son groupe, c'est être meneur d'hommes. Le technicien se fait manager, le scientifique est devenu celui qui conduit les autres par la main.

Il parut pourtant émettre quelques réserves quelque trente-six ans plus tard quant à l'authenticité de cet engagement. La nostalgie du métier d'ingénieur dura si longtemps qu'elle dut affecter ses années d'enseignement. Il eut l'impression d'avoir sacrifié sa vocation en enseignant. Du moins l'exprima-t-il dans la revue professionnelle des PTT au moment de sa retraite. Peut-être n'aurait-il pas confié le même regret dans une revue pédagogique. Si l'on prend néanmoins au sérieux

---

[266] Bachelard (Gaston), *Lettre du 31/10/1959*, in *Correspondance Gaston Bachelard-Henri Bosco*, in Cahiers Henri Bosco, n°47-48, Artois Presses Université, 2013.

[267] Bachelard (Gaston), *L'Eau et les rêves*, Corti, 1942.

[268] Bachelard (Gaston), *Lettre du 31/10/1959*, in *Correspondance Gaston Bachelard-Henri Bosco*, in Cahiers Henri Bosco, n°47-48, Artois Presses Université, 2013.

cette confidence d'un homme qui ne montre pas tout ce qu'il pense, mais pense ce qu'il dit, on peut comprendre en même temps que ce sacrifice en valait sans doute la peine.

Deux éléments atténuent en effet la certitude d'un métier de substitution en révélant un intérêt pour l'enseignement. D'une part, Bachelard épouse une institutrice, amie d'enfance, le 8 juillet 1914, Jeanne Rossi, et non une postière. Est-ce la rencontre décisive avec cette institutrice qui le conduit vers l'enseignement ou est-ce le désir naissant d'enseigner qui le conduit vers une institutrice ? Difficile à dire, mais la séduction réciproque le détourne du chemin imaginé, séduire signifiant étymologiquement *se ducare*, *conduire à côté*. Il s'était mis en disponibilité pour le concours et s'en détourne. La rencontre d'une femme aimée lui a sans doute révélé d'autres possibles. « Le feu qui nous brûlait, soudain, nous éclaire. La passion rencontrée devient la passion voulue. L'amour devient famille. Le feu devient foyer [...] Car aimer, c'est échapper au doute, c'est vivre dans l'évidence du cœur[269]. »

Bachelard épouse Jeanne Rossi le 8 juillet 1914 dans la mairie de Maisons-les-Soulaines. Ils se logèrent dans cette école où Jeanne était institutrice. Bachelard y fut l'instituteur d'un jour. La cloche retentit toujours dans cette rue qui porte son nom.

---

[269] Bachelard (Gaston), *La Psychanalyse du feu*, Gallimard, 1938.

D'autre part, Bachelard gagne sa vie en 1913, après sa mise en disponibilité, en donnant des cours particuliers. Après tout, il aurait pu être vendeur de journaux ou garçon de café. Il a préféré enseigner, fourbissant ses premières armes pédagogiques auprès de jeunes élèves motivés. Au demeurant, dans son acte de mariage qui date du 8 juillet 1914, il est fait mention, à son propos, du titre de « professeur » tandis que Jeanne, directrice d'école est considérée comme « directrice d'établissement ». Un document officiel de cette importance ne pouvait que légitimer un choix profond.

Il n'hésitera pas en 1916-1917, au cours d'une permission, à remplacer son épouse malade. Il signera ainsi sa véritable entrée dans l'enseignement et sa première classe en devenant l'instituteur d'un jour à l'école de Maisons-les-Soulaines, petite commune de l'Aube de 95 habitants en 1911 et située à 9 kms de Bar-sur-Aube. Il enseigna notamment la pratique de la division. Daniel Giroux y était élève : « Un jour, notre institutrice étant souffrante, la classe fut faite par son mari, un soldat en permission... Et c'est ainsi que Gaston Bachelard, car c'était lui, m'apprit à faire mes premières divisions ! Qui m'aurait dit alors que, dix ou douze ans plus tard, je retrouverais ce maître au collège de Bar-sur-Aube[270] ? »

Avant même d'être recruté, il s'était donc « essayé » à l'enseignement, dans le premier degré et l'expérience fut sans doute concluante pour envisager d'y revenir. La polyvalence ne pouvait être qu'un accomplissement pour qui la curiosité était un puissant levier. Peut-être fut-elle aussi une révélation. Bachelard confie à Louis Guillaume, le poète et directeur d'école : « J'aurai voulu passer ma vie entière dans une école de village[271]. » Il se dira heureux d'être lu par des éducateurs et soulignera son attachement indéfectible à l'école : « J'ai vécu toute ma vie autant près de ceux qui s'instruisent que de ceux qui instruisent. Ma femme était institutrice dans un village, ma fille est née dans une maison d'école[272]. »

On peut d'ailleurs remarquer qu'après des premiers écrits épistémologiques qui se préoccupent de la compréhension de la science actuelle et de ses démarches scientifiques, son œuvre, à partir de 1937, va sans cesse faire référence à ses expériences pédagogiques, lui

---

[270] Giroux (Daniel), *Gaston Bachelard, travailleur solitaire,* Bar-sur-Aube, 1985.

[271] Bachelard (Gaston), *Lettres à Louis Guillaume*, 3 novembre 1960, La Part Commune, 2009.

[272] Bachelard (Gaston), *Lettres à Louis Guillaume*, 2 octobre 1957, La Part Commune, 2009.

consacrant même l'un de ses livres majeurs. Allant des intuitions aux obstacles, des idées à l'identification des images et des complexes qui altèrent leur compréhension, la pensée fait de la pédagogie une matière à réflexion et la source d'une épistémologie historique.

Bachelard affiche une claire détermination à travers la constance qu'il installe dans son parcours. C'est le métier d'enseignant qui fut pour lui le plus durable. Trente-cinq années à enseigner n'est pas anodin puisque « ce qui demeure » et « ce qui dure », c'est « cela seul qui a des raisons de recommencer[273] ». On peut présumer que la pédagogie donnait à Bachelard des raisons de recommencements, offrant au quotidien des perspectives d'erreurs à rectifier et de connaissances à éprouver. À l'heure des bilans, il déclare avoir « été extrêmement heureux d'enseigner », constate que ce fut une « vie expansive » et une source de rajeunissement : « si je suis si vieux », dit-il, « c'est parce que je n'enseigne plus ». Il ajoute que les élèves, « c'est toute [sa] vie sociale[274] ». Le plaisir d'enseigner qu'il a découvert en exerçant son métier ne l'a jamais quitté et a fondé sa conception de la philosophie.

Pour lui, le philosophe est avant tout un « professeur de sagesse » et non un simple sage. « J'étais sans doute plus professeur que philosophe », avouera-t-il en 1949, en réponse à l'étonnement de Léon Brunschvicq face à l'importance accordée « à l'aspect pédagogique des notions scientifiques[275] ». Mais s'il est plus pédagogue que philosophe c'est qu'il a compris qu' « enseigner [était] la meilleure façon d'apprendre » et « la meilleure manière de mesurer la solidité des idées ». Il ne cessera d'ailleurs d'associer la pertinence d'une connaissance à son aisance à être enseignée. Plus qu'un métier ou un gagne-pain, l'enseignement devint un domaine d'expérimentation et de validation des connaissances scientifiques, épistémologiques et esthétiques.

Bachelard n'avait finalement aucune raison de repasser le concours d'ingénieur. En cohérence avec sa conception du temps, il s'est dirigé vers l'expérience humaine la plus riche et la plus intense. Si devenir ingénieur était la première ambition, devenir professeur était la seconde, supplantant progressivement la première synonyme aussi d'échec désagréable. Il est probable également que l'épreuve douloureuse de la guerre qu'il n'a ni magnifiée, en qualité d'ancien

---

[273] Bachelard (Gaston), *La Dialectique de la durée*, PUF, 1936.

[274] Knapp (Hubert) et Bringuier (Jean-Claude), *Bachelard ou l'héritage invisible*, in *Cinq colonnes à la une*, ORTF, 1961.

[275] Bachelard (Gaston), *Le Rationalisme appliqué*, PUF, 1949.

combattant, ni déplorée, en tant que soldat aigri, lui apprit la valeur humaine au point de s'y consacrer.

On sait que toutes les années qui suivirent la guerre furent particulièrement sensibles à ces questions. L'affaire Salengro qui éclata tragiquement en 1936 suffirait à montrer que le sujet était explosif. Bachelard n'est jamais entré dans cette polémique, préférant, comme toujours, ne pas se laisser influencer par l'air du temps et les impressions dominantes. Refusant de s'enfermer dans un débat scabreux, il privilégia le rationnel qui lève le voile du pittoresque et surmonte les obstacles. Tant pis si le parcours est autant sinueux que contrarié ! Les difficultés n'ont pas vocation à être ressassées, elles n'ont de sens qu'en tant qu'elles sont dépassables.

Il eut en tout cas six mois devant lui pour réfléchir à son destin. Sans emploi en mars 1919, il était l'époux d'une institutrice et n'était donc pas sans subsides. Jeanne était enceinte et la perspective de la paternité se dessinait pour lui. Confronté à de soudaines responsabilités qu'il avait à cœur d'assumer, son choix ne souffrait d'aucune hésitation. L'éducation était sa voie. Il passait sans grand regret de la communication postale à la communication verbale. Il fut candidat aux fonctions d'enseignant et demeura auprès de Jeanne pour l'accompagner dans sa grossesse. Dans l'attente d'une nomination et durant la période de six mois qui la précéda, il révisa ses mathématiques, tout en s'adonnant aux tâches paysannes et notamment aux moissons.[276]

Les premiers pas du professeur

Il obtint dès l'automne d'être délégué pour l'enseignement de la physique-chimie au collège de Bar-sur-Aube. Il fit sa première rentrée officielle en octobre 1919, à l'âge de trente-cinq ans. Il devint simultanément professeur auxiliaire de physique-chimie et père d'une petite fille. Le prénom choisi, à l'occasion de cette heureuse naissance, est-il un simple hasard ? La proximité graphophonétique de Suzanne et de Sézanne semble faire lien avec la première expérience pédagogique de Bachelard en qualité de répétiteur. Ce retour à l'enseignement est un recommencement et une nouvelle ère.

---

[276] « En notre époque de moissonneuses-lieuses, nous avons perdu le sens de l'épi. Mais voici qu'avec Chagall nous nous souvenons qu'il faut beaucoup d'épis perdus pour faire une gerbe. » Bachelard (Gaston), *Introduction à la Bible de Chagall,* in *Le Droit de rêver*, PUF, 1970.

Le collège de Bar-sur-Aube de l'élève et du professeur Bachelard

Bachelard ne se contente pas de commencer à enseigner, il fait ses premières armes de père et assumera bien vite l'intégralité de la fonction parentale. La simultanéité des événements crée des liens fonctionnels au point que les missions finissent par se confondre. Suzanne assiste, depuis son plus jeune âge, au cours de son père avec un profit cognitif manifeste et l'accompagnera même plus tard dans ses séminaires. L'un de ses anciens élèves en témoigne : « Je me souviens que, très souvent, tout en faisant son cours, Monsieur Bachelard pelait avec soin une orange ; il en détachait les quartiers minutieusement et les donnait à Suzanne avec une tendresse indicible[277]. »

Un professeur et un père étaient nés. Devenu parent, il est prêt à transmettre et à instruire. Devenu professeur, il est prêt à protéger et à comprendre. Il sera un enseignant particulièrement compétent et à l'écoute de chacun. L'éducation est venue doublement à lui et a rendu nécessaire la tâche d'éduquer. Il entreprit d'enseigner dans le collège où il fut lui-même élève. C'était un double retour à l'enfance, une naissance et une renaissance. Grâce à l'enseignement, étroitement associé à l'éducation, tout devient pleinement signifiant. L'enfance, comme univers des possibles, les mathématiques, comme monde des

[277] Maitrot (Pierre), in *Témoins de Gaston Bachelard*, Bar-sur-Aube, 1985.

compossibles et l'enseignement, comme nouvel horizon, engendrent un regain d'énergie et de dynamisme.

Ce n'est pas un hasard si quelques années plus tard l'écriture lui apparaîtra également comme le moyen générique de retrouver toutes les possibilités perdues de l'enfance. Dans *La Terre et les rêveries de la volonté*, Bachelard révèle les richesses de l'écriture par laquelle nous pouvons devenir aussi bien peintre que sculpteur : « Il n'y a qu'à écrire l'œuvre peinte ; il n'y a qu'à *écrire* la statue », car la plume à la main « nous retrouvons tous les pouvoirs de la jeunesse ». Les rêves déjà perdus d'une vie antérieure invécue, nous les retrouvons par l'écriture en tant que possibilités actuelles. L'écriture instaure donc une relation spécifique avec le temps, car elle « redonne vie aux occasions manquées ». Il y a mieux que le rêve raté de l'ingénieur, il y a l'ingénieur d'étude qui conçoit l'éducation, l'ingénieur de la rêverie qui écrit et l'ingénieur de la pensée qui construit. Ainsi s'esquissent de nouveaux chemins, s'ouvrent de nouveaux horizons qui élargissent l'esprit au-delà des techniques, des sciences et des mathématiques.

Bachelard n'est pas formé à enseigner. Qu'à cela ne tienne, il développera, comme on le dit de nos jours, sa propre ingénierie de formation. Il découvre la filiation entre les mathématiques et la pédagogie et crée sa propre méthode à base de maïeutique et d'empathie. Cela lui est d'autant plus aisé que les conditions d'enseignement au collège de Bar-sur-Aube, dans le second cycle du secondaire, étaient rêvées lorsque l'on regarde l'état des effectifs. Il n'avait parfois qu'un élève en classe de mathématiques, deux en philosophie, trois en classe de physique-chimie et sept dans la classe de première.

En revanche, il devait être polyvalent et enseigner de multiples disciplines, de la physique-chimie à la philosophie, des mathématiques à l'histoire-géographie en passant par l'histoire naturelle, la cosmographie et le dessin industriel, de la 6ème à la terminale. L'étendue des connaissances à maîtriser étonnerait aujourd'hui l'apprenti-pédagogue, dans un monde secondaire fragmenté en une multitude de disciplines dont l'étroit territoire est jalousement défendu par des spécialistes, soucieux de préserver leur pré carré. Et pourtant une instruction segmentée limite en cohérence et en pertinence un enseignement qui peine à connaitre ses élèves. Elle interdit le tissage de relations entre des domaines qui se croisent et que l'on exclut, elle entrave la pensée qui s'affranchit des bornes et la création qui se nourrit des rapprochements inattendus. Seule la polyvalence contribue à la constitution d'un véritable humanisme et d'une culture authentique.

De la polyvalence disciplinaire à la philosophie

La meilleure manière d'exceller dans toutes les disciplines c'est d'y introduire la pensée critique comme fil conducteur. C'est « en pensant contre » que Bachelard pense le mieux. Sa sagacité s'exercera ainsi dans tous les domaines.

S'il analyse les manuels de physique et de chimie, il interroge également la pertinence des manuels de géographie. En cause, l'usage intempestif des données numériques qui conduit à une démesure de la mesure.

Bachelard est particulièrement attentif et précis dans ses recherches. Il remarque, dans *La Formation de l'esprit scientifique*, que le livre de géographie qu'il étudie « contient 3.480 nombres ». Les auteurs concernés multiplient les chiffres, créant une véritable « surcharge numérique », obligeant les élèves de première à « retenir plus de 100 nombres par leçon d'une heure ». Ce « qui défie le bon sens, mais qui se développe sans rencontrer la moindre critique dans des disciplines qui ne sont scientifiques que par métaphore[278] ». La géographie n'a pas la rigueur de la physique mathématique, elle ne coordonne pas un ensemble de fonctions dont l'expression algébrique coïnciderait avec son objet. Loin de traduire les possibles sous le réel, l'abondance numérique a quelque chose de superflu et d'anecdotique. Elle vise, dans les sciences humaines, à compenser en apparence leur manque de scientificité plutôt qu'à la légitimer.

Plus on est précis, moins on est juste et pertinent, car la précision porte sur des objets qui ne se mesurent pas ou dont les mesures trop fines n'ont guère de signification.

Ainsi en quatrième, un manuel « inflige » à « des élèves de treize ans des précisions comme celle-ci : la température moyenne annuelle à Menton est de 1603. On arrive à ce paradoxe que la moyenne est appréciée au dixième de degré tandis que la seule utilisation pratique des données climatériques se contente de l'appréciation du degré. » En terminale, les mêmes auteurs soulignent que « le département de la Seine a une densité de 9.192 habitants au kilomètre carré. » Cette précision n'a guère de sens puisque la croissance démographique la rend très vite obsolète. La densité est une notion évolutive, « un concept

---

278 Bachelard (Gaston), *La Formation de l'esprit scientifique*, Vrin, 1938.

flottant, dont la validité, sous la forme exacte n'est même pas d'une heure » alors qu'elle instruira durant une bonne décennie des centaines de milliers d'élèves. Avant même de se soucier de données formelles, il n'est pas superflu de s'interroger sur leur champ d'application.

Cela est également vrai pour les mathématiques qui n'échappent pas à cette inflation. « La précision numérique est souvent une émeute de chiffres. » Même au baccalauréat, le goût de l'exactitude apparente l'emporte sur le bon sens. On va très loin après la virgule indépendamment de l'objet mesuré. « J'ai souvent donné, en vue de l'éducation des saines approximations, le simple problème suivant : calculer à un centimètre près le rayon moyen d'un chêne de 150 centimètres de circonférence. La grande majorité de la classe utilisait pour le calcul la valeur stéréotypée du nombre $\pi = 3{,}1416$, ce qui s'éloigne manifestement de la précision possible[279]. » L'éducation à l'usage réfléchie de la précision est manifestement transdisciplinaire. Elle garde bien entendu toute son actualité dans les temps actuels où le politique se fait comptable et grand amateur de chiffres plus que de lettres.

Bachelard ne se contente pas de maîtriser de multiples champs disciplinaires, il en interroge la méthodologie et l'intérêt. La vision des savoirs est large, ouverte, critique et humaniste. Elle crée plus aisément des ponts entre chaque domaine qu'elle examine scrupuleusement. Rien ne semble étranger à l'insatiable curiosité bachelardienne. Qu'il s'agisse des sciences, des mathématiques, de la technique, des lettres, de l'histoire-géographie ou même des arts, rien n'échappe à sa puissance d'apprendre.

Ainsi il ne partage pas la conception musicologique des professeurs de solfège qui considèrent la durée d'une note comme pure et homogène. « La durée d'une note n'est pas, en musique, un de ces éléments purs, nettement primitif, comme le donneraient à croire les professeurs de solfège [280] . » Faisant référence à sa conception discontinuiste du temps, héritée de la physique moderne, il n'entend dans le son que l'expression d'une intensité. Ce qui dure traduit un élan et une force, une dialectique de silences et de rythmes. Le temps musical que tissent un Debussy ou un Ravel a quelque chose à voir avec la métaphysique du temps.

---

[279] Bachelard (Gaston), *La Formation de l'esprit scientifique*, Vrin, 1938.
[280] Bachelard (Gaston), *La Dialectique de la durée*, PUF, 1936.

De là l'intérêt de lever les frontières entre les domaines, de ne pas prendre pour un refuge le territoire supposé d'une discipline. La recherche d'un sens commun à chacune est salutaire. La philosophie incarne aisément cette fonction. Bachelard passe donc avec succès la licence de philosophie en 1920, complétant ainsi sa formation mathématique et scientifique. Il ne deviendra pas agrégé de mathématiques ou de physique-chimie, mais agrégé de philosophie.

L'épreuve du malheur et du deuil

Mais le sort s'acharne sur la vie de Bachelard qui, après avoir subi ses années de guerre, doit faire face à la perte cruelle de sa jeune épouse, âgée d'à peine vingt-cinq ans, le 2 juin 1920. Sa douleur est immense. « Le deuil le plus cruel, c'est la conscience de l'avenir trahi et quand survient l'instant déchirant où un être cher ferme les yeux, immédiatement on sent avec quelle nouveauté hostile l'instant suivant "assaille" notre cœur[281]. » *L'Intuition de l'instant* fut le premier ouvrage à opérer un mouvement de pensée du champ épistémologique au champ poétique. Il était l'occasion de dire la douleur de la perte, tout en édifiant l'œuvre. Ce mouvement annonçait l'élaboration de la pensée comme travail du deuil et de la peine et l'élaboration de l'œuvre comme reprise de la vie.

Les plaies sont restées longtemps ouvertes et vingt-sept ans plus tard, Bachelard évoquera encore « l'amour » qui « s'alourdit en chagrin[282] ». Le deuil sera donc particulièrement douloureux. Sera-t-il surmonté par l'œuvre ?

---

[281] Bachelard (Gaston), *L'Intuition de l'instant*, Stock, 1932.

[282] Bachelard (Gaston), *La Terre et les rêveries de la volonté*, Corti, 1948.

L'école de Voigny.
La dernière école de Jeanne Rossi. Bachelard s'y prépara au métier de professeur.

Toute son œuvre témoigne de cette volonté de rompre avec le passé des images et des idées. Il a fait de la rupture épistémologique un concept privilégié pour comprendre l'histoire des sciences. Sa vision du temps disqualifie le passé au profit du présent. « Il faudra [...], du point de vue de la vie elle-même, essayer de comprendre le passé par le présent, loin de s'efforcer sans cesse d'expliquer le présent par le passé[283]. » Sa vie philosophique a consisté à penser les obstacles à surmonter, sa vie pédagogique, à penser les difficultés à dépasser. Sa réflexion s'est vouée à la création de l'inédit, à l'invention du nouveau. Sa pensée n'a eu de cesse de se réorganiser et de s'orienter vers le progrès et l'avenir. Il sera toujours l'homme de l'instant, le professeur qui oublie ses notes pour se livrer à la construction spontanée de son cours, le scientifique fasciné par les découvertes inattendues, l'esthète explorant le présent de l'image.

L'expérience du deuil contribuera fortement à l'élaboration de sa conception discontinuiste du temps. Elle met en effet en question la tranquille continuité de la durée. Le temps n'est plus linéaire, il a désormais ses hauts et ses bas. Le psychisme cesse d'être constant. Il est tantôt ascendant, tantôt descendant et ne demeure jamais d'une joie

[283] Bachelard (Gaston), *L'Intuition de l'instant*, Stock, 1932.

égale. L'épreuve fragmente la durée. « En nous enseignant tout ce que le temps peut rompre, de telles méditations nous conduisent à définir le temps comme une série de ruptures. Nous ne pouvons plus vraiment attribuer au temps une continuité uniforme quand nous avons pressenti aussi vivement les défaillances de l'être[284]. »

La réalité est précaire, la vérité est momentanée. L'éphémère est la règle. Rien n'est durable, rien n'est pérenne. Tout fuit et disparaît. Toute possession est dépossession. « On sait alors que c'est le temps qui prend et qui donne. On prend subitement conscience que le temps va prendre encore. » Chaque être est revêtu d'une valeur nouvelle en raison de la disparition qui le menace. Rien n'est plus précieux que la vie et rien n'est plus délicat qu'une vie constituée d'instants. Vivre l'instant, c'est vivre sans projet ni regret, en approfondissant chaque moment, en lui donnant de l'épaisseur, en en saisissant toutes les nuances. Vivre l'instant, c'est faire de chaque regard, de chaque lecture un moment singulier et unique de découverte, sans reprendre les mêmes sources, sans répéter les mêmes chemins. Vivre l'instant, c'est vivre d'élans, loin du convenu, du connu et du tout prévu. Et il n'est alors d'autre vie que celle qui change, d'autre intérêt que celui du devenir, d'autre préoccupation que celle qui éduque et transforme tout au long de la vie.

Ce sont là sans doute autant d'efforts pour surmonter l'indicible en ouvrant l'horizon et en construisant l'espérance. Et pourtant au détour d'une phrase, ressurgit parfois les images cruelles jusque dans les derniers jours : « La lumière d'un regard, où va-t-elle quand la mort met son doigt froid sur les yeux d'un mourant[285] ? » Le deuil fut d'autant plus intense que Bachelard était l'homme d'une passion durable, attaché à « la fidélité d'un amour profond », d'un amour pour la vie. Pour lui, « dans la passion plus qu'ailleurs encore, le besoin de constance doit dominer le besoin d'aventure » si bien que « la passion rencontrée devient la passion voulue. L'amour devient famille. Le feu devient foyer[286] ». La perte ressentie, même au crépuscule de la vie quarante et un ans plus tard, ne sera jamais effacée.

Le foyer ne sera donc que monoparental. Le deuil brutal plongera à jamais Bachelard dans la nécessité d'assumer seul les fonctions dévolues au père et à la mère. Suzanne n'a que sept mois. Privée très

---

[284] Bachelard (Gaston), *La Dialectique de la durée*, PUF, 1936.
[285] Bachelard (Gaston), *La Flamme d'une chandelle*, PUF, 1961.
[286] Bachelard (Gaston), *L'Intuition de l'instant*, Stock, 1932.

tôt d'amour maternel, elle trouvera en son père un protecteur capable d'assumer la polyvalence parentale.

« Ainsi la mère, en berçant son enfant l'accable de mille noms [...] Il faut du temps et il faut de la tendresse pour couvrir un seul être d'une adoration si éloquente [287] . » Le Docteur Giroux témoignera de l'attention particulière et constante que le père exercera sur sa fille. « Cet enfant sera le souci constant de ce père totalement dévoué. À la moindre alerte, un simple accès de grippe, il dira : "je n'ai pas dormi ; je me mets à trembler comme une feuille"[288]. »

La vocation à enseigner de Bachelard naît ainsi d'une double tragédie, celle de l'histoire qui a fait de cet employé ordinaire devenu mathématicien - il admira plus tard le mathématicien Jean Cavaillès pour son courage et sa résistance héroïque [289] - un être hors du commun et celle plus personnelle de la perte de l'être chère dont l'heureuse rencontre, délibérément choisie, l'avait déjà rapproché de l'école. Elle naît également d'un événement heureux, celui d'une naissance qui est une renaissance, celui d'une rupture vers d'autres possibles. Le bonheur retrouvé qu'il devra assumer seul n'eut de cesse que d'égayer une vie teintée souvent de mélancolie.

Une famille monoparentale exemplaire

Bachelard quitte Voigny, s'installe à Bar-sur-Aube, peu après la mort de Jeanne, et se fait aider de ses propres parents. Malheureusement le sort s'acharne encore et ceux-ci décèdent l'un après l'autre à deux ans d'intervalle en 1923 et 1925. Bachelard élèvera seul sa fille alors âgée de cinq ans.

Commence une relation père-fille d'une rare intensité. La famille monoparentale deviendra un doux ilot. « L'amour filial est le premier principe actif de la projection des images, c'est la force projetante de l'imagination [...] D'autres amours viendront [...] Mais toutes ces amours ne viendront jamais détruire la priorité historique de notre premier sentiment [290] . » Dès la plus tendre enfance, Suzanne sera

[287] Bachelard (Gaston), *La Formation de l'esprit scientifique*, Vrin, 1938.
[288] Giroux (Daniel), *Gaston Bachelard, travailleur solitaire*, Bar-sur-Aube, 1985.
[289] « Jean Cavaillès avait une volonté de héros. » Il « fut un noble cœur, une grande âme française [...] un grand esprit. » Bachelard (Gaston), *L'œuvre de Jean Cavaillès* , in *L'Engagement rationaliste*, PUF, 1972.
[290] Bachelard (Gaston), *La Psychanalyse du feu*, Gallimard, 1938.

toujours présente auprès de ce père isolé. Elle sera la compagne des promenades, le témoin de sa vie, la gardienne de son œuvre.

C'est Suzanne également qui travaillera à la publication posthume des *Fragments d'une poétique du feu* en révélant une connaissance particulièrement fine de la genèse de l'œuvre. « Il travaillait par reprise et rectification. Il ne raturait pas. Il annotait le déjà écrit et récrivait. Nombreuses sont les pages où n'étaient marquées que les premières phrases auxquelles il attachait une valeur dynamique [...] Écrire les premières pages, c'était prendre son élan, se donner confiance[291]. » L'écriture, semblable à une symphonie, tirait sa force de ses commencements. L'attaque du texte s'effectuait comme « un grand coup d'archet » accordant sa structure avec celle du temps.

La relation de Suzanne avec ce père attentif et protecteur, avec « ce père-mère » sera forte comme en témoigne sa correspondance : « Vous savez que ma fille est au centre de toute ma vie. Je suis heureux pour elle. Elle et moi, nous n'attachons pas trop d'importance aux valeurs extérieures[292]. » La famille monoparentale est un doux refuge. La maison n'a pas besoin d'être grande, il suffit qu'elle soit protectrice dans le respect mutuel. C'est cette relation qui donne à Bachelard cette énergie au travail et qui permettra aussi à Suzanne de s'accomplir en mathématicienne et philosophe. Le lien pédagogique et philosophique est constitutif des liens de filiation. La séparation génère de la mélancolie. « Ma fille est depuis la rentrée à la faculté des Lettres. J'en suis heureux puisqu'il lui fallait entrer dans l'enseignement supérieur et la faculté de Lille est vivante, accueillante [...] Ma fille part le mercredi à 3 heures et rentre le jeudi à 20 heures. C'est 32 heures de grande solitude pour moi. Ma fille et moi nous ne nous étions jamais tant quittés. Dans cette solitude, je ne travaille pas, je ne cesse de penser au passé[293]. »

---

[291] Bachelard (Suzanne), *Un Livre vécu*, avant-propos aux *Fragments d'une poétique du feu*, PUF, 1988.

[292] Bachelard (Gaston*), Lettre du 04/03/1959*, in *Correspondance Gaston Bachelard-Henri Bosco*, in Cahiers Henri Bosco, n°47-48, Artois Presses Université, 2013.

[293] Bachelard (Gaston), *Lettre du 24/12/1957*, in *Correspondance Gaston Bachelard-Henri Bosco*, in Cahiers Henri Bosco, n°47-48, Artois Presses Université, 2013.

Gaston Bachelard et sa fille Suzanne
Fonds Georges Canguilhem, ENS, Centre documentaire du CAPHÉS (Paris).

Quelques mois avant la mort de son père, Suzanne, philosophe reconnue, sera nommée à la Sorbonne sur la chaire qu'occupait quelques années auparavant Bachelard, celle d'histoire et de philosophie des sciences. Il est rare qu'un père et sa fille puissent ainsi s'épanouir comme deux êtres complémentaires s'enrichissant l'un, l'autre. Il est rare que des liens filiaux soient protecteurs sans être étouffants, stimulants sans être écrasants. La finesse du regard et l'attention délicate de Bachelard y sont assurément pour quelque chose dans cette heureuse transmission.

Un pédagogue attentif à chacun

Bachelard est un grand observateur des enfants et de leurs besoins. Il est même le premier philosophe à donner la parole aux enfants en relatant une rédaction d'un élève parisien de douze ans s'imaginant un avenir d'égoutier[294]. Comme Jean Piaget, son cadet de douze ans et Françoise Dolto, née vingt-quatre ans après lui, qu'il a d'ailleurs lue et citée à plusieurs reprises, il s'attache aux enfants et à leur développement, sans chercher à modéliser leur manière d'être et de faire. Pour enrichir ses analyses, il se référera souvent à Pierre Janet, de vingt-cinq ans son aîné, et à la psychanalyste Marie Bonaparte, de la même génération que lui.

Les premières observations des enfants qui apparaissent dans son œuvre sont précoces et datent de 1933. Elles sont bien antérieures à *La Formation de l'esprit scientifique* dont elles ont préparé la genèse. On les trouve dans *Les Intuitions atomistiques* à propos du fonctionnement du sablier : « Nous devons d'abord noter l'attention amusée de l'enfant devant un sablier. Contemplons avec lui ce complexe d'exceptions ! La poudre est solide, mais elle coule ; elle tombe sans bruit. Les surfaces générales sont à la fois mobiles et stables. Des collines s'amassent ; des cratères se creusent au centre desquels on voit le mouvement naître sans cause », ou du comptage digital : « Ne paraît primitivement rationnel et clair que ce qui se compte sur les doigts. »

Un an plus tard, Bachelard cite Janet dans *Le Nouvel esprit scientifique* relativement à « la conduite du panier » et à l'appui des opérations concrètes. Il montre « la grande supériorité de l'enfant qui comprend l'action totalisante du panier alors que le chien ne se sert jamais du panier comme collecteur d'objet. »

Il persiste en 1936, dans *La Dialectique de la durée*, avec cette fois-ci l'énoncé d'une méthode d'approche éducative. Il conseille ainsi les parents et les éducateurs en soulignant le rôle positif du non dans

---

[294] Bachelard (Gaston), *La Terre et les rêveries du repos*, Corti, 1948.

l'éducation. Son propos est moins méthodologique que psychologique. Ce n'est pas le non structurant et limitant les velléités enfantines et le sentiment de toute puissance que l'on retrouvera dans les interdits liés au feu, c'est le non qui contrarie et exacerbe le désir. « Entrez aussi dans le cœur d'un enfant entêté ; faites-le taire ; faites-lui aussi abjurer son désir, et ce désir reviendra, renforcé par la résistance, nourri par la négation en un doux et tenace jugement affirmatif. »

Il y abordera également la question musicale à laquelle le violoniste de l'harmonie municipale et l'auditeur des rêveries radiophoniques musicales qu'il était ne pouvait qu'être sensible. « La voix de l'enfant qui monte et descend en jouant le long de ce plan incliné le transforme en échelle[295]. »

Mais c'est dans *La Formation de l'esprit scientifique* et dans les études sur les rêveries que les analyses psychologiques et éducatives prennent toute leur place. Il y rattache curieusement la psychologie des enfants à l'amour alors que l'attitude scientifique nécessiterait au contraire un regard plus froid, plus éloigné et plus distancié. Au lieu du regard qui rompt avec les séductions de l'immédiateté et ne s'embarrasse pas des charmes du pittoresque et de l'anecdotique, il propose une approche sensible. « On ne peut, sans douceur et sans amour, étudier la psychologie des enfants. »

Il est vrai que Piaget lui-même s'inspirait des observations de ses enfants et petits-enfants. Celles de Bachelard s'appuient le plus souvent sur son métier d'enseignant ou sur son rôle de père. Bachelard tire ses observations, il est vrai guidées par des connaissances théoriques, du comportement de Suzanne lorsqu'il remarque « l'enfant qui joue avec la petite maison de carton verni » en l'habitant « avec les joies solides du propriétaire [296] » ; l'enfant « matérialiste né » qui « rêve des substances organiques[297] » ; l'enfant penseur animiste qui « commande au phénomène changeant en lui donnant un ordre exécuté [298] » ; l'enfant qui « porte à la bouche les objets avant de les connaître, pour les connaître » ; l'enfant qui démonte un objet pour en appréhender l'intérieur et « la désillusion de l'enfant toujours déçu par l'intérieur du

---

[295] Bachelard (Gaston), *La Dialectique de la durée*, PUF, 1936.
[296] Bachelard (Gaston), *La Formation de l'esprit scientifique*, Vrin, 1938.
[297] Bachelard (Gaston), *L'Eau et les rêves*, Corti 1942.
[298] Bachelard (Gaston), *L'Air et les songes*, Corti, 1943.

polichinelle[299] » alors que « la curiosité pousse à détruire ses jouets, à briser un couvercle[300] ».

Mais c'est l'attention portée aux élèves « au cours d'un enseignement déjà long et divers » qui le conduit à observer « des enfants très intéressés par un buvard qui « boit » une tache » ; des élèves qui « attribuaient le rôle actif à l'acide et le rôle passif à la base » ; des enfants visiblement inquiets « quand les temps scolaires revenaient de dissoudre la feuille d'or dans l'eau de chlore » et se demandant si la feuille d'or serait perdue, ce qui « donnait à la classe un instant dramatique[301] ».

Les rêveries mêleront plus volontiers encore les observations aux souvenirs d'enfance. Le petit Bachelard a très vite goûté à la liberté de lire au grenier ou, comme Julien Sorel, au creux des arbres. « Je me revois enfant, accoté aux racines de mon noyer pour lire, monté dans un noyer pour lire[302]. » Cette liberté est toujours durement conquise contre les parents qui veulent en limiter l'usage au nom de prescriptions hygiénistes. « Au grenier aussi les interminables lectures, loin de ceux qui prennent les livres parce qu'on a déjà trop lu. »

Cependant pour cet intellectuel accompli qu'est Gaston Bachelard, ce sera, de loin, le feu qui cristallisera les remarques les plus nombreuses, de nature à éclairer la psychologie enfantine.

Le feu est en effet source d'agrément, « plaisir à l'enfant assis sagement près du foyer » et source d'émerveillement et de puissance : « Que de fois j'ai vu mes élèves étonnés devant la calcination d'un bouchon par l'acide sulfurique. Malgré les recommandations, ou psychanalytiquement parlant à cause des recommandations, les blouses des jeunes manipulant souffrent particulièrement des acides. » Il est également source de réconfort « grâce au bon et solennel médecin à la montre d'or, qui venait à mon chevet d'enfant et tranquillisait d'un mot savant ma mère inquiète. C'était un matin d'hiver, dans notre pauvre maison. Le feu brillait dans l'âtre. On me donnait du sirop de tolu. Je léchais la cuiller. Où sont-ils ces temps de la chaleur balsamique et des remèdes aux chauds arômes[303] ! »

Mais il est aussi source d'apprentissage des interdits lorsqu'il « punit [...] de toute désobéissance quand on veut jouer de trop près avec ses

---

[299] Bachelard (Gaston), *La Formation de l'esprit scientifique*, Vrin, 1938.
[300] Bachelard (Gaston), *La Terre et les rêveries de la volonté*, Corti, 1948.
[301] Bachelard (Gaston), *La Formation de l'esprit scientifique*, Vrin, 1938.
[302] Bachelard (Gaston), *La Terre et les rêveries du repos*, Corti, 1948.
[303] Bachelard (Gaston), *La Psychanalyse du feu*, Gallimard, 1938.

flammes. », car « qui joue avec le feu se brûle, veut se brûler, veut brûler les autres » ; et source d'appropriation d'un savoir-faire si prisé : « Quand j'étais malade, mon père faisait du feu dans ma chambre. Il apportait un très grand soin à dresser les bûches sur le petit bois, à glisser entre les chenets la poignée de copeaux[304]. » Objet de plaisir, objet esthétique, scientifique et thérapeutique, le feu n'en finit pas de peupler les rêveries bachelardiennes et d'être au cœur des apprentissages.

Regard sur les premiers apprentissages

Faisant preuve d'une attention forte à l'égard de l'enfance vécue, d'un sens aigu de l'observation et d'une réelle sympathie et empathie à l'égard des enfants, Bachelard se révèle être un fin pédagogue et un père attentionné. C'est cette heureuse alliance qui le conduit à s'intéresser à tous les apprentissages. Il ne se cantonne pas au développement de l'intellect, comme aurait pu le faire un penseur de cette dimension à une époque où la place des enfants n'était pas primordiale, il accorde également toute son importance aux capacités motrices.

La marche est naturelle, elle se développe sans aucune crainte ni pression. Le pouvoir nager est plus délicat, dans la mesure où il s'exerce dans un milieu non plus terrestre et aérien, mais aquatique. Le nouveau milieu qui suppose la construction d'autres repères et d'autres équilibres est d'emblée redouté. De même que la création dénoue une angoisse, « les premiers exercices de la nage sont l'occasion d'une peur surmontée[305] » et de la naissance d'une certaine forme « d'héroïsme ». La méthode, alors en usage dans l'apprentissage de la natation, était fondée sur l'immersion souvent brutale. « À cette peur de l'élément nouveau s'associe d'ailleurs une certaine crainte à l'égard du maître-nageur qui souvent, précipite son élève dans une eau profonde. »

Bachelard l'a-t-il vécu lui-même en tant qu'apprenti-nageur ou en tant que père ? La seconde hypothèse semble plus plausible. Si l'allusion est brève et peu explicite, du moins, le vécu est authentique. Si l'on rapproche cette méthode « expéditive » avec d'autres formes d'autoritarisme éducatif qu'il dénonce dans la lignée du rousseauisme, on peut supposer qu'il n'apprécie guère, au nom de la rationalité, l'éducation par la crainte et l'humiliation. S'il reconnaît qu'un psychisme doit être éduqué pour ne pas laisser libre cours à ses

---

[304] Bachelard (Gaston), *La Psychanalyse du feu*, Gallimard, 1938.

[305] Bachelard (Gaston), *L'Eau et les rêves*, Corti, 1942.

impulsions, en les laissant se manifester ou exploser, ce n'est pas la brutalité qu'il faut rechercher, mais la capacité à se construire, « la maîtrise de l'action intelligente » qui s'obtient par l'administration « des énergies » en procédant « par petits gestes bien séparés[306] » et par une segmentation des actes.

La même démarche vaut pour la propreté qui doit s'appuyer sur les besoins des enfants. Elle s'acquiert aisément en dehors de toute pression susceptible d'inhiber le pouvoir du sujet sur lui-même. Le psychisme y a toute sa part en tant qu'il opère en régulateur. Bachelard souligne à la suite de Marie Bonaparte, « l'intérêt du jeune enfant et de certains névrosés pour leurs excréments[307] ». Il estime, avec de nombreux psychanalystes de premier plan, que le passage par le stade anal, loin d'être à proscrire au nom de la morale, s'inscrit dans un processus normal de conquête de la propreté, de même que l'erreur prépare la connaissance. « On verra, en partant de l'intérêt indéniable du jeune enfant pour ses fèces, se constituer avec une sûreté et une régularité étonnantes un intérêt pour les pâtés de sable. L'enfant normal suit un devenir de propreté[308]. »

L'éducation repose sur la confiance et la liberté. Elle n'est pas d'emblée aboutie. La démarche respectueuse du sujet et de son développement importe davantage que les résultats qui ne valent que par elle. Elle procède par étapes rendant nécessaires aussi bien le positif que le négatif grâce auxquels le sujet peut se construire.

Il en est également ainsi de la parole qui a besoin du cri dissonant, comme du son harmonieux. Elle ne naît pas de la contrainte. L'enfant ne parle pas pour répondre à une commande et à l'attente angoissée de son entourage. Il émet des sons pour libérer de l'énergie, pour dire qu'il est, pour s'exprimer, pour jouer, pour provoquer son entourage. Le bruit linguistique est d'abord un jeu : « L'enfant joue aux murmures, aux gazouillis, à la voix mouillée, aux timbres des fines clochettes qui sonnent sans résonner – légers cristaux qu'un souffle brise[309] ! » L'enfant s'exerce sur la matière sonore en criant, puis en modulant, transformant et vibrant. « Le premier verbe est une provocation[310]. » La variation s'opère délicatement jusqu'à la production des premiers sons signifiants, des premiers mots-phrases.

---

306 Bachelard (Gaston), *La Dialectique de la durée*, PUF, 1936.
307 Bachelard (Gaston), *L'Eau et les rêves*, Corti, 1942.
308 Bachelard (Gaston), *La Terre et les rêveries de la volonté*, Corti, 1948.
309 Bachelard (Gaston), *Lautréamont*, Corti, 1940.
310 Bachelard (Gaston), *Lautréamont*, Corti, 1940.

Le sensible prend sens. Le cri devient énergie physique et poétique. Celui d'Antonin Artaud, contemporain de Bachelard, participe de cette volonté d'accéder aux sources authentiques du langage en brisant la syntaxe. L'irruption du langage coïncide avec l'avènement du sujet criant et parlant. Ce n'est pas pour s'exprimer que l'enfant parle, c'est parce qu'il découvre son pouvoir de crier et de parler qu'il s'exprime. La naissance du langage a quelque chose de poétique.

Si l'éducation linguistique ne saurait donc être prescriptive ou injonctive, l'éducation cognitive l'est encore moins. Bachelard dénonce volontiers les pratiques éducatives visant à réprimer la curiosité spontanée des enfants qui est pourtant l'une des sources de l'esprit scientifique. Ou bien l'on restreint leur champ perceptif en leur offrant des matériaux pauvres et uniformes, ou bien l'on bride délibérément leurs tendances spontanées dévolues à la découverte.

Dès le plus jeune âge, l'éducation manuelle se révèle restrictive. « Malheureusement, notre enseignement, même le plus novateur, se fixe sur des concepts : nos écoles élémentaires n'offrent qu'un type de terre à modeler[311]. » On invite les élèves à malaxer la terre sans varier les matériaux, limitant ainsi leurs connaissances sensori-motrices. N'éprouvant pas les diverses variables de la matière, ils en conçoivent une représentation limitée, amputée de toute sa richesse. L'imagination est elle-même bridée par la pauvreté des supports qui s'offre à elle.

Et lorsqu'elle parvient avec ses moyens propres et rudimentaires à se frayer un chemin vers la créativité, on la freine et en inhibe le développement. Ainsi en est-il de la propension des enfants à dessiner. Cette activité spontanée et jaillissante est rapidement moquée. La « liberté de dessiner inscrite dans la nature même de la main humaine » se heurte à l'attitude hostile des adultes qui ont « renoncé à une gloire de la main » et qui « empêchent que nous revenions à *notre boîte de couleurs*[312] ». L'arrêt d'une pratique aussi féconde que celle des dessins d'enfants est un appauvrissement de l'âme.

Bachelard regrettera également l'exclusion de la mythologie qui nourrit pourtant l'imaginaire et la créativité. Il s'étonnera légitimement « de l'absence de toute étude sérieuse de la mythologie dans l'éducation de notre temps[313] » et déplorera que « les mythologies racontées aux

---

[311] Bachelard (Gaston), *La Terre et les rêveries de la volonté*, Corti, 1948.

[312] Bachelard (Gaston), *Préface* à l'ouvrage de Boutonier (Juliette) *Les dessins des enfants*, éditions du Scarabée, 1953.

[313] Bachelard (Gaston), *L'Air et les songes*, Corti, 1943.

enfants[314] » soient aussi insipides et ternes. Il considérera même que l'école fait obstacle à la créativité poétique en livrant des interprétations exclusives, en réduisant la part d'imaginaire au profit d'une érudition inhibitrice. « La poésie primitive qui doit créer son langage, qui doit toujours être contemporaine de la création d'un langage, peut être gênée par le langage déjà appris. La rêverie poétique elle-même est rapidement une rêverie savante, voire une rêverie scolaire[315]. » Des poètes s'y sont égarés et ont « perdu le chemin des rêves » en projetant sur les étoiles « une carte scolaire du ciel[316] ». Sa conclusion est sans appel : « On doit se débarrasser des livres et des maîtres pour retrouver la primitivité poétique[317]. » L'oubli est essentiel à la créativité, surtout lorsque la mémoire est normative et restrictive.

L'argumentaire justifiant la modération de l'énergie cognitive est quant à lui à la fois hygiéniste et sécuritaire. C'est au nom de la propreté que l'on interdit aux enfants de creuser en profondeur. « Mais quelle étrange éducation que celle d'un enfant qu'on empêche, quand déjà il en a la force, quand ses forces réclament cet exploit, de faire des trous dans la terre, sous prétexte que la terre est sale[318] ! » C'est au nom de la préservation de l'ordre des objets que l'on interdit le démontage, le dépiéçage ou la destruction. Or la curiosité « agressive, étymologiquement inspectrice[319] » est celle de l'enfant avide de connaître qui veut en savoir plus, qui manipule l'objet pour en apprécier les propriétés et « qui détruit son jouet pour aller voir ce qu'il y a dedans. » Il ne brise pas pour détruire, il démonte pour étudier et comprendre. C'est pourquoi le philosophe champenois s'insurge contre les entraves à « la volonté de regarder à l'intérieur des choses » et constate qu'on ne peut rien interdire en la matière puisque « ce que l'éducation ne sait pas faire, l'imagination l'accomplit vaille que vaille ».

Bachelard devient alors expert en jouet. Il confirme les analyses de Françoise Dolto pour qui « le jouet en celluloïd, jouet superficiel, jouet du faux poids, prive sans doute l'enfant de beaucoup de rêves psychiquement utiles » et recommande avec elle « pour certains enfants avides d'intérêt, avides de réalité », « des jouets solides et lourds »

---

[314] Bachelard (Gaston), *La Terre et les rêveries du repos*, Corti, 1948.
[315] Bachelard (Gaston), *Lautréamont*, Corti, 1940.
[316] Bachelard (Gaston), *L'Air et les songes*, Corti, 1943.
[317] Bachelard (Gaston), *Lautréamont*, Corti, 1940.
[318] Bachelard (Gaston), *La Terre et les rêveries de la volonté,* Corti, 1948.
[319] Bachelard (Gaston), *La Terre et les rêveries du repos*, Corti, 1948.

favorables à l'expérimentation. Car, « le jouet pourvu de structure interne donne [...] une issue normale à l'œil inquisiteur, à cette volonté du regard qui a besoin des profondeurs de l'objet[320] ». Il n'est pas sûr que la prolifération des jeux électroniques qui transforme parfois les enfants curieux en presse-boutons furieux puisse satisfaire l'exigence éducative bachelardienne.

Rythmes et climat scolaires

S'intéressant à l'éducation enfantine, Bachelard ne pouvait que se préoccuper de la vie de l'élève dans sa globalité. Précédant les velléités de réforme qui animent notre système éducatif depuis une quarantaine d'années, il se soucie de rythme scolaire et de temporalité d'apprentissage. « Le rythme scolaire est » « tout déséquilibré[321] », face à la surcharge des programmes et des connaissances peu mobilisables.

Observant bien avant les neurosciences que l'on « ne sait bien que ce qu'on a oublié et réappris sept fois », il suggère la recherche de « méthodes d'oubli » et de « dépigmentation » plus efficaces que de longues vacances. Plutôt que de longues ruptures non « incorporées dans la culture » et « dans le tissu temporel scolaire », il imagine une alternance de travail et de repos, d'intensité et de relâchement, de pleins et de vides et de réminiscences et d'oublis intégrée à l'activité elle-même. « C'est dans l'heure même du travail qu'il faut mettre l'oscillation. On peut faire des mathématiques au métronome. C'est là une manière de profiter des oscillations de l'émergence spirituelle. » Ainsi profiterons-nous davantage des élans de l'esprit, des phases de forte mobilisation de l'attention et de la mémoire.

Les apprentissages n'ont d'efficacité qu'à condition d'être discontinus. L'attention n'est pas faite pour des durées longues. Et pourtant c'est le flux magistral continu qui domine encore les pratiques. L'élève réduit à l'inaction, privé d'allant et d'élan se rétracte ou se décontracte au risque de rompre le bel ordre scolaire. L'irrespect des rythmes scolaires n'est pas sans altérer gravement le climat scolaire. Il favorise même les violences et les transgressions.

Bachelard s'insurge ainsi contre le traitement punitif d'un problème qui relève en réalité d'une réorganisation de la vie scolaire. Rien ne justifie en effet la pratique de la violence institutionnelle telle qu'elle était développée dans la première moitié du XXème siècle. Brimer c'est

---

[320] Bachelard (Gaston), *La Terre et les rêveries du repos,* Corti, 1948.
[321] Bachelard (Gaston), *La Dialectique de la durée*, PUF, 1936.

prendre le risque de stopper tout développement culturel, c'est empêcher l'édification de la personne. Les humiliations et les soumissions entravent l'usage de la raison qui est toujours libre. « Les brimades sont plus graves qu'ailleurs dans le milieu scolaire parce qu'elles sont contemporaines d'une culture[322]. » Elles affaiblissent la raison et déplacent les intérêts vers l'affectivité en souffrance. La classe de rhétorique est encore plus marquée par ces désagréments car « le langage doit se réformer, se redresser, se corriger sous la moquerie olympienne du maître. » La souffrance y cible la personne. C'est au cœur que l'élève est touché puisque le professeur ironise sur son identité, sa langue maternelle[323].

Il y a une certaine lâcheté à jouir d'une relation aussi inégale. Les professeurs n'ont guère de peine à asseoir leur autorité auprès d'un public aussi vulnérable et impressionnable. « L'éducation a établi des réflexes conditionnels d'une exquise sensibilité : l'enfant, le bon enfant pleure quand on lui fait "les gros yeux". L'apprenti en violence le plus expert, le professeur le plus dépourvu d'énergie vitale peuvent suivre facilement leur progrès dans l'art de menacer en lisant sur le visage d'un enfant ou d'un élève timide le reflet de l'angoisse. »

Cette pratique qui interdit le dialogue et restreint l'usage de la raison est souvent peu efficace, en raison de l'habileté stratégique des élèves pour la détourner. Elle menace le professeur de partialité et le ferme à toute évolution psychique. Elle donne lieu à d'autres dérives toutes aussi condamnables. On s'en prend ainsi au physique et au psychisme des élèves, quand on ne touche pas aux cheveux des élèves. « Quelle devait être la sévérité d'un censeur de lycée imposant aux élèves la bienséance officielle de la coiffure[324] ! » Au-delà des disciplines, la question s'élargit à l'ensemble de la vie scolaire et des questions éducatives.

Bachelard ne peut donc admettre les brimades et les punitions auxquelles il n'a jamais recours. Il souligne, à regret, « l'indifférence ou l'incapacité des éducateurs devant cette monstruosité qui marque de deux signes néfastes les brimés et les brimeurs. » Certes les adolescents qui forment son public d'élèves sont loin d'être des anges. Ils sont lâches, rusés et violents. Coupables de violences invisibles en tordant

---

[322] Bachelard (Gaston), *La Philosophie du non*, PUF, 1940.

[323] Bachelard n'hésitera pas à employer le patois champenois en Sorbonne ! Cet usage occasionnel n'excluait pas la haute tenue de ses cours. Il savait que la langue nous rattachait autant à un pays qu'elle participait de l'exigence de la pensée.

[324] Bachelard (Gaston), *Lautréamont*, Corti, 1940.

les bras de leur adversaire car « cette brimade [...] ne laisse pas de trace », ils ont l'esprit de vengeance sélectif : « On ne se venge pas de la même façon contre le faible et le fort : on brutalise un camarade ; on se moque d'un maître. » Les meilleurs d'entre eux pouvaient s'adonner à « des jouissances nombreuses dont la grossièreté et l'exhibitionnisme sont à peine voilées. Être le premier, quel privilège ducassien : on montre son derrière aux autres[325] » puisque la disposition des classes suit l'ordre de classement.

Les élèves n'étaient donc pas meilleurs avant et pouvaient être aussi indociles et sournois que chahuteurs. Les maîtres, véritables hussards noirs de la République, disposaient d'une autorité faiblement sacralisée, à tel point que beaucoup d'entre eux pensaient devoir user de la violence pour l'asseoir. Somme toute, la pratique de l'humiliation, non seulement ne légitimait guère la posture magistrale, mais elle la fragilisait.

Il y avait pourtant une alternative plus fine à cet engrenage de la violence. Elle consistait à canaliser l'énergie transgressive des adolescents pour s'emparer des savoirs jalousement conservés par les maîtres. De même que l'erreur est partie prenante des apprentissages cognitifs, la transgression est partie prenante des apprentissages éducatifs. Il existe une véritable dynamique de la désobéissance sur laquelle tout bon éducateur doit pouvoir s'appuyer. « Désobéir pour agir est la devise du créateur. » Elle conditionne même la construction de soi. « L'autonomie conquise est faite d'une série de menues désobéissances prométhéennes, de désobéissances adroites, bien associées, patiemment poursuivies[326]. »

Bachelard, animé par cette dynamique prométhéenne, a eu très tôt ce désir de faire mieux que son père. Ses derniers mots écrits seront pour associer l'émancipation à la transgression sur fond de feu dont il s'est emparé. Éducateur bienveillant et exigeant, respectueux et rigoureux, il n'a pas eu de peine à faire autorité parce qu'il a compris la force de la désobéissance et a su la transformer en vertu.

Construire une pédagogie du non

Soucieux de fonder son enseignement sur la démarche d'apprentissage des élèves, Bachelard opère une critique radicale de l'éducation qui débouche sur des préconisations plutôt libérales. Il ne

---

325 Bachelard (Gaston), *Lautréamont*, Corti, 1940.

326 Bachelard (Gaston), *Fragments d'une poétique du feu*, PUF, 1988.

se contente pas d'aborder le terrain éducatif, il s'attaque aux pratiques pédagogiques qu'il a tant subies pour ne pas vouloir les transformer. Il y a là sans doute la raison d'être de son parcours : revenir à l'école pour construire une pédagogie du non.

La critique pédagogique s'appuie sur une observation fine des besoins des enfants, elle-même guidée par la formation scientifique et technique de Bachelard. Or la démarche scientifique accorde le primat à la réflexion sur l'accumulation de connaissances prescrites. La pédagogie du non met en question les pratiques qui prêchent un savoir qu'elles ne construisent pas. Elle se fonde sur la science dont les énoncés ne sauraient être tautologiques.

La démarche scientifique n'énonce pas ce qu'elle sait déjà, elle étend son pouvoir de connaître à ce qu'elle ne connaît pas. C'est l'induction et non la déduction qui guide le progrès de la connaissance. « C'est la pensée inductive qui découvre[327]. » Et comment le fait-elle ? Sinon en interrogeant l'inconnu, en le problématisant, en le questionnant, au lieu de s'en tenir à projeter en lui le déjà connu. La connaissance répond au problème posé. Elle est construction, appropriation, élaboration. Le savoir ne nous est pas donné, il faut aller le chercher à la faveur d'une démarche d'investigation exigeante et stimulante.

Le problème c'est que les changements successifs de programme ont précisément réduit la part de questionnement. En bon enseignant critique, Bachelard voit d'un mauvais œil les réformes en cours. « Les réformes de l'enseignement secondaire en France, dans ces dix dernières années, en diminuant la difficulté des problèmes de physique, en instaurant même, dans certains cas, un enseignement de la physique sans problèmes, tout en questions orales, méconnaissent le sens réel de l'esprit scientifique. » Et il ajoute, en enseignant authentiquement laïque, préférer « une ignorance complète » à une connaissance trop évidente qui relève davantage du croire que du savoir.

Malheureusement, les manuels sont conçus sur le même modèle. Au service d'un savoir figé et fermé, ils présentent les notions comme des évidences, évacuent le questionnement du lecteur, offrent un parcours d'apprentissage linéaire et uniforme et opèrent par simple déduction à partir d'un corps de concepts bien arrêtés. « Le livre pose ses propres questions », apporte ses indiscutables réponses et se montre injonctif.

---

[327] Bachelard (Gaston), *La Valeur inductive de la relativité*, Vrin, 1929.

« Ami lecteur y serait assez volontiers remplacé par un avertissement sévère : fais attention, élève ! Le livre commande[328]. »

Plus grave encore, les programmes ne sont scientifiques que de nom. Prétendant simplifier les tâches au « pesez, mesurez, comptez », « la science expérimentale des instructions ministérielles » enferme les élèves dans un concret censé être compris par la simple exploration toujours trompeuse du regard. On simplifie pour faire comprendre sans voir que « plus une œuvre est difficile, plus elle est éducatrice ». Le regard naïf par lequel se construit la première représentation qui nous désigne plus qu'elle désigne son objet est pris pour celui de l'esprit. «Tant pis si la liaison épistémologique ainsi établie va du prélogique de l'observation immédiate à sa vérification toujours infaillible par l'expérience commune, au lieu d'aller du programme rationnel de recherches à l'isolement et à la définition expérimentale du fait scientifique toujours factice, délicat et caché[329]. »

Autant dire que le pittoresque et le contingent vont détourner les élèves du chemin de la connaissance. Bachelard est catégorique : « L'enseignement des sciences est entièrement à réformer[330]. » La science doit être pleinement reconnue comme culture.

Il est tout aussi critique à l'égard des manuels qui minimisent les évolutions scientifiques. Ainsi dans les manuels de chimie, l'atome est marginalisé alors qu'il est au centre des découvertes du XXème siècle. Soucieux des constats factuels et du positivisme scientifique, on minimise les apports d'une science des invisibles que l'on ne peut pas désigner et de la réalité des noumènes que l'on ne perçoit pas, mais que l'on infère et conçoit. La microphysique et ses découvertes dérangent. Et pourtant l'époque est atomique. Les travaux de Thomson ont conduit à la découverte de l'électron en 1897, l'expérience de Rutherford, à la structure atomique en 1911, complétée par celle de Bohr en 1914 qui met en évidence le mouvement des électrons de charge négative autour du noyau contenant des protons de charge positive.

La science va de découverte en découverte tandis que l'enseignement scientifique, par l'intermédiaire de ses manuels, en freine la portée. « La plupart des livres scolaires, suivant en cela d'étranges instructions ministérielles, reportaient l'hypothèse atomique à la fin du chapitre consacré aux lois de la chimie. Souvent même,

---

[328] Bachelard (Gaston), *La Formation de l'esprit scientifique*, Vrin, 1938.
[329] Bachelard (Gaston), *Noumène et microphysique* in *Études*, Vrin, 1970.
[330] Bachelard (Gaston), *La Formation de l'esprit scientifique*, Vrin, 1938.

l'hypothèse atomique figurait en appendice pour bien marquer qu'on devait enseigner toute la chimie dans la bonne forme positiviste, par les faits et seulement par les faits[331]. » Le sujet atomique est donc tabou.

Il s'agit en réalité de préserver les conceptions en vigueur cinquante ans auparavant. Le positivisme tient la place de la religion contre laquelle la science a dû combattre pour progresser. La science se heurte au déni des positivistes plus soucieux de croire que de savoir. « On ne croit pas parce que c'est simple, c'est simple parce que l'on croit. La croyance est un arrêt de la dialectique naturelle de l'esprit, un évincement en bloc de l'erreur possible et même de l'erreur réelle. » L'atome n'entre pas dans leur système de pensée.

Le professeur de physique-chimie de Bar-sur-Aube se sent en situation de défiance, eu égard aux commandes institutionnelles. Les atomes relèvent pourtant d'intuitions communes, issues d'expériences partagées par tous les élèves telles que la vue d'un simple nuage de poussière. Bachelard ne peut renoncer ni désobéir ostensiblement. Il doit alors ruser pour ne pas trahir la science. Qu'à cela ne tienne, il suffit de se garder du mot en étudiant la chose ! « L'adresse consistait à ne pas prononcer le mot d'atome. On y pensait toujours, on n'en parlait jamais. » Le professeur habile et réaliste est ainsi à l'abri des représailles.

Le modèle pédagogique des nouvelles sciences

Bachelard savant va délibérément innover pédagogiquement en incorporant la démarche scientifique des nouvelles sciences. Il pense la pédagogie et la réorganise en appréciant la portée de la révolution scientifique et industrielle et son impact sur les apprentissages.

Si Célestin Freinet, son contemporain, également rescapé de la première guerre mondiale, s'est inscrit dans la lignée du rousseauisme et a construit une pédagogie fondée sur l'usage des techniques modernes et en particulier de l'imprimerie, Bachelard s'est inspiré de la relativité, de la théorie des quanta, de la mécanique ondulatoire et des relations d'incertitudes, c'est-à-dire de sciences qui réalisent ce qu'elles conçoivent et s'instruisent de ce qu'elles construisent. Si, pour Freinet, le projet structure les apprentissages, pour Bachelard, c'est le questionnement initial qui est essentiel à la formation et permet la

---

[331] Bachelard (Gaston), *Les Intuitions atomistiques*, Boivin, 1933.

cohérence des apprentissages. « La science se fonde sur le projet[332] » tandis que la pédagogie interroge les premières représentations.

La pédagogie autoritaire n'est pas non plus contestée au nom de la démocratie chez Bachelard, mais elle est mise en question au nom de la raison. Certes, Bachelard déplore l'absence d'interaction entre le maître et l'élève. « C'est une grande méprise de l'instruction commune que d'instaurer, sans réciproque, la relation inflexible de maître à élève[333]. » Il n'aimera guère, comme Freinet, « l'homme corrigeant [...], exhaussé par les deux marches d'une chaire [334] ». Mais l'argumentaire bachelardien est plus cognitif et épistémologique que citoyen. Pour Freinet, l'enjeu est la formation à l'autonomie du citoyen. Pour Bachelard, c'est celle de l'humaniste dont on ne doit pas réduire l'esprit au moyen d'un ordre simplificateur. « Des vues aussi simples écarteraient plutôt tout recours aux paradoxes si utiles à susciter[335]. » L'ordre donné, à la différence de l'ordre reconstruit, exclut l'étonnement et la réflexion.

Ce qui fait également problème, c'est que les savoirs martelés et légitimés par la seule autorité du maître sont plus contingents et désordonnés que logiques et cohérents. Un argument d'autorité ne saurait être rationnellement recevable. « Les maîtres, surtout dans la multiplicité incohérente de l'enseignement secondaire, donnent des connaissances éphémères et désordonnées, marquées du signe néfaste de l'autorité [336]. » En outre, l'autoritarisme professoral entrave le développement des connaissances. Cela conduit à la passivité, à la soumission aveugle et inhibe les facultés. « Une instruction qu'on reçoit sans la transmettre forme des esprits sans dynamisme, sans autocritique. » Bachelard privilégie le scientifique entreprenant et critique, Freinet le citoyen dynamique et éclairé. Tous deux savent qu'il n'y a pas d'apprentissage sans émancipation.

La pédagogie entre laïcité et rites religieux

Outre l'incohérence et l'indolence, la pédagogie qui se contente de transmettre dans une démarche paresseuse est menacée d'inefficacité et d'inertie. « Balzac disait que les célibataires remplacent les sentiments par les habitudes. De même, les professeurs remplacent les découvertes

---

[332] Bachelard (Gaston), *Le Nouvel esprit scientifique*, Vrin, 1934.
[333] Bachelard (Gaston), *La Formation de l'esprit scientifique*, Vrin, 1938.
[334] Bachelard (Gaston), *Lautréamont*, Corti, 1940.
[335] Bachelard (Gaston), *Le Nouvel esprit scientifique*, PUF, 1934.
[336] Bachelard (Gaston), *La Formation de l'esprit scientifique*, Vrin, 1938.

par des leçons[337]. » La pensée déductive qui préside aux leçons routinières annihile les forces vives et anesthésie l'esprit. Elle entrave le développement de l'esprit critique et assimile le savoir à une simple croyance.

En dépit des lois Ferry prescrivant un enseignement laïc et républicain et de la loi de séparation des Eglises et de l'État dont la promulgation en 1905 coïncide avec la découverte de la relativité restreinte, les rituels pédagogiques sont encore imprégnés de religiosité et on aime à répéter dans le cadre de rituels figés, plutôt qu'à s'ouvrir aux interpellations des nouvelles connaissances. Les professeurs montent en chaire, tels des prêtres plus soucieux de convertir que d'édifier, et n'en finissent pas de prêcher à propos de savoirs figés qui n'ont plus nécessairement cours.

Le prêcheur, tout à son culte de lui-même, perd très vite les élèves de vue. Son propos interminable est insupportable à écouter. Soucieux d'abreuver jusqu'à plus soif des élèves qui perdent progressivement dynamisme et curiosité en subissant le flux verbal ininterrompu, il fonde sa démarche sur une approche cumulative des apprentissages. Il nourrit l'illusion que l'acquisition des savoirs suppose une simple écoute, une présence silencieuse. Les élèves qui s'égarent dans cette vision passive ne mobilisent guère les compétences nécessaires, répugnent à s'investir dans la seule démarche qui leur serait pourtant utile, celle d'une activité d'appropriation des savoirs par la confrontation, l'interaction, la résolution de problème et l'entraînement mnémonique.

La classe n'est qu'une glace qui reflète l'érudition du maître. L'enseignant transmetteur se regarde dans le miroir du savoir. Il contemple, à travers ses disciples, les bienfaits de son éloquence. Il jouit de son narcissisme intellectuel. Centre de toutes les attentions, carrefour de toutes les préoccupations, il a pour principe d'étendre sa maîtrise à l'ensemble des individus qui composent la classe et d'exclure toute coopération entre les élèves. Il n'est ni accueillant ni souriant et se montre volontiers désagréable. Il se réfère aux programmes auxquels il est littéralement attaché, au point de s'insurger contre la moindre volonté d'en réduire le volume, et les poursuit jusqu'à son terme sans se soucier de leur réelle appropriation par les élèves.

Les manuels ont également quelque chose de biblique. « Les livres de physique » sont « patiemment recopiés les uns sur les autres depuis

[337] Bachelard (Gaston), *La Formation de l'esprit scientifique*, Vrin, 1938.

un demi-siècle », la science est « immobilisée » depuis longtemps comme une œuvre sacrée et les professeurs sont recrutés sur la base de connaissances immuables à jamais sanctifiées, « grâce à la permanence très curieuse du programme des concours universitaires ».

Toutefois, la fermeture aux nouvelles découvertes qui affecte l'école et les maîtres et qui fait subrepticement glisser du savoir au croire ne saurait s'expliquer uniquement par la prégnance des pensées religieuses. Il existe des causes psychologiques et même économiques. Le professeur de physique auxiliaire - contractuel dirait-on aujourd'hui dans le langage de l'école - qui fut recruté à l'âge de trente-cinq ans a pu observer autour de lui ces jeunes professeurs agrégés et empreints de certitudes et ses collègues plus âgés et expérimentés, préservant jalousement leur savoir et installés dans de petites routines. Ce terrain de prédilection pour une étude prospective et comparative lui permit de cerner les limites de l'enseignement actuel trop figé et trop routinier.

Le capital pédagogique

Bachelard qui échoua de peu à vingt-huit ans au concours d'ingénieurs des Télégraphes et qui ne réussit l'agrégation qu'à trente-huit ans après un parcours d'ouverture à la culture et à la connaissance qui ne cessa jamais, ne pouvait qu'entrevoir les limites de ces réussites faciles et bien françaises à de prestigieux concours obtenus au sortir de l'adolescence. Le concours, brillamment réussi à vingt ans, transforme son lauréat, « appuyé pour la vie sur les succès scolaires de sa jeunesse[338] », en inlassable ruminant. Le capital initial est rentabilisé au fil du temps sans le moindre investissement. « Avoir su est souvent une excuse pour se désintéresser d'apprendre[339]. » La solide confiance en ses premières acquisitions est une forme d'imprudence. On croit naïvement que « l'intelligence [...] se capitalise comme une richesse matérielle[340] » alors qu'elle se rétracte ou se dilate.

On suit les programmes en soumettant les élèves contre vents et marées à leur nécessaire achèvement, pensant que l'érudition suffit à l'esprit scientifique, que le cumul des connaissances tient lieu de culture et que la conformité aux vérités scolaires satisfait aux exigences de probité intellectuelle. La mémoire se substitue progressivement à la raison, le savoir somnole à l'ombre d'une science désuète. « On en

---

338 Bachelard (Gaston), *La Formation de l'esprit scientifique*, Vrin, 1938.
339 Bachelard (Gaston), *Le problème philosophique des méthodes scientifiques,* in *L'Engagement rationaliste*, PUF, 1972.
340 Bachelard (Gaston), *La Formation de l'esprit scientifique*, Vrin, 1938.

rencontre qui, doucement, dans le ronronnement des leçons, se contentent d'une clarté ancienne et qui reculent d'une génération[341]. » Les professeurs sont victimes de leurs certitudes passées. « La tête bien faite » devient « une tête fermée », imaginant les objections comme des incivilités et les interrogations comme des atteintes à son autorité.

Le conservatisme est un refuge confortable. « Il vient un temps où l'esprit aime mieux ce qui confirme son savoir que ce qui le contredit, où il aime mieux les réponses que les questions[342]. » Le pouvoir pédagogique déforme celui qui en use et en abuse. Il altère le caractère de celui qui fuit de plus en plus toute discussion parce qu'il croit avoir toujours raison au lieu de croire en la raison. « Quelle n'est pas notre mauvaise humeur quand on vient contredire nos connaissances élémentaires, quand on vient toucher ce trésor puéril gagné par nos efforts scolaires ! »

À force de répéter les mêmes démonstrations, d'expliquer les mêmes textes, de raconter les mêmes histoires, les professeurs ont la sensation croissante de l'évidence de leurs savoirs et décroissante de l'excellence de leurs élèves. Ils adhèrent alors aisément à la thèse, si courue à l'école, du niveau qui baisse et aux propos nostalgiques qui encensent le passé. Au demeurant, les savants ne sont pas meilleurs que les enseignants. « Les grands hommes sont utiles à la science dans la première moitié de leur vie, nuisibles dans la seconde moitié. » De plus en plus éloignés des démarches expérimentales, des procédures d'investigation et d'une raison rectifiante, ils se ferment au changement. Chez eux, « l'instinct formatif finit par céder devant l'instinct conservatif ».

La démarche transmissive plus instinctive que réflexive se révèle infructueuse et réduite à la reproduction de l'identique, à la répétition du même. Enseigner c'est aller à contresens de ces tendances spontanées, c'est quitter la monomanie de l'instinct conservatif, c'est inhiber le besoin de répéter les mêmes choses durant trente ou quarante ans, c'est favoriser l'appropriation des savoirs et intégrer les innovations. Pour redynamiser un psychisme enseignant affaibli, rien de tel qu'un retour à l'esprit critique dans la confrontation aux processus de découverte. L'histoire des sciences est un remède à l'ankylose et à l'ennui. « Il faut alors réanimer la critique et ramener la connaissance au contact des conditions qui lui ont donné naissance, revenir sans cesse

---

341 Bachelard (Gaston), *Le problème philosophique des méthodes scientifiques*, in *L'Engagement rationaliste*, PUF, 1972.

342 Bachelard (Gaston), *La Formation de l'esprit scientifique*, Vrin, 1938.

à cet « état naissant » qui est l'état de vigueur psychique, au moment même où la réponse est sortie du problème. »

C'est la même confrontation aux problèmes et aux questions contemporaines des progrès scientifiques qui formera les élèves à l'esprit scientifique. La formule « qui enseigne est enseigné » est au principe de la formation des enseignants comme des élèves puisque l'école dure toute la vie. « Contre cette indolence intellectuelle qui nous prive peu à peu de notre sens des nouveautés spirituelles, l'enseignement des découvertes le long de l'histoire scientifique est d'un grand secours. Pour apprendre aux élèves à inventer, il est bon de leur donner le sentiment qu'ils auraient pu découvrir[343]. » On ne s'instruit qu'en construisant et non « dans ces molles affirmations de l'habitude associées à des souvenirs paresseux[344] ». La démarche pédagogique est active et expérimentale. Elle ne simplifie pas la science en n'enseignant que ses résultats, elle fait vivre les processus de découverte et leurs conséquences.

Bachelard a pu observer qu'un enseignement purement factuel ou mécanique qui évacue le sens est sans effet mnémonique. Il n'aurait jamais pu concevoir, comme certaines lectures des neurosciences le suggèrent parfois aujourd'hui, une méthode d'apprentissage dépourvue de sens et de conscience.

Ainsi « un enseignement scientifique des mouvements planétaires ne doit pas se contenter de répéter que les planètes décrivent des ellipses autour du soleil placé à l'un des foyers ; cet enseignement doit relier, par un calcul discursif, la réalité algébrique de l'attraction avec le phénomène du mouvement képlérien[345] ». Sans ce travail de mise en relation, de construction, l'élève ne peut rien comprendre. Et s'il ne comprend pas, il ne mémorisera pas la loi car « on ne peut retenir qu'en comprenant ». Faute d'une expérimentation aboutie, « l'élève combinera le résultat avec ses images les plus familières. Il faut bien qu'il « comprenne » [...], quand le souvenir verbal de la leçon a fait place, comme le dit si bien Pierre Janet, au souvenir travaillé, le soleil s'est déplacé : il n'est plus au foyer de l'ellipse, il est au centre. » Un enseignement dogmatique qui ne délivre que des lois et des règles sans leur mode de fabrication est un enseignement trompeur.

---

343 Bachelard (Gaston), *La Formation de l'esprit scientifique*, Vrin, 1938.
344 Bachelard (Gaston), *La Dialectique de la durée*, PUF, 1936.
345 Bachelard (Gaston), *La Formation de l'esprit scientifique*, Vrin, 1938.

On ne s'instruit qu'en reconstruisant. Le savant refait plusieurs fois sa vie en pensée et ne saurait s'attacher aux habitudes familières. La science est rupture, refonte et réorganisation. Son enseignement se dynamise en saisissant les instants décisifs de découverte et d'invention. Son modèle est celui des bouleversements scientifiques du premier quart du XXème siècle. « On ne peut se prévaloir d'un esprit scientifique tant qu'on n'est pas assuré, à tous les moments de la vie pensive, de reconstruire tout son savoir[346]. » Les exigences de rigueur et de probité scientifiques n'admettent aucune lâcheté.

Il existe alors une répétition heureuse. Elle n'est plus celle des savoirs figés, mais elle est une véritable récurrence rationnelle, une révision qui revisite, un retour qui est reprise, reconsidération, remise en question et réflexion. « Il y a là tout un enseignement récurrent, particulièrement négligé dans nos cours secondaires et qui nous semble pourtant indispensable pour affermir une culture objective. » Trop souvent, on oublie à l'école de refaire les chemins qui conduisent aux savoirs déjà sus, on oublie la formule de l'artisan exprimée par Nicolas Boileau dans *L'Art poétique* : « Hâtez-vous lentement, et, sans perdre courage, Vingt fois sur le métier remettez votre ouvrage ! »

Mais pour qu'il y ait construction et reconstruction, il faudra écarter les images commodes et les raccourcis simplificateurs qui abaissent le niveau et dénaturent la science. La vulgarisation peut conduire à l'altération de son objet. Bachelard dénonce « l'infantilisme de la pseudo-culture scientifique qu'on dispense dans nos écoles[347] ». Il réprouve ces expériences qui ne sont que de plaisantes illustrations de nature à distraire la pensée plutôt qu'à la conduire à l'abstraction. La science est salutaire pour qui en assume les exigences. Elle développe la pensée lorsque l'on s'appuie sur l'usage de la raison. C'est l'activité rationnelle qui détermine nos facultés et non l'inverse. C'est l'activité scientifique qui est éminemment pédagogique tandis qu'il est toujours possible de réduire l'irrationnel en fabriquant, construisant, élaborant des objets intelligibles.

L'activité logique réduit les troubles de la raison

Bachelard est le premier penseur à avoir éclairé l'irrationnel et à avoir entrepris de comprendre l'ignorance, l'erreur et l'irréflexion. Il y consacre un ouvrage entier publié en 1938 et intitulé *La Formation de*

---

346 Bachelard (Gaston), *La Formation de l'esprit scientifique*, Vrin, 1938.
347 Bachelard (Gaston), *L'Eau et les rêves*, Corti, 1942.

l'esprit scientifique. Pour explorer ce vaste domaine, il lit tout ce qu'il trouve sur son passage, aussi bien des livres d'alchimistes du XVIIIème siècle que des livres de météorologie, des almanachs et des poètes. Il procède à une vaste enquête scientifique en cherchant, dans l'expression de l'irrationnel, des connections inaperçues, des chemins imprévisibles, des modes de pensée incertains.

Au cours de la même période, il s'intéresse à de nombreux travaux psychiatriques qui, en rupture avec les années antérieures, visent à comprendre le « domaine des aberrations, des vésanies, des accidents passagers qui mettent une pénombre autour des âmes les plus claires[348] ». Et en bon dialecticien, il pense qu'il y a du positif dans le négatif et que le négatif est même porteur de plus grandes transformations que le positif, trop exposé à la satisfaction immédiate. C'est pourquoi il peut souligner que « dans les esprits les plus troublés » figurent « des synthèses qui sont encore des pensées suffisamment cohérentes pour diriger une vie et créer une œuvre ».

Ces réflexions novatrices ne seront pas sans effets sur de nombreux travaux ultérieurs, tels que ceux de Michel Foucault qui donneront du sens à la folie et aux conduites apparemment dépourvues de sens et ceux du disciple, Georges Canguilhem, qui éclaireront les rapports dialectiques entre le normal et le pathologique.

Bachelard pense le négatif en matière de développement de la personnalité et de démarche pédagogique. Il s'intéresse à la schizophrénie et aux travaux du philosophe ingénieur Alfred Korzybski (1879-1950) dont Michel Houellebecq s'est inspiré pour *La Carte et le territoire*.

Le développement de la schizophrénie est en effet une source d'inquiétude. Un langage trop figé et des concepts enkystés dans des contenus qui leur interdisent toute variation en sont la cause majeure. Entre le réel évolutif et le langage inflexible, la rupture est consommée. L'individu s'enferme dans un monolinguisme qui le coupe du réel et du social. Un enseignant, installé dans une routine et la nostalgie d'un passé encombrant, n'en est pas à l'abri, à moins de procéder à une psychanalyse qui vise à redynamiser le psychisme. La bonne nouvelle, c'est que l'on peut en sortir. Pour Bachelard, un cerveau figé a toujours la possibilité de se remettre à découvrir et à inventer. Il y a une réelle confiance dans les possibilités psychiques, à condition de se garder

---

348 Bachelard (Gaston), *Lautréamont*, Corti, 1940.

précisément de ces jugements définitifs qui menacent la santé mentale autant de ceux qui les formulent que de ceux à qui ils s'adressent.

Bachelard souligne l'intérêt de « la méthode korzybskienne » qui a des résultats probants auprès de ceux qu'on appelait alors « les adolescents arriérés », « les débiles » « les idiots » et « les imbéciles » comme auprès des schizophrènes[349]. Il la rapproche de ses thèses sur la vertu de l'induction et des révolutions scientifiques qui ont marqué la physique, la géométrie et la chimie. C'est le non-euclidisme et le non-aristotélisme qui en sont la clé, en ce qu'ils cessent de penser un espace et un temps absolu et de construire un seul type de parallèle perçu comme unique et inconditionnel. Il faut apprendre la variabilité des notions, éduquer à la segmentation des totalisations hâtives et à la déformation des concepts.

On propose alors « la méthode du labyrinthe » en vue « de constituer des conduites nouvelles dans des psychismes très rudimentaires ». Confrontés à des choix multiples d'ordre conceptuel, le sujet ne peut se contenter d'une perspective bloquante et univoque, il doit faire face à « une pluralité d'interprétations », à des concepts carrefours, le sommant de s'ouvrir à l'invention et à la réflexion. Insensiblement, il adopte un langage plus fonctionnel qu'ontologique. « Il faudrait substituer au mot conçu comme un être, le mot conçu comme une fonction [...] toujours susceptible de variations [...] Le précepte éducatif essentiel est de prendre conscience des structures variables. »

Autrement dit, le sens est évolutif et flexible relativement au système de pensée auquel il appartient. Il ne se définit pas a priori, n'est ni fixe ni réel, résulte de l'ensemble de relations dont il dépend et « il est l'instant d'un système sémantique particulier [350] ». Ainsi dans la géométrie non-euclidienne, les parallèles sont plurielles et relatives aux modèles de géométrie.

« En réalité, la méthode de Korzybski est une mise en marche des fonctions spirituelles, elle dynamise vraiment le psychisme. Cette dynamisation réagit sur toutes les fonctions biologiques. » Bachelard est persuadé que ce n'est pas la structure qui fonctionne ou le substrat qui rayonne, c'est la fonction qui, en s'exerçant, développe la structure dont elle est l'expression. Si la fonction est faible, les troubles naissent. Si la fonction est forte, la structure est particulièrement bien équipée. En déployant une intense activité rationnelle, la raison ne pourra que se

[349] Bachelard (Gaston), *La Philosophie du non*, PUF, 1940.
[350] Bachelard (Gaston), *La Philosophie du non*, PUF, 1940.

complexifier. « L'arithmétique n'est pas fondée sur la raison. C'est la doctrine de la raison qui est fondée sur l'arithmétique élémentaire. Avant de savoir compter, je ne savais guère ce qu'était la raison. »

La raison et ses algorithmes sont nés du comptage. « La pédagogie de la raison doit donc profiter de toutes les occasions de raisonner. Elle doit chercher la variété des raisonnements ou mieux les variations du raisonnement. » Le salut est pédagogique et il ne peut s'atteindre que dans le cadre d'une pédagogie active. La meilleure réponse éducative face aux troubles des apprentissages, c'est la mise en activité intellectuelle.

Parmi les domaines qui ont les plus grandes vertus thérapeutiques, il y a bien sûr les mathématiques. « Pour Korzybski, la grande éducatrice c'est la mathématique consciente de sa liberté de construction, consciente d'une dialectique initiale. » Inventive et source d'objectivité, elle est à « la base de la santé intellectuelle et corrélativement de la pensée générale ». Les concepts ne sont plus lourds de sens, mais légers et flexibles. On peut désormais mieux se comprendre grâce à la constitution d'une sémantique générale. Les débats, les discussions se révèlent constructifs et la vérité, au lieu d'être absolue par choix et totalisante par affinité, « est fille de la discussion » et fruit d'une raison ouverte et évolutive.

Cette intuition d'une pratique scientifique aux effets thérapeutiques n'est pas sans écho, de nos jours, avec de multiples travaux sur l'autisme qui montrent l'importance de la cohérence et de la rigueur sur les progrès accomplis en matière d'apprentissage. Un langage logiquement contraint, dans un système ouvert et en correspondance avec le monde, s'avère fécond.

Bachelard s'est également beaucoup intéressé aux enfants difficiles sur le plan comportemental. Il a lu la thèse de médecine d'Henri Wallon - son contemporain professeur de philosophie en 1903 à Bar-le-Duc - soutenue en 1925 et portant sur l'enfant turbulent. Il a sans doute eu connaissance de l'évolution entre les deux versions de celle-ci. La première qui date de 1914 relie la turbulence à un substrat organique tandis que la seconde, réécrite après la guerre sous l'influence du conflit qui a exacerbé les troubles psychiques, n'inscrit plus la turbulence dans les gènes, mais dans le résultat d'interactions négatives entre l'environnement et l'individu. La guerre a eu pour effet de redonner toute sa place au facteur social dans les analyses, de même qu'elle a développé l'intelligence collective. L'enfant difficile n'est plus le produit d'un psychisme défaillant, il est le produit d'une situation d'activité qui le fragilise.

À la différence de la schizophrénie, s'il y a aussi divorce entre l'individu, ses modes d'expression et son environnement, c'est parce le milieu est statique et l'individu dynamique. Isidore Ducasse qui « dessine des actes » et « qui sait administrer son agression » sera jugé, « poète turbulent » alors qu'il n'était que la victime « des immobilités scolaires[351] ».

Bachelard reprendra à son compte ces explications « matérialistes » et s'inspirera d'ailleurs, pour l'évolution des sciences, des stades de développement qui s'entrecroisent et se réorganisent. Passionné par les travaux de Paul Langevin sur l'électromagnétisme et la relativité et lecteur d'Henri Wallon, il ne pouvait qu'envisager avec enthousiasme le plan Langevin-Wallon *pour une école de justice et d'émancipation* publié en 1947. Il y est d'ailleurs question des élèves aux comportements ou aux aptitudes sensorielles, motrices ou intellectuelles différents.

L'époque moderne est à l'éducabilité sous l'influence notable de Rousseau et de son concept de perfectibilité humaine. On est loin de la mise à l'écart pratiquée au Moyen Âge comme le soulignera l'un des célèbres lecteurs de Bachelard, Michel Foucault, qui trouvera, sans doute dans *L'Eau et les rêves*, une source d'inspiration lorsque seront évoqués « les enfants maléfiques » qui ne doivent pas toucher « terre » au risque de « la souiller ».

Bachelard se préoccupe non seulement des schizophrènes, des turbulents ou des élèves en retard de développement, mais aussi des aveugles. La perspective éducative vise à offrir un cadre de redynamisation de leurs activités intellectuelles qui contourne les obstacles. Il observe que les aveugles ne s'en tiennent pas à leurs difficultés, mais construisent des modes de fonctionnement intellectuel compensatoires. Ainsi, on peut modeler sans voir, grâce à l'affinement du sens tactile, ou reconnaître sans regarder, grâce à l'enrichissement de la mémoire. « Les sujets simplement déficients sur le plan visuel – que cette déficience soit organique ou psychique – procèdent d'ailleurs comme des aveugle-né : les uns et les autres modèlent en quelque manière de l'intérieur[352]. » L'aveugle s'apparente au rêveur éveillé et

[351] Bachelard (Gaston), *Lautréamont*, Corti, 1940.
[352] Bachelard (Gaston), *La Terre et les rêveries de la volonté*, Corti, 1948.

au mathématicien qui élaborent à partir de ce qu'ils conçoivent. Il fait de sa faiblesse une force en appréhendant le réel de l'intérieur.

Dans tous les cas, loin de figer les réponses éducatives, Bachelard s'inscrit dans leur diversification parce qu'il choisit de comprendre ce qui jusqu'alors était jugé impensable. Il souligne l'importance d'une socialisation des apprentissages et du rôle des autres dans la régulation des savoirs et des savoir-être.

Vers une pédagogie scientifique et coopérative

C'est dans la confrontation aux autres que Bachelard imagine un chemin vers l'abstraction. Devant quitter les séductions subjectives en sortant de lui-même, l'individu renonce à sa singularité pour entrer dans un dialogue intersubjectif. Bachelard ne conçoit d'apprentissage qu'à l'école et que pour une école continuée. Comme d'autres psychologues tels que René et Bianka Zazzo dans la droite ligne de Wallon, il souligne la dimension sociale des apprentissages. « À l'école, le jeune milieu est plus formateur que le vieux, les camarades plus importants que les maîtres[353]. » Il ne vise pas pour autant la formation du citoyen, mais celle du scientifique.

Dans ce cadre, il accorde alors, au même titre que Freinet, une importance aux travaux de groupe. « Il faudrait donc pousser les élèves, pris en groupe, à la conscience d'une raison de groupe, autrement dit à l'instinct d'objectivité sociale. » C'est moins l'esprit coopératif qui l'intéresse que l'objectivité qui en découle. Il se méfie des certitudes individuelles teintées de subjectivité et de la prétendue « originalité apprise dans les disciplines littéraires [...] Pour que la science objective soit pleinement éducatrice, il faudrait que son enseignement fût socialement actif ».

Loin d'un esprit de compétition privilégiant l'habileté sur l'objectivité, il peut concevoir, au titre de l'utopie scolaire, une classe coopérative reposant sur la mutualisation des connaissances afin de mettre en question les premières représentations. « J'imagine la désignation de moniteurs qui transmettraient toute une échelle de leçons de rigueur décroissante. Le premier de la classe reçoit, comme récompense, la joie de donner des répétitions au second, le second au troisième et ainsi de suite[354]. » La clarté d'un savoir dépend de son degré de partage avec autrui et non de la performance de chacun.

---

[353] Bachelard (Gaston), *La Formation de l'esprit scientifique*, Vrin, 1938.
[354] Bachelard (Gaston), *La Formation de l'esprit scientifique*, Vrin, 1938.

Et si la démarche aboutit à un changement de posture de l'enseignant qui devient plus accompagnateur que dispensateur de savoirs trop usagés, c'est pour les besoins de la formation scientifique. « Voici, d'après nous, le principe fondamental de la pédagogie de l'attitude objective : Qui est enseigné doit enseigner. » L'enseignant doit sans cesse se confronter aux objections de ses élèves qui eux-mêmes doivent trouver auprès du professeur un être rompu au dialogue plutôt qu'au monologue. On libère, dans le même mouvement, la science et la pédagogie de leur tentation dogmatique grâce au partage des regards et des controverses.

C'est l'intersubjectivité, que l'on distinguera de la communion privée de toute activité dialogique, qui est le véritable moteur de la science. On est loin du mode de gestion actuelle de la communication politique qui n'en est pas une puisque l'on y cultive l'identique et la réduction du langage à des éléments redondants, pour mieux asseoir le pouvoir d'un seul. C'est, au contraire, à travers le regard de l'autre que s'éprouve la solidité des convictions et c'est l'aisance à expliquer en s'exposant à la mise en question qui est le critère de l'objectivité. Si l'éducateur reste figé dans ses certitudes, la solution est radicale, il « doit être mis à la retraite[355] ». L'enfer, ce ne sont pas les autres comme le suggérait Sartre, mais soi-même enfermé dans sa prison subjective.

Le pédagogue cesse de commander, de comparer et de classer. De même que Freinet préconisait d'enlever l'estrade devenue inutile pour en faire une bibliothèque, Bachelard considère que le maître n'a pas besoin d'être un chef et encore moins un juge « exhaussé par les deux marches d'une chaire[356] ». Il n'a pas, comme il le dira plus tard en 1961, « la mystique de la hiérarchie[357] ». Un pédagogue est humain, profondément humain, pétri de valeurs républicaines, humble et modeste, vif et cultivé, charismatique et lucide, confiant en l'Homme et en sa perfectibilité, démocrate et doté d'un sens du dialogue, attentif à chacun et équitable pour tous. Il est curieux des élèves, de leurs difficultés et de leurs progrès et ne comprend pas l'intérêt de les comparer entre eux. Il est curieux de ce qu'il ne sait pas. Épris de culture, il ne cherche pas à capitaliser son savoir ou à prétendre savoir lorsqu'il est dans l'ignorance. C'est un être discret, attentif, fin et toujours disponible.

---

[355] Bachelard (Gaston), *La Philosophie du non*, PUF, 1940.

[356] Bachelard (Gaston), *Lautréamont*, Corti, 1940.

[357] Knapp (Hubert) et Bringuier (Jean-Claude), *Bachelard ou l'héritage invisible*, in *Cinq colonnes à la une*, ORTF, 1961.

Son rôle n'est pas de noter – et Bachelard répugnera toujours à le faire – mais d'accompagner et d'aider. Et pourtant « les éducateurs ne travaillent guère à donner cette tranquillité ! [...] Ils ne guident pas les élèves vers la connaissance de l'objet. Ils jugent plus qu'ils n'enseignent ! Ils ne font rien pour guérir l'anxiété qui saisit tout esprit devant la nécessité de corriger sa propre pensée et de sortir de soi pour trouver la vérité objective[358] ». Si le prêtre s'est fait juge, l'enfer n'a pas changé pour les plus fragiles.

L'erreur est un moment d'apprentissage

Mais ce qui fait l'originalité de Bachelard, c'est de construire une authentique réflexion pédagogique qui donne à l'erreur une vertu positive et à sa rectification une place de choix. C'est en étudiant la science moderne que Bachelard découvre un terrain épistémologique et historique qui se développe lui-même à partir de connaissances et d'erreurs rectifiées. Il trouve dans les révolutions scientifiques et techniques ce qu'il ne trouvait pas à l'école : un sens du problème, une compréhension des échecs, un dialogue, une ouverture et de la créativité.

L'histoire des sciences fournit des matériaux d'une grande richesse pédagogique. Elle « est pleine d'enseignement pour la pédagogie[359] » parce qu'elle donne à voir les difficultés et la manière dont on les a surmontées. Bachelard suggère d'étudier l'histoire des génies, scientifiques, au même titre que la littérature traite des génies littéraires. Il s'agit de montrer, de la même manière, qu'inventer et créer font face à un processus fait, pour l'un, d'erreurs rectifiées et, pour l'autre, de stéréotypes dépassés.

De retour à l'école, il construit un nouveau chemin inédit de la science vers la pédagogie et élabore une pensée pédagogique qui fera date. Elle exerça une influence considérable et peu visible sur la pédagogie moderne. Gaston Mialaret qui fut l'un de ses étudiants fonda sur cette base les sciences de l'éducation. Que l'on puisse identifier les obstacles qui entravaient le pouvoir de connaître fut mis en évidence dans *La Formation de l'esprit scientifique* et déjà esquissé un an plus tôt dans *L'Expérience de l'espace dans la physique contemporaine* à propos de la substance, considérée comme « un véritable obstacle à la

---

[358] Bachelard (Gaston), *La Formation de l'esprit scientifique*, Vrin, 1938.
[359] Bachelard (Gaston), *L'Actualité de l'histoire des sciences*, in *L'Engagement rationaliste*, PUF, 1972.

compréhension des enveloppes physiques ». En cernant les obstacles, Bachelard expliquait la cause et la récurrence des erreurs. La démarche nourrissait alors l'espoir d'amener vers la connaissance les plus rétifs.

L'ancrage pédagogique de Bachelard autour des difficultés d'apprentissage surmontées était né de ses premières observations d'enseignant. C'est dans *La Formation de l'esprit scientifique* que l'on retrouve la plupart de ses analyses sur l'école et ses critiques acerbes autour des maîtres prétentieux qui croient savoir ce qu'ils ignorent. La curiosité que Bachelard éprouve pour les sciences s'est progressivement déplacée sur les difficultés d'apprentissage. L'histoire des sciences est en même temps devenue une réserve inépuisable de perfectionnement pédagogique avant que la pédagogie ne devienne elle-même, grâce à cet éclairage sur les zones d'ombre de la connaissance, la source d'une nouvelle épistémologie.

On peut se demander si Bachelard qui s'est rêvé ingénieur ne s'est pas pensé pédagogue et s'il n'a pas cherché dans la maîtrise du nouvel esprit scientifique, les matériaux d'une refonte de la pédagogie. En quittant d'ailleurs le monde pur des mathématiques dont l'histoire « est une merveille de régularité[360] », il a quitté le meilleur des mondes possibles, c'est-à-dire, un monde qui « ne connaît pas de périodes d'erreurs » au bénéfice de la science qui y est sujette. En dépit de ce qu'il annonce en 1938, il renoncera à écrire *une formation de l'esprit mathématique*.

Dès sa thèse, Bachelard s'interroge sur la question de l'erreur en doutant encore du bien-fondé de cette voie : « Comment le philosophe porterait son enquête sur le terrain de l'archéologie enfantine[361] ? » Mais il sait déjà que si « l'erreur éclate », « la pensée s'éveille » et il répondra favorablement à cette demande d'enquête initiale dans *La Psychanalyse du feu* qui y est consacrée : « Il faut montrer dans l'expérience scientifique les traces de l'expérience enfantine. » *La Formation de l'esprit scientifique* prolonge la réflexion en faisant de l'erreur un obstacle à surmonter et en mêlant volontiers l'état des sciences au XVIIIème et XIXème siècles et l'état actuel de l'enseignement qui souffre des mêmes retards. Pour penser l'évolution des sciences, de ses objets et des sujets qui les conçoivent, il adopte un système semblable à la loi des trois états d'Auguste Comte en

---

[360] Bachelard (Gaston), *La Formation de l'esprit scientifique,* Vrin, 1938.
[361] Bachelard (Gaston), *Essai sur la connaissance approchée*, Vrin, 1927.

organisant leur correspondance et leur progression vers une abstraction progressive et un usage de plus en plus dialectique de la raison.

Ainsi « l'état préscientifique » coïncide avec « l'objet concret » et « l'âme puérile », « l'état scientifique » avec « l'objet concret-abstrait » et « l'âme professorale » et « l'ère du nouvel scientifique » avec « l'objet abstrait » et « l'âme en mal d'abstraire et de quintessencier[362] ». En prenant la difficulté et l'erreur comme objet, il associe sans cesse les remarques pédagogiques aux remarques historiques, même s'il n'en épouse pas toujours la chronologie. En créant le concept d'obstacle épistémologique pour expliquer la persistance des erreurs, Bachelard a conscience de penser également celui d'obstacle psychologique. Il ne cesse d'être ce pédagogue qui pense les sciences et cet épistémologue qui pense la pédagogie.

L'ignorance n'est pas négligence

Jusqu'alors l'erreur était une faute, comme la notion de faute d'orthographe continue de l'être dans notre langage, à défaut d'être des hypothèses orthographiques non vérifiées. Jusqu'alors aussi la difficulté était un obstacle à éviter plutôt qu'à surmonter. Le déterminisme qui régnait en maître nous venait du ciel et du mouvement régulier des planètes. On avait coutume en matière scientifique d'éliminer les problèmes. Le destin des astres était tracé d'avance et ne supportait aucun écart. « Cette origine astronomique du déterminisme nous paraît expliquer la longue négligence des philosophes pour les problèmes relatifs aux perturbations, aux erreurs, aux incertitudes dans l'étude des phénomènes physiques[363]. » C'est l'échec de l'expérience de Michelson et Morley qui a fait naître la relativité et permis de comprendre que la connaissance progresse par rectification des erreurs. De la même manière que la médecine se nourrit des pathologies pour progresser, la science progresse de ses errements.

Pareil mouvement affecte la pédagogie. La trajectoire des élèves en réussite est depuis longtemps sans histoire en raison d'un capital social et culturel conséquent. Les difficultés ont été d'emblée externalisées. C'est l'échec de cette approche élitiste qui a conduit à réconcilier la pédagogie avec les difficultés d'apprentissage. Le négatif, loin d'être à effacer, est la véritable source de perfectionnement de la pensée. Si la connaissance est une erreur rectifiée, la compréhension est un

---

362 Bachelard (Gaston), *La Formation de l'esprit scientifique,* Vrin, 1938.

363 Bachelard (Gaston), *Le Nouvel esprit scientifique,* Vrin, 1938.

malentendu surmonté. Encore faut-il que les maîtres acceptent de descendre de leurs estrades. « Dans l'éducation, la notion d'obstacle pédagogique est également méconnue. J'ai souvent été frappé du fait que les professeurs de sciences, plus encore que les autres si c'est possible, ne comprennent pas qu'on ne comprenne pas[364]. »

La première vertu du pédagogue bachelardien est de distinguer ce qui est clair pour le maître de ce qui est clair pour l'élève. Il doit introduire le psychologique là où le logique régnait en maître. « Il ne va pas de soi que toutes les notions logiquement claires sont du point de vue psychologique également claires [365]. » L'évidence magistrale devient incertaine lorsqu'elle accepte de se confronter aux représentations de l'élève. Le professeur doit pratiquer la surveillance intellectuelle de soi en s'interrogeant, non plus seulement sur ce qu'il sait, mais aussi sur ce que savent ou ignorent les élèves.

Bachelard a compris très tôt que l'erreur n'était pas l'absence de connaissance ni une sorte de néant de savoir[366]. Derrière l'ignorance apparente, il y a une structure constituée de représentations cohérentes. L'élève qui ne sait pas n'est pas ignorant par négligence ni mauvaise volonté, il est soumis à ses représentations qui le ferment à d'autres manières de voir et de concevoir. Non seulement, son imaginaire l'empêche de voir en le détournant du vrai, l'écarte de la connaissance, mais il s'impose avec force. Loin d'être passive, l'ignorance est active. Les représentations erronées ont leur propre dynamique. Elles résistent à leur mise en question.

Le maître ne peut plus imputer à une quelconque malveillance des élèves leurs échecs. La bienveillance magistrale n'est pas une simple vertu, elle est une nécessité pédagogique. Le savoir de l'enseignant n'a de sens qu'en tant qu'il est médiatisable et communicable auprès d'un public qui est en mesure de se l'approprier. Tant que les obstacles sont là, il lui faut les comprendre et les éclairer. Tant que les élèves résistent au nouveau savoir, il lui faut les aider à vaincre ces résistances. Eu égard à la pédagogie commodément transmissive, la pédagogie

---

[364] Bachelard (Gaston), *La Formation de l'esprit scientifique,* Vrin, 1938.

[365] Bachelard (Gaston), *La Philosophie du non,* PUF, 1940.

[366] C'est en 1899 que Louis Gérard-Varet publie *L'ignorance et l'irréflexion* chez Alcan. Bachelard s'inspire de la pensée de cet agriculteur-philosophe bourguignon devenu recteur dont la référence figure dès les premières pages de *La Formation de l'esprit scientifique.* La ruralité n'a jamais cessé pour lui d'être une source d'inspiration pour la connaissance, la conception du temps, la poésie et la pédagogie. Loin d'en exprimer les archaïsmes, il en a extrait les sources de modernité.

bachelardienne introduit deux nouvelles exigences, celle de comprendre l'incompréhension et celle d'accompagner la sortie de l'incompréhension. Il n'y a « pas de vérité sans erreur rectifiée[367] » et pas d'attitude objective sans une claire conscience de nos erreurs personnelles. Comment le professeur doit-il s'y prendre ?

C'est parce que le pédagogue s'efface qu'il peut écouter et comprendre. Tel Socrate qui admet son ignorance des choses humaines et qui se dispose au dialogue et à l'examen des apories, le pédagogue fait abstraction de ce qu'il sait pour mieux appréhender les processus d'apprentissage, devenus trop souvent silencieux, auprès des moins familiers de l'école. Le pédagogue n'est pas celui qui se regarde dans le miroir des talents, il est celui qui se montre disponible à l'autre pour mieux identifier les difficultés et y remédier. C'est ce qui ne va pas qui nous éclaire, c'est la crise qui forge notre esprit critique. Rien de plus lassant que le tout prévu, le tout préparé et le tout programmé. Rien de plus ennuyeux que la lourdeur cumulative des contenus sans âme, que la contrainte linéaire d'un raisonnement fermé et unilatéral.

Bachelard pédagogue ne sera pas un professeur organisateur de cours. Il ne s'en tiendra jamais au plan de sa leçon et préférera oublier ses notes ou s'y perdre pour mieux se livrer à l'exercice spontané d'une pensée qui se construit dans l'échange. Pour lui, la vérité d'un enseignement, sa véritable portée se passe à l'instant même, jamais plus tard, jamais avant. On enseigne au présent, non au futur ou au passé. On enseigne en affrontant les difficultés du moment, en imaginant des solutions immédiates aux problèmes qui surgissent, en identifiant les erreurs et les obstacles, en émancipant des entraves et des chaînes et en créant de nouveaux chemins et de nouvelles démarches pour les moins coutumiers des mœurs scolaires. On enseigne en libérant du stress des élèves trop anxieux, en ôtant les inhibitions cognitives. On enseigne sans préjugés, ni regrets.

L'obstacle comme source d'erreurs

Inspiré par ce mouvement de réduction de l'irrationnel dans les comportements humains, Bachelard procède à un examen complet des écarts à la norme scolaire et s'interroge sur les raisons de nos erreurs. Pourquoi en dépit d'explications réitérées les élèves continuent-ils à se tromper ?

---

[367] Bachelard (Gaston), *La Formation de l'esprit scientifique,* Vrin, 1938.

Bachelard crée ainsi la notion d'obstacle pédagogique qui deviendra plus tard celle d'obstacle épistémologique. L'étude n'est pas simple car l'irrationnel ne supporte ni la hiérarchie ni l'ordre et l'obstacle est « confus et polymorphe ». Bachelard collecte pourtant les erreurs ou les représentations qui entravent l'accès à la connaissance. Il en effectue une classification d'ordre typologique et les analyse en prenant appui sur quelques illustrations.

Les obstacles sont d'abord méthodologiques. Le premier tient à la confiance que l'on accorde à l'expérience première et naturelle, à la première impression pittoresque, au premier jugement concret et à la première pensée trop facile. La première fois n'est jamais la bonne et il vaut mieux se fier aux recommencements qu'aux commencements, aux traits significatifs qu'aux apparences, à l'essence qu'à la dégénérescence. Le second, de la même veine, est l'idée générale et vague qui manque toujours son objet parce qu'elle vise une clarté rapide, une simplification facile, quitte à arrêter prématurément l'expérience.

Une seconde série est d'ordre philosophique. Il s'agit du réalisme qui méconnaît le possible, préférant ce que l'on possède à ce que l'on ne peut visuellement saisir, l'immédiat au factice. On y associera la substance que l'on suppose sans preuve par-delà des qualités auxquelles on prête le statut de prédicats ; le primat de l'utile qui restreint le champ de connaissance à des questions d'intérêt, de besoin et d'opinion excluant toute pensée ; et l'usage inadapté de la catégorie de quantité qui entretient l'illusion de la vérité par un excès superflu de chiffres.

La troisième série a trait à la force d'une subjectivité sans bornes qui se nourrit d'images. C'est l'éponge qui est un prêt-à-penser de tout ce qui paraît s'absorber. Ce sont aussi les mythes tels que celui de la digestion qui, avec l'animisme, s'interdit d'appréhender l'objet, à force de ne voir dans les choses que ce que le sujet y projette. Ce sont enfin la libido et les pensées sexuelles qui distraient l'esprit en formation, confronté à une expérience nouvelle, et le détourne de la connaissance de son objet, en insufflant les idées récurrentes de germe et de semence.

Tous ces obstacles fonctionnent aussi bien sur le terrain des sciences que de la pédagogie. « La notion d'obstacle épistémologique peut être étudiée dans le développement historique de la pensée scientifique et dans la pratique de l'éducation[368]. » Ils ont en commun de stopper prématurément le processus de la pensée, d'arrêter la démarche de

---

[368] Bachelard (Gaston), *La Formation de l'esprit scientifique,* Vrin, 1938.

connaissance aux premiers élans perceptifs. Ils bénéficient souvent de l'appui du langage qui les pérennise à souhait, soit en vertu d'un usage intentionnel de connotations animistes qui parlent tant à l'inconscient, soit pour des raisons plus structurelles qui tiennent au caractère substantialiste du langage.

Les associations lexicales malheureuses peuvent en effet entraver le développement des compétences scientifiques. Bachelard en fournit un bel exemple à travers la critique qu'il opère sur l'ouvrage de « la grande éducatrice » qu'était Maria Montessori. Il lui reproche de s'adresser, dans son ouvrage intitulé *De l'enfant à l'adolescence,* à des adolescents comme l'on s'adresse à des enfants, c'est-à-dire de les infantiliser, en prolongeant le principe de « la leçon de choses » bien au-delà de l'âge requis.

À titre d'exemple, il évoque l'absorption de l'anhydride carbonique par l'eau qui en reçoit la propriété acide. Nous sommes dans des relations d'échanges chimiques, or Maria Montessori la transforme en une relation hiérarchique entre la chose et ses propriétés en lui conférant une coloration animiste. Pour elle, « L'eau est [...] gourmande, [...] avide » et dévoratrice. Ces trois propriétés qui n'en sont pas, n'ont pas non plus « besoin d'être enseignés puisqu' [elles] sont – hélas – dans l'inconscient de tous. » Et Bachelard de conclure : « À force de se mettre à la portée des enfants, le maître s'infantilise [...] Une telle leçon enseignée au seuil de l'adolescence serait un retard à l'adolescence. Ah ! Qu'on voudrait parfois qu'un maître de silence doublât le maître des expériences ! Quand on a tant à montrer, pourquoi tant parler[369] ? »

Le maître accompagnateur, plein de bonne volonté et de bonnes intentions pédagogiques, soucieux de simplifier la vie de l'élève, lui rend la tâche impossible en réactivant le langage de l'enfance. Combien de pères et de mères de familles sont-ils tentés d'entretenir les premiers âges en usant du langage bébé ! Combien d'éducateurs maintiennent leur public dans un état d'enfance en valorisant la seule spontanéité ! Pour Bachelard, l'éducateur est celui qui fait grandir, l'élève est celui qu'on élève en anticipant les besoins futurs. Il trouble et il inquiète la raison première au lieu de la flatter. Il observe et analyse, favorise la transformation des représentations sans paroles inutiles. Le silence a ses vertus réflexives et contraint à se concentrer sur les objets de pensée, comme le suggéraient Célestin Freinet et son maître Jean-Jacques Rousseau.

---

[369] Bachelard (Gaston), *Le Matérialisme rationnel*, PUF, 1953.

La langue-obstacle

Au demeurant, la langue réserve des obstacles redoutables qui tiennent au système qui la produit. Est-ce la pensée préscientifique qui structure la langue ou celle-ci qui oriente la pensée ? La relation est sans doute dialectique, tout en sachant que la langue est imprégnée de la pensée commune.

Ainsi, la syntaxe entretient la relation de substance à prédicat en attribuant un rôle analogue au sujet. Elle fait des choses les substrats de propriétés qui n'en sont en réalité que la simple expression, confortant la perception immédiate au détriment de la pensée. « Notre langage a pris lui-même ses racines et sa syntaxe dans le monde des choses et des actions relatives à notre expérience commune. Notre dictionnaire et notre grammaire ne sont au fond que des leçons de choses[370]. » Les habitudes verbales qui renforcent les premières représentations feront le succès des fameuses leçons de choses dans l'enseignement primaire jusqu'à la fin des années soixante. De telles leçons simplificatrices étaient tout à fait inappropriées à l'adolescence.

Plutôt que d'un langage chosiste, Bachelard optera pour un langage fonctionnel privilégiant la relation sur les termes reliés. Il ne sera pas question de choses ou de mouvements, d'espace ou de temps, d'ondes ou de corpuscules, mais de choses-mouvements, d'espace-temps ou d'ondes-corpuscules.

Quatorze ans plus tard, Bachelard pensera même que les leçons de choses ont également leurs limites à l'école. Jugées « souvent mal faites », ces leçons relèvent d'un enseignement « démuni et inerte ». Figées, elles se contentent de désigner « les objets par leurs formes et leurs couleurs » plutôt que par leur devenir-être. On nomme et apprend à nommer les constituants sans comprendre leur rôle fonctionnel. On montre sans démontrer. On identifie des formes sans appréhender le dynamisme matériel qui leur donne sens. Tout semble donné, rien n'est construit. Et Bachelard de conclure : « On n'enseigne guère la matière dans nos écoles[371]. »

D'autres pièges linguistiques entravent le libre accès à la connaissance. Le jeu bien connu des étymologies peut conduire à des rapprochements erronés. Plus redoutable encore, l'attrait d'un vocabulaire technique peut donner l'illusion de la connaissance. Le mécanisme est alors le même, il repose sur la séduction des affects.

---

370 Bachelard (Gaston), *Les Intuitions atomistiques,* Boivin, 1933.

371 Bachelard (Gaston), *La Terre et les rêveries de la volonté,*Corti, 1948.

« Toute désignation d'un phénomène connu par un nom savant apporte une satisfaction à une pensée paresseuse[372]. » La satisfaction verbale ne saurait pourtant se confondre avec l'extension du pouvoir de connaître. Nommer n'est pas penser. Bachelard ne sera jamais dupe, lui qui « parlait simplement, sans jargon philosophique, employant plus volontiers le patois que la linguistique sophistiquée des nouveaux penseurs[373] ».

Les obstacles épistémologiques et pédagogiques se combinent souvent aussi entre eux sans que la langue ne les y invite. Les choses peuvent alors l'emporter sur les mots. C'est ainsi que l'or, pris comme substance, possède une réalité fortement valorisée en raison de l'intérêt psychologique qu'il suscite. La notion de masse dans sa première forme « correspond à une appréciation quantitative grossière et comme gourmande de la réalité [...] La notion de masse concrétise le désir même de manger ». Tout en volume, elle est une massue. Dans sa seconde forme, elle s'intériorise et devient plus pesante que grosse, libérant des rêveries animistes. « Elle devient le synonyme d'une richesse profonde, d'une richesse intime, d'une concentration des biens [...] À ce stade, la notion de masse est un concept-obstacle. Ce concept bloque la connaissance ; il ne la résume pas[374]. »

Spontanément, on ne va pas au-delà de ce qui est gros ou pesant pour appréhender la notion de masse, à moins de réorganiser son savoir. On ne dissocie pas encore poids et volume, à moins de procéder à une difficile abstraction.

L'obstacle est un levier et une force

Ainsi, en graduant l'échelle des obstacles du degré extrême d'ignorance vers le degré le plus élevé de connaissance, Bachelard donne consistance à l'irrationnel. Auparavant, l'erreur et l'ignorance n'avaient pas de structure et étaient sans intérêt. Elles se présentaient négativement de telle sorte qu'elles se définissaient par défaut. L'ignorance désignait l'absence de connaissance et l'erreur, de vérité. D'où la nécessite de remplir le vide en « en remettant une couche. » La remédiation est récurrence, la curation est répétition. « Les professeurs de sciences imaginent que l'esprit commence comme une leçon, qu'on peut toujours refaire une culture nonchalante en redoublant une classe,

[372] Bachelard (Gaston), *La Formation de l'esprit scientifique,* Vrin, 1938.
[373] Laborde (Denise), in *Témoins de Gaston Bachelard*, Bar-sur-Aube, 1985.
[374] Bachelard (Gaston), *La Philosophie du non*, PUF, 1940.

qu'on peut faire comprendre une démonstration en la répétant point pour point[375]. »

De là cette pratique intensive du redoublement que Bachelard sera l'un des premiers à dénoncer à une époque où il était naturel d'en user et abuser. L'exposition prolongée aux savoirs semblait magiquement suffire à imprimer la leçon. Or l'élève n'est pas vierge de tout savoir, il a l'âge de ses préjugés. Lorsqu'il ne sait pas, autre chose est sue et l'empêche de savoir. Les professeurs « n'ont pas réfléchi au fait que l'adolescent arrive dans la classe de physique avec des connaissances empiriques déjà constituées : il s'agit alors, non pas d'acquérir une culture expérimentale, mais bien de changer de culture expérimentale, de renverser les obstacles déjà amoncelés par la vie quotidienne[376] ».

Autrement dit, c'est parce que l'élève sait ou croit savoir qu'il peine à apprendre et à comprendre. Les connaissances ne s'empilent pas ni ne s'accumulent, elles forment système. On ne peut intégrer de nouvelles connaissances que si l'on réorganise son système cognitif. Connaître n'est pas répéter, c'est penser autrement. Le redoublement, le triplement n'y feront rien si l'élève ne retravaille pas sur lui-même, n'opère pas « une catharsis intellectuelle et affective » et s'il ne donne pas à sa raison « des raisons d'évoluer ».

Le mérite de Bachelard est à la fois d'identifier et d'analyser ce qui empêche le libre déploiement de la connaissance et de penser son dépassement. Pour inverser l'ordre des valeurs - la difficulté comme une charge devenant source de progrès – il lui fallut faire le pari de l'éducabilité cognitive. « Le cerveau [...] avec ses multiples connexions en attente, n'est-il pas l'organe des possibilités innombrables[377] ? » À condition bien entendu d'en faire bon usage. Si l'on se contente de penser sans effort, en phase avec le consensus mou du moment, si l'on se satisfait d'une routine cérébrale et d'une tranquille communion, aucune nouvelle connexion ne s'opérera et tout sera définitivement scellé.

En revanche, si la pensée se décolle de l'existant pour créer, si elle se détache d'elle-même pour conquérir l'objet nouveau et si elle sort du cadre usuel pour refaire sa vie, alors elle étendra son pouvoir de comprendre et connaîtra les plus grandes mutations intellectuelles. *L'Intuition de l'instant* fait l'éloge de ces instants intensifs où l'on

[375] Bachelard (Gaston), *La Formation de l'esprit scientifique,* Vrin, 1938.
[376] Bachelard (Gaston), *La Formation de l'esprit scientifique,* Vrin, 1938.
[377] Bachelard (Gaston), *Le Nouvel esprit scientifique,* PUF, 1934.

découvre, invente et crée. C'est la nouveauté qui doit stimuler les esprits disponibles, comme Bachelard le fut lui-même au contact des innovations technologiques.

Cette conception ne se contente pas d'éclairer le processus de connaissance, elle le dynamise en inversant le cours des choses pédagogiques. L'obstacle qui entrave devient levier qui libère. L'élève qui surmonte un obstacle se sent plus fort. Sa volonté se renforce lorsque s'accroît le champ des possibles et lorsque les chaînes d'erreurs sont brisées. La conscience des erreurs surmontées donne la certitude du progrès accompli. L'élève devient enthousiaste, euphorique, plein d'élan lorsqu'il comprend qu'il n'avait pas compris et lève les obstacles. Il découvre la vigueur de l'énergie rationnelle dans son double mouvement d'extension et de rectification. La conscience d'échec est créative. « C'est de la conscience de cet échec irrémédiable qu'est née la notion nouvelle qui donna la solution de toutes ces difficultés[378]. » Loin de s'unifier et de se figer, l'esprit n'est plus que souffle et enthousiasme. Au lieu d'être une charge lourde, la difficulté est un outil pour progresser. Elle n'accable pas, elle bouscule et mobilise. Elle est partie prenante de l'individu qui « est un tissu de réussites et d'erreurs » et dont « la fonction » « est de se tromper[379] ». L'erreur surmontée dynamise et crée « un élan vital[380] ». Le bonheur d'apprendre est surtout un bonheur de comprendre enfin. Il existe une « excitation spirituelle dans la découverte du vrai », « un dynamisme psychique autogène » qui conduit à une sorte d'extase psychique. « L'amour de la science » est l'amour du beau dans l'exacte mesure où « la science est l'esthétique de l'intelligence[381] ».

Le négatif permet à Bachelard de construire une véritable dynamique des apprentissages dont il a éprouvé les bienfaits dans sa propre histoire et dont il s'est servi pour devenir lui-même. Il est un véritable résiliant qui n'a eu de cesse de vouloir partager son parcours émancipateur.

Les obstacles à une pensée pédagogique des obstacles

Néanmoins, l'accompagnement de cette catharsis intellectuelle n'est pas simple pour les professeurs et suppose un changement de méthode, une approche plus dialoguée de l'enseignement. Or le conservatisme

---

378 Bachelard (Gaston), *Le Pluralisme cohérent de la chimie moderne,* Vrin, 1932.
379 Bachelard (Gaston), *La Dialectique de la durée*, PUF, 1936.
380 Bachelard (Gaston), *Le Nouvel esprit scientifique*, PUF, 1934.
381 Bachelard (Gaston), *La Formation de l'esprit scientifique,* Vrin, 1938.

règne dans les institutions éducatives et scolaires. Les réformes avortées s'accumulent dans les oubliettes ministérielles.

« Au cours d'une carrière déjà longue et diverse, je n'ai jamais vu un éducateur changer de méthode d'éducation. Un éducateur n'a pas le sens de l'échec précisément parce qu'il se croit un maître. Qui enseigne commande. D'où une coulée d'instincts[382]. » Le lien est puissant entre le rapport hiérarchique de maître à élève et l'incapacité à comprendre et à évoluer. Celui qui commande est centré sur son pouvoir et son prestige ; il n'est guère disponible au cheminement des subordonnés.

Le maître fait la leçon, ordonne et attend un copier-coller de celle-ci en retour. Il croit en son aura et en sa supériorité de maître qui en sait plus que les autres. Il ne sait pas que « la croyance est un arrêt de la dialectique naturelle de l'esprit, un évincement en bloc de l'erreur possible et même de l'erreur réelle[383] ». Le moindre hiatus est perçu comme l'expression d'une insuffisance de travail ou d'une mauvaise volonté. Le maître ne saurait descendre de son piédestal sans effectuer un travail psychanalytique car « la relation psychologique de maître à élève est une relation facilement pathogène[384] ».

La posture d'accompagnement est d'une toute autre nature. L'élève s'enseigne à lui-même et en apprend au maître. Le maître crée les conditions d'une véritable entrée de l'élève dans les apprentissages et accroît ses connaissances en matière de psychologie de l'esprit scientifique. Il met en place la méthode expérimentale chère à Claude Bernard, à laquelle Bachelard se réfère volontiers, et à Emile Zola qui s'en est inspirée en lui conférant une dimension littéraire et naturaliste. Dans cette méthode d'investigation, ce n'est pas le professeur de physique qui explique, par exemple, les relations d'incertitude d'Heisenberg, en vertu desquelles on ne saurait à la fois isoler un électron pour apprécier sa position et mesurer sa vitesse, c'est l'élève qui les découvre en vivant une expérience qui les exprime.

Puisant dans ses réserves pédagogiques, Bachelard choisit l'usage de la feuille d'or qui suscite bien des convoitises et qui échappe à l'élève, à mesure qu'il tente de s'en emparer. « Un toucher trop brusque, la feuille se déchire ; un toucher trop insistant, la feuille colle au doigt. Alors la main qui vient d'apprendre la prudence tremble, la feuille fuit

---

382 Bachelard (Gaston), *La Formation de l'esprit scientifique,* Vrin, 1938.
383 Bachelard (Gaston), *Essai sur la connaissance approchée,* Vrin, 1927.
384 Bachelard (Gaston), *La Formation de l'esprit scientifique,* Vrin, 1938.

et se tord [...], l'objet entier est hésitation[385]. » C'est l'épreuve de l'interdépendance des phénomènes qui conduit à limiter les certitudes plus que tout autre discours. C'est également cette expérience qui permet de surmonter l'obstacle du réalisme et de la toute-puissance des premières connaissances.

L'expérimentation réussie qui se joue des entraves et des obstacles repose néanmoins sur un savoir-être exigeant. La facilité est une tentation et un obstacle. Elle séduit la paresse intellectuelle. Bachelard critique un enseignement qui dès l'école primaire distrait plus qu'il n'abstrait. Il n'a que méfiance pour cette pseudo-curiosité qui ne vise que la satisfaction immédiate et anesthésie l'esprit critique. Il s'appuie sur ses précieuses observations et sa pratique pour constater que l'image détourne de la pensée autant que le pittoresque dévie le raisonnement.

La bizarrerie d'un appareil, « l'harmonica chimique » montre comment une classe peut manquer l'essentiel et s'en détacher en écoutant « les beuglements de la flamme » au lieu d'en voir « les stries ». Un accident imprévu dans une expérience prend soudainement une importance telle qu'elle fait écran à toute découverte. « Par exemple, pour illustrer la théorie des radicaux en chimie minérale, le professeur a fait de l'iodure d'ammonium en passant plusieurs fois de l'ammoniaque sur un filtre couvert de paillettes d'iode. Le papier filtre séché avec précaution explose ensuite au moindre froissement tandis que s'écarquillent les yeux des jeunes élèves[386]. » L'explosion fascine l'adolescent en quête de limites, tourmenté et empreint de désirs plus ou moins destructeurs. Elle masque le processus qu'elle est pourtant censée éclairer.

Bachelard formule alors quelques conseils pédagogiques : « On ne saurait trop conseiller au professeur d'aller sans cesse de la table d'expériences au tableau noir pour extraire aussi vite que possible l'abstrait du concret. Il reviendra à l'expérience, mieux outillé, pour dégager les caractères organiques du phénomène. L'expérience est faite pour illustrer un théorème[387]. »

Mais il arrive que les efforts entrepris n'aboutissent pas, que les passions résistent à la raison. En dépit de la qualité des expériences, la prégnance des affects pèse plus lourd que l'entendement. Bachelard a

---

[385] Bachelard (Gaston), *L'Expérience de l'espace dans la physique contemporaine,* Alcan, 1937.

[386] Bachelard (Gaston), *La Formation de l'esprit scientifique,* Vrin, 1938.

[387] Bachelard (Gaston), *La Formation de l'esprit scientifique,* Vrin, 1938.

su mettre en évidence les liens étroits entre culture et affectivité. À tous les niveaux de la connaissance, l'inconscient veille. « Même chez un esprit clair, il y a des zones obscures, des cavernes où continuent à vivre des ombres. Même chez l'homme nouveau, il reste des vestiges du vieil homme. En nous, le XVIIIe siècle continue sa vie sourde[388]. » La pédagogie ne suffit pas à enrayer la résistance des passions.

Le professeur de science qu'était Gaston Bachelard surprit plus d'un élève laissant libre cours à ses élans impurs. « Quelquefois, en enseignant la chimie, j'ai eu l'occasion de suivre les traînées d'alchimie qui cheminent encore dans de jeunes esprits. Par exemple, tandis que je faisais, durant une matinée d'hiver, de l'amalgame d'ammonium, du beurre d'ammonium comme disait encore mon vieux maître, tandis que je pétrissais le mercure foisonnant, je lisais des passions dans les yeux attentifs. »

Les obstacles ne viennent pas de l'objet, mais du sujet, ils ne sont pas externes à la connaissance, mais ils lui sont intrinsèquement liés. « C'est dans l'acte même de connaître, intimement, qu'apparaissent, par une sorte de nécessité fonctionnelle, des lenteurs et des troubles. C'est là que nous montrerons des causes de stagnation et même de régression, c'est là que nous décèlerons des causes d'inertie que nous appellerons des obstacles épistémologiques[389]. » Connaître c'est aussi errer et se tromper. L'erreur n'est pas une faute à sanctionner, c'est un passage obligé. Les obstacles sont en nous. La connaissance a sa part d'ombre et d'incertitude qu'il nous faut accepter.

Un remède aux obstacles : la psychanalyse

C'est là qu'intervient la psychanalyse bachelardienne. D'abord évoquée pour la première fois en 1936, dans *La Dialectique de la durée*, comme une technique thérapeutique analogue à la rythmanalyse, elle devient centrale, à l'insu même de Bachelard, dans *La Formation de l'esprit scientifique.* Il considérera en effet, une vingtaine d'années plus tard, que le sous-titre, *Contribution à une psychanalyse de la connaissance objective*, était le plus approprié[390]. Encore imprégné de son expérience de professeur et de physicien, il n'avait pas perçu à l'époque l'importance de la psychanalyse dans sa pensée. Il amorcera quelques mois plus tard une première rectification en donnant pour titre

[388] Bachelard (Gaston), *La Formation de l'esprit scientifique,* Vrin, 1938.
[389] Bachelard (Gaston), *La Formation de l'esprit scientifique,* Vrin, 1938.
[390] Chavasse (Paule), *Interview de Gaston Bachelard*, Radiodiffusion française, 1959.

à son essai sur le feu, *La Psychanalyse du feu* et envisagera une psychanalyse des trois autres éléments qui deviendront, dans une approche plus phénoménologique, les rêveries.

La psychanalyse est dans les années vingt une technique thérapeutique découverte par Sigmund Freud. Celle du Bachelard de l'avant-guerre ne saurait pourtant se confondre avec celle du neurologue autrichien. Elle a vocation à déplacer les intérêts et les sources d'inertie plutôt qu'à reconstruire une histoire singulière. Pour l'élève, il s'agit de réorienter le regard de l'image vers l'objet, de l'objet vers sa formule abstraite et de débusquer l'inconscient sous le conscient, les valorisations subjectives sous les pseudo-connaissances. La psychanalyse vise à éliminer toute connivence ou sympathie entre l'objet et le sujet, comme cela peut exister entre les humains. Il n'y a ni cure, ni séance d'analyse, mais un travail cathartique de purification des représentations.

« Au spectacle des phénomènes les plus intéressants, les plus frappants, l'homme va naturellement avec tous ses désirs, avec toutes ses passions, avec toute son âme[391]. » L'élève apprenti-scientifique doit apprendre à se détacher de l'objet qui concentre ses impressions, à cesser d'en valoriser la présence. Il doit se méfier de lui-même et ne pas confier aux habitudes le soin d'observer. Pour le professeur, il s'agit d'aller de l'intérêt déductif vers l'intérêt inductif, de la répétition commode à la découverte exigeante, de l'utilité au désintéressement. « Avant d'enseigner à décrire objectivement, il aurait donc fallu psychanalyser l'observateur, mettre soigneusement au jour les explications irrationnelles refoulées, [...] ruiner tout utilitarisme si déguisé qu'il soit, si élevé qu'il prétende, tourner l'esprit du réel vers l'artificiel, du naturel vers l'humain, de la représentation vers l'abstraction. »

L'enseignement qui intègre ce travail psychanalytique devient une école de résistance à la passion qui détourne de la connaissance. Il procède par recommencements et remaniements, reprises et rectifications comme il convient en matière d'éducation. Aucune efficacité ponctuelle n'est possible. La catharsis éducative n'est pas l'affaire d'un instant, mais de durées successives. La récurrence est un outil de transformation psychique. Il faut toujours apprendre et réapprendre à se garder des images trop pittoresques, apprendre et réapprendre la recherche désintéressée.

---

[391] Bachelard (Gaston), *La Formation de l'esprit scientifique,* Vrin, 1938.

Et pour ce faire, l'élève se doit de taquiner, questionner, malmener son objet de recherche. Il doit lui faire rendre raison. « L'esprit scientifique » est « taciturne », a priori antipathique et d'une « vigilance malveillante[392] ». Il débusque les raisons irraisonnées, les concepts imagés, les observations subjectives. Et c'est précisément pour « expliciter » « les séductions qui faussent les inductions » que Bachelard entreprend d'étudier les rêveries des quatre éléments. Ce faisant, il découvrira que l'esprit poétique a, à l'inverse, besoin d'une autre psychanalyse pour se libérer des concepts, des images toutes faites et des abstractions pour étendre le règne de l'imaginaire et le pouvoir créatif. Le chemin pédagogique révèle des voies nouvelles que Bachelard tentera également d'explorer.

À l'appui d'une psychanalyse de la connaissance objective, des exemples historiques relatant les efforts de la science pour s'abstraire de l'expérience immédiate sont précieux. L'enseignement de l'histoire des sciences est une piste pédagogique qui a l'avantage de déplacer métaphoriquement les difficultés et la manière de les vaincre. Bachelard s'en est inspiré au cours de son enseignement pour mieux faire comprendre la nature du processus de connaissance. La confrontation aux pensées animistes, réalistes et substantialistes qui ont précédé les découvertes scientifiques permet de mieux identifier les obstacles qui figurent en chacun de nous.

C'est en saisissant à travers l'histoire des erreurs et des préjugés de ceux qui nous ont précédés que l'on peut prendre la mesure du chemin qu'il nous reste à parcourir. Le rapport entre la construction du processus de connaissance et l'histoire des sciences est analogique et méthodologique. Ainsi « l'élève comprendra mieux la valeur de la notion galiléenne de vitesse si le professeur a su exposer le rôle aristotélicien de la vitesse dans le mouvement[393] ». Il comprendra mieux aussi les atomes en observant la poussière, la poudre et la fumée auxquelles les premiers penseurs atomistes étaient sensibles.

Toutefois, un cursus scolaire ne suffira pas à opérer ces lentes transformations. Il n'y a pas de découverte sans une part d'obscurité, pas de connaissance qui ne soit durable. Le processus cognitif est toujours menacé de désuétude, le savoir, d'obsolescence. Rien n'est jamais acquis en matière de science. L'élève doit demeurer ouvert à la connaissance, le savant doit rester écolier. Bachelard imagine, dans

---

[392] Bachelard (Gaston), *La Psychanalyse du feu,* Gallimard, 1938.
[393] Bachelard (Gaston), *Le Nouvel esprit scientifique,* PUF, 1934.

l'ultime page de *La Formation de l'esprit scientifique*, un programme de formation continuée pour les enseignants, une école tout au long de la vie pour les femmes et hommes de sciences. « Alors oui, l'école continue tout le long d'une vie. Une culture bloquée sur un temps scolaire est la négation même de la culture scientifique. Il n'y a de science que par une école permanente. » Savoir-être et savoir sont indissociables. Savant et enseignant ont besoin d'apprendre pour enseigner, ils ont besoin de rester curieux et ouverts, humbles et dynamiques, persévérants et déterminés.

Il a fallu bien du courage à Thomson pour admettre « l'abandon de l'électron comme chose. [...] Le physicien a été obligé trois ou quatre fois depuis vingt ans de reconstruire sa raison et intellectuellement parlant de se refaire une vie[394] ». Désormais, « le principe de la culture continuée est [...] à la base d'une culture scientifique moderne[395] ». On n'enseigne plus la science à l'école, c'est la science qui doit soumettre l'école aux exigences de rationalité, de créativité et d'ouverture. On ne conçoit plus l'école sur le modèle du marché, c'est le marché qui doit intégrer les règles de l'école. « Alors les intérêts sociaux seront définitivement inversés : la société sera faite pour l'école et non pas l'école pour la société. »

Par où l'on retrouve une conception politique très proche de celle du *Contrat Social* qui privilégie l'intérêt général sur les volontés particulières. Une société du désintéressement promeut l'humain et sa manifestation la plus forte, la culture. Son souci n'est pas de réduire les dépenses ou de gagner de l'argent, mais de comprendre le monde ; il n'est pas de l'assujettir pour ses besoins spécifiques, mais d'en saisir l'intelligibilité croissante. On ne se cultive pas pour vendre, mais pour s'accomplir et accomplir l'humanité en chacun de nous. La radio selon Bachelard n'avait pas vocation à faire du chiffre, mais à éveiller, cultiver et faire rêver. Ses vertus culturelles et éducatives sont encore à découvrir.

Ainsi le chemin pédagogique s'est construit à partir des évolutions des sciences et des techniques qui, loin d'être figées, ont montré leur capacité à se penser et à se réorganiser. En s'inscrivant dans un dynamisme culturel et sociétal, la science est devenue l'expression du pédagogique. Processus d'apprentissage permanent, processus

---

394 Bachelard (Gaston), *Le Nouvel esprit scientifique*, PUF, 1934.
395 Bachelard (Gaston), *La Formation de l'esprit scientifique*, Vrin, 1938.

d'étonnement constant, la science est une école prolongée. Bachelard, professeur, a repensé l'école à partir de la science, dans l'exacte mesure où il a pensé la science comme un vecteur de transformation de l'école. Bachelard, pédagogue, ne peut que révolutionner la pédagogie.

Bachelard enseignant

Quel enseignant était-il ? Était-il dans sa pratique quotidienne en cohérence avec sa vision rénovée de l'école ?

Il fut d'abord un enseignant aux multiples visages. Tantôt historien, tantôt géographe, tantôt physicien et chimiste, tantôt mathématicien et philosophe et tantôt dessinateur industriel et naturaliste, il a probablement tout enseigné. Si tant de vénérables professeurs circonscrivent leurs enseignements à l'aune de leur seule discipline maintes fois parcourue, Bachelard était un humaniste épris d'une formidable curiosité. Il n'aimait ni les frontières ni les savoirs à jamais figés.

Ses élèves qui ont témoigné dans l'ouvrage de souvenirs, édité par le docteur Daniel Giroux en 1985, gardent de lui l'image d'un professeur d'une grande bonté et discrétion, généreux et respectueux de ses élèves, enseignant avec clarté et bienveillance. « Quand il expliquait quelque chose, on ne pouvait pas ne pas comprendre ; il vous écoutait d'abord puis, patiemment, en vous faisant suivre la démarche inverse de votre raisonnement, il vous amenait à retrouver votre erreur[396]. » Il a pratiqué la pédagogie qu'il préconisait, celle de la compréhension des erreurs et celle de l'accompagnement des élèves délibérément actifs.

Son autorité était celle de son savoir. Il n'a jamais eu recours aux sanctions, brimades ou punitions. Capable d'innovation, il n'hésita pas à organiser des petites classes promenades au cœur de la nature luxuriante de l'Aube. Ouvert aux échanges et au dialogue avec ses élèves, il demeurait simple en conformité avec une origine sociale modeste qui lui valut parfois d'être « évité » par la bourgeoisie locale soucieuse de rester entre soi. « Il était considéré comme un homme très ordinaire : Il venait d'un milieu modeste[397]. » Agrégé de philosophie en 1922, il ne cessa d'être un enseignant polyvalent, attaché à son enseignement qu'il regretta longtemps après avoir quitté son vieux collège de Bar-sur-Aube. Loin de ces maîtres prétentieux, il apprenait

[396] Giroux (Daniel), *Entretien avec Madame Babeau*, in *Témoins de Gaston Bachelard*, Bar-sur-Aube, 1985.

[397] Malgras (Pierre), in *Témoins de Gaston Bachelard*, Bar-sur-Aube, 1985.

en enseignant. L'énergique postier s'est découvert excellent pédagogue.

En qualité de professeur d'université, les éloges sont unanimes. Il créait ses cours sans les lire, inventait sans reproduire, construisait sans répéter, dialoguait sans marteler. Ses anciens élèves en témoignent volontiers. « Le professeur Bachelard était toujours en mouvement, il avait l'œil vif, intense, le regard concentré. C'était un homme dynamique ; il parlait d'abondance, sa pensée semblait couler de source parce qu'il transmettait une conviction profonde[398]. » « Bachelard, je le vois encore, marchait dans la petite salle de la Sorbonne où il faisait cours, hésitait, se trompait, rectifiait, rêvait et dans les interclasses questionnait la nuée des étudiants – et de poètes – qui s'agglutinaient autour de lui [399] . » Passionné par les nouveautés scientifiques et poétiques dont il cherchait patiemment et obstinément les clés, il avait le souci d'incarner cette recherche incessante du sens et de la modernité. Loin d'être figée, sa pensée était en construction. Elle faisait confiance aux trouvailles du langage toujours un peu en avance de la pensée.

« Il parlait presque sans regarder ses notes, dans un jaillissement merveilleux d'images, de mots choisis, d'expressions pittoresques, et ses mains n'étaient pas celles d'un intellectuel, mais d'un artiste, d'un artisan bien davantage[400]. » Le pédagogue fabriquait son cours comme l'artiste produit son œuvre. Tout son corps y contribuait. L'intelligence de la main et celle de l'esprit étaient en harmonie. Son âme ne se réduisait pas à son cerveau, elle animait la totalité de son être.

Bachelard ne trichait pas, il prenait le risque de penser et celui de confronter sa pensée à celle des autres. « Et ses anciens étudiants, dont je suis, se souviennent qu'à notre contact, le plus souvent silencieux, la pensée du philosophe, par bonds, se développait. On avait toujours l'impression qu'il inventait son cours [...] C'était un homme de découverte[401]. » Il confesse n'avoir pas été un planificateur de cours et avoir privilégié l'exercice spontané sur l'exercice programmé. Il avait une présence incomparable, savait habiter les moments enseignés en les rendant inoubliables, savait renouveler son enseignement en le rendant mémorable et vivant.

La passion de transmettre l'habitait. « Il était le contraire du calme, il était possédé, l'enthousiasme, au sens étymologique. » Il offrait un

---

[398] Laborde (Denise), in *Témoins de Gaston Bachelard*, Bar-sur-Aube, 1985.
[399] Jean (Georges), *Bachelard, l'enfance et la pédagogie*, Scarabée, 1983.
[400] Laborde (Denise), in *Témoins de Gaston Bachelard*, Bar-sur-Aube, 1985.
[401] Jean (Georges), *Bachelard, l'enfance et la pédagogie*, Scarabée, 1983.

modèle professoral qui contrastait singulièrement avec les usages. « Quand on l'entendait, il était moderne, adolescent, pas du tout le mandarin habituel de la Sorbonne[402]. » « On n'oubliait pas cette figure extraordinaire de Gaston Bachelard qui tranchait sur la grisaille, enfin, sur la manière habituelle de se présenter des professeurs. C'était une sorte de "hippie" avant la lettre, avec sa barbe de moujik, il était absolument extraordinaire[403]. »

Homme de dialogue, penseur toujours humble et libre, il incarnait la pensée en acte. Son exemple jurait avec celui de ses collègues souvent suffisants et soucieux de leur prestige. « Mais on disait que sa familiarité n'était pas toujours bien vue par tous ses collègues et qu'on lui reprochait parfois d'avoir débuté comme un autodidacte, c'est-à-dire quelqu'un qui s'était mis tout seul à l'école et qui y resta toute sa vie[404]. » Il incarnait la réalisation d'un idéal républicain que beaucoup auraient préféré ne pas voir naître.

Ainsi Bachelard était le pédagogue de sa pensée, le penseur de sa pédagogie.[405] Une telle correspondance entre ce qu'il était et ce qu'il pensait, ce qu'il disait et ce qu'il faisait n'était possible que dans la mesure où sa démarche était totalement authentique, où elle était le reflet de lui-même devenu ce qu'il était. Bachelard personnifiait aussi bien l'école tout au long de la vie, que la science en marche, le rationalisme appliqué ou la création en acte. Ses textes disent son parcours, ses écrits soulignent ses recherches. Sa pensée n'est pas celle d'un héritier, elle est le fruit de son immense travail et le résultat exceptionnel de l'édification de lui-même. Son œuvre est l'expression de son immense périple au cœur de la culture. Mais en révélant son chemin, elle ne pouvait qu'éclairer la formation de la pensée pédagogique, scientifique et esthétique.

---

[402] Laborde (Denise), in *Témoins de Gaston Bachelard*, Bar-sur-Aube, 1985.

[403] Saget (Hubert), in *Témoins de Gaston Bachelard*, Bar-sur-Aube, 1985.

[404] Jean (Georges), *Bachelard, l'enfance et la pédagogie*, Scarabée, 1983.

[405] Gaston Bachelard est le portrait idéal du pédagogue que dresse quelques années plus tôt Jean Jaurès dans son intervention à la Chambre : « On n'enseigne pas ce qu'on veut ; je dirai même que l'on n'enseigne pas ce que l'on sait ou que l'on croit savoir : on n'enseigne et on ne peut enseigner que ce que l'on est. » Jaurès (Jean), *Pour la laïque,* Discours à la Chambre des 14 et 24 janvier 1910.

Désormais, la pédagogie des sciences enfin rénovée clarifie la fabrication de l'esprit scientifique. Elle indique les possibles de l'esprit en levant les obstacles et en ôtant les chaînes qui l'entravent. Mais elle ne nous dévoile pas encore les mystères de l'invention et de la création.

Chapitre 5

LE CHEMIN DE L'IMAGINAIRE

Inventer et créer

« Toujours imaginer sera plus grand que vivre. »
La Poétique de l'espace, PUF.

Gaston Bachelard a pensé la science en construction et en évolution. Il a cerné les grands enjeux des bouleversements scientifiques et techniques, exploré les facteurs d'inertie et de dynamisme, identifié et analysé les obstacles épistémologiques et pédagogiques. Pour cet homme en mouvement, le nouveau, l'imprévisible, l'inouïe, l'invisible et l'inattendu recélaient, au cœur même de la culture, bien trop de mystères pour ne pas tenter de les explorer. Comment sont-ils possibles ? Ce n'est pas la raison qui, dans son effort conceptuel de synthèse et dans son confort de méditation usuelle, peut conduire à rendre compte de cette capacité à risquer sa pensée et à s'émanciper du cadre cognitif et créatif. C'est du côté de l'imagination que Bachelard va se tourner, d'abord avec prudence et réserve, puis avec un enthousiasme qui ira croissant jusqu'aux derniers instants.

Une faculté troublante

Longtemps l'imagination lui est apparue comme une faculté déroutante. Productrice d'images qui détournent des concepts, son handicap était de nous rendre dépendants du visuel. À force de n'être que vision, on finit par concevoir un réalisme immédiat qui limite notre pouvoir de connaître. En 1934, Bachelard nous met en garde : « Il ne faut pas oublier que nous imaginons avec notre rétine et non point à l'aide d'une faculté mystérieuse et toute puissante[406]. » L'imagination,

[406] Bachelard (Gaston), *Le Nouvel esprit scientifique*, PUF, 1934.

préoccupée des seuls objets, ne parvient pas à appréhender leurs relations. « Voilà donc bien une borne humaine du réel imaginé, autrement dit, une limite à la détermination imagée du réel. [...] La défaillance de l'imagination sensible » contraste avec la pensée mathématique pure qui tisse les liens. Elle ne peut la suivre dans ce maillage intelligible de sorte que « nous ne pouvons plus penser que mathématiquement. » Autrement dit, l'imagination ne nous sert pas à penser le monde.

Bachelard se méfie donc d'une imagination qui échappe aux concepts alors qu'elle nous propulse au-delà de nous-mêmes. Il ira même à la chasse aux images qui arrêtent la pensée. Dans *La Formation de l'esprit scientifique*, l'imagination littéraire est un signe qui alerte. C'est « souvent un mauvais signe des livres préscientifiques ». Sa profondeur est superficielle. Elle prend la figure des alchimistes qui projettent sur le réel leur seule subjectivité ou des illusionnistes de la préscience qui trompent en émerveillant. Mettre à jour les images trompeuses pourrait suffire à retrouver la voie de la raison.

Mais on ne se débarrasse pas si aisément des pesanteurs qui affectent la science en acte et la pédagogie. La résistance demeure dans son dynamisme obstiné. Elle ne se contente pas d'affecter les esprits naïfs et malléables, elle influe également sur les savants et les philosophes les plus déterminés à mettre à jour les ressorts de l'obscurantisme. « On a pu s'étonner qu'un philosophe rationaliste donne une si longue attention à des illusions et à des erreurs et qu'il ait sans cesse besoin de représenter les valeurs rationnelles et les images claires comme des rectifications de données fausses. En fait, [...] on ne s'installe pas d'un seul coup dans la connaissance rationnelle[407]. » Rien n'est jamais acquis en matière de raison. L'imagination veille.

Le savant n'est pas à l'abri de ses croyances primitives. Il doit prendre garde contre « la sourde permanence de cette idolâtrie, car la rêverie « travaille sans cesse [...] contre l'instruction même des expériences scientifiques[408] ». L'imagination agit contre les preuves pourtant accablantes, de manière insidieuse. Elle s'insinue dans les démonstrations, harcèle la raison et séduit. Nous ne construisons pas les images, nous ne les combinons pas, elles se forment en nous isolément et à notre insu. « Si quelqu'un dit : "Je vais faire une belle image", il ne la fera pas ; on ne peut pas vouloir faire une image. C'est une espèce de

[407] Bachelard (Gaston), *L'Eau et les rêves*, Corti, 1942.
[408] Bachelard (Gaston), *La Psychanalyse du feu*, Gallimard, 1938.

don, non pas de l'esprit mais de l'âme[409]. » Elles se donnent à nous pour que l'on s'y abandonne. Elles surgissent de nulle part et envahissent la conscience en lui ôtant sa vigilance. L'ignorance nous menace comme le retour du refoulé.

Ainsi l'imagination ne fonctionne plus de manière ponctuelle pour retarder l'accès au savoir, elle s'inscrit dans le processus de connaissance dont elle est partie prenante. Pire, elle prend la forme d'une pensée. « Le danger des métaphores immédiates pour la formation de l'esprit scientifique, c'est qu'elles ne sont pas toujours des images qui passent ; elles poussent à une pensée autonome ; elles tendent à se compléter, à s'achever dans le règne de l'image[410]. » L'imagination y joue un rôle mystérieux tantôt stimulant, tantôt déroutant, tantôt dynamisant et tantôt anesthésiant. Bachelard qui pensait pouvoir en finir une fois pour toutes avec les images-obstacles en les rationalisant va désormais y consacrer dix des quatorze ouvrages à venir en explorant leur infinie richesse.

L'imaginaire sans crainte

À partir de quel moment Bachelard a-t-il ouvert cette nouvelle voie ? L'examen approfondi du fonctionnement de l'imaginaire date de 1937-1938 avec la notion d'obstacle épistémologique. La perspective de Bachelard est alors plus psychologique que logique. Il s'agit d'établir une typologie des entraves en les classant et en les analysant. Il cherche à comprendre l'erreur et l'illusion en les décryptant et en se positionnant du point de vue objectif.

Les choses semblent avoir quelque peu basculé en 1938 au moment de la publication de *La Psychanalyse du feu.* Bachelard annonce lui-même le changement de perspective. « C'est maintenant l'axe inverse, non plus l'axe de l'objectivation, mais l'axe de la subjectivité que nous voudrions explorer[411]. » Autrement dit, on ne se place plus du point de vue de l'objet, mais du point de vue du sujet.

Toutefois, il s'agit encore d'une illustration de *La Formation de l'esprit scientifique* et non d'une véritable rupture de pensée. Il y est question de double perspective autour d'un même objet, de complémentarité entre science et poésie. Rien d'inquiétant donc pour les épistémologues. Bachelard ne se convertit pas à l'imaginaire, il en

---

[409] Bachelard (Gaston), *De la nature du rationalisme*, in *L'Engagement rationaliste*, PUF, 1972.
[410] Bachelard (Gaston), *La Formation de l'esprit scientifique*, Vrin, 1938.
[411] Bachelard (Gaston), *La Psychanalyse du feu*, Gallimard, 1938.

explore la fonction. Il écrira encore trois autres ouvrages sur les sciences qui seront d'ailleurs davantage épurés d'éléments subjectifs, comme si la reconnaissance d'un double regard sur les choses pouvait éviter de malencontreux mélanges et de redoutables confusions. Rien de tel pour penser que de consacrer une partie de ses recherches à mettre à distance ses affects. La distanciation s'accompagnera d'une mise entre parenthèses des rêveries. De 1948 à 1956, à l'exception de quelques petits articles et durant ses dernières années d'enseignement, Bachelard se consacre à l'épistémologie et n'écrit aucun ouvrage sur l'imaginaire. La séparation des deux univers est en marche.

Le processus n'est pourtant pas sans difficulté. Pour la première fois, Bachelard concède n'avoir pas pu redresser la raison. « Nous allons étudier un problème où l'attitude objective n'a jamais pu se réaliser, où la séduction première est si définitive qu'elle déforme encore les esprits les plus droits et qu'elle les ramène toujours au bercail poétique où les rêveries remplacent la pensée, où les poèmes cachent les théorèmes[412]. » On sait la place particulière qu'a eue le feu dans son enfance, à la fois objet de fascination, objet d'admiration pour le père qui fait le feu et objet de transgression. On sait aussi que pour les hommes comme Bachelard, le feu fut l'instrument des pires combats et métaphoriquement le lieu où l'on s'exposait à une mort rapide.

C'est sous le feu de l'ennemi que Bachelard maintient la communication et obtient la croix de guerre. Est-ce un hasard si la plupart des publications sur l'imaginaire s'échelonnent de 1938 à 1947 ? En pleine France occupée, en 1941, Bachelard rédige *L'Eau et les rêves,* en 1942, *L'Air et les songes* et quelque temps après la Libération, en 1947, *La Terre et les rêveries de la volonté* et *La Terre et les rêveries du repos*. Le sexagénaire se réfugie chez les poètes. Il ne reprendra son travail épistémologique qu'en 1949, avec *Le Rationalisme appliqué*, et le poursuivra en 1951, avec *L'Activité rationaliste de la physique contemporaine* et jusqu'en 1953, avec *Le Matérialisme rationnel*. La plupart des ouvrages d'esthétique ont donc été travaillés durant près de dix ans entre 1938 et 1947 dans une période troublée.

Ce n'est pas seulement la volonté d'explorer un nouvel axe qui a prévalu, mais le désir de trouver refuge dans la rêverie, de se détendre face aux tensions externes, de se libérer d'une vie austère, au moment où les angoisses et les restrictions pouvaient altérer le moral. Bachelard

412 Bachelard (Gaston), *La Psychanalyse du feu*, Gallimard, 1938.

avait autant besoin d'imaginer, c'est-à-dire de s'absenter du présent, que d'étudier l'imaginaire. De là cette difficulté à redresser rationnellement ses propres représentations et l'esquisse d'une phénoménologie de l'imaginaire fondée sur une auto-expérimentation. Au demeurant, étudier l'imaginaire est une gageure pour qui doit à la fois vivre l'impensé et penser la vie imaginaire.

La lente conquête du droit d'imaginer

Mais il est une autre explication tout à fait complémentaire à cette exploration de l'imaginaire consécutive aux travaux épistémologiques. Et c'est Bachelard qui nous met également sur la piste. Dans une lettre à Henri Bosco en date du 9 décembre 1958, il avoue : « J'ai conquis si lentement le droit d'imaginer[413]. » Ecarté des humanités, au cours de ses études secondaires, préoccupé de rigueur abstraite et de logique contraignante, faisant preuve de sévérité et d'exigence à l'égard de lui-même, Bachelard a longtemps bridé ses élans imaginatifs alors qu'il avait l'âme rêveuse, qu'il aimait la nature et avait pratiqué tout jeune la musique et le théâtre. L'effort déployé pour devenir ingénieur avait été d'une exceptionnelle intensité. Il fut à la mesure de l'extrême exigence à l'égard de lui-même.

Inflexible et solitaire, Bachelard a dû accepter l'imaginaire à la faveur des faits marquants de son existence. Il a multiplié les rencontres, vécu des événements intensément douloureux, tout en accompagnant au plus près l'enfance et l'adolescence de sa fille. Il a petit à petit accepté l'ouverture à l'intersubjectivité et le retour à une part originelle et malmenée de lui-même. Les images ont progressivement cessé d'être des poids et sont devenues « des forces psychiques premières[414] ».

La conquête est lente. Elle commence bien avant *La Psychanalyse du feu* sous la forme d'évocation d'images, de micro-récits d'enfance ou de références poétiques. D'abord sporadiques, ces évocations deviennent même centrales en 1932 avec *L'Intuition de l'instant* qui en dit beaucoup sur la ruralité, la musique et le deuil. *La Dialectique de la durée* reprendra la thématique, sous l'égide d'une philosophie discontinuiste du temps et à l'image des nouvelles sciences, avant qu'elle ne devienne essentielle dans *La Formation de l'esprit scientifique* et dans les textes qui suivent.

---

[413] Bachelard (Gaston), *Lettre du 09/12/1958*, in *Correspondance Gaston Bachelard-Henri Bosco*, in Cahiers Henri Bosco, n°47-48, Artois Presses Université, 2013.

[414] Bachelard (Gaston), *La Terre et les rêveries du repos*, Corti, 1948.

La Formation de l'esprit scientifique aborde l'imaginaire sous l'angle de la raison rectifiante. Elle explicite pour la première fois la dualité concept/image en montrant combien cette dernière entrave la première. Mais pour comprendre le processus et témoigner de ce combat, Bachelard éclaire le rôle de l'imaginaire et construit une typologie de l'irrationnel. Il montre comment l'imaginaire nourrit les obstacles à l'acquisition des connaissances.

Pour le sujet qui lui est soumis, « il s'agit bien moins de prouver que d'éprouver ». Le sens de la preuve et celui du problème disparaissent au profit d'un processus distractif qui accorde crédit aux impressions dispersantes. Les observateurs s'amusent au lieu de penser. Ils stagnent au lieu de progresser. Séduits par « le pittoresque de l'observation première », la coloration du phénomène étincelant, les « traits parasites », « les aspects irréguliers », ils ne parviennent pas à dessiner, à ordonner et à hiérarchiser les phénomènes. Prisonniers des images qui stoppent le processus abstrayant et installés dans un état hypnotique qui fige le regard, ils ne réussissent pas à saisir le permanent sous le réel, la loi sous le phénomène.

L'exemple de la science électrique est significatif du poids de l'imaginaire sur le développement des connaissances. Objet de spectacle au XVIIIème siècle, l'électricité ne pouvait devenir objet de science que tardivement et de manière plus ennuyeuse. « Les tentatives de géométrisation dans les doctrines de l'électricité statique [...] furent tardives et exceptionnelles puisqu'il faut attendre la science ennuyeuse de Coulomb pour trouver les premières lois scientifiques de l'électricité. »

La Psychanalyse du feu étudie, pour la première fois, l'image sous l'angle de l'imaginaire. Bachelard se place du point de vue des images et non plus des concepts. Il ne montre plus cette résistance de l'esprit scientifique aux séductions des impressions, il se livre à une classification des images, à une analyse de l'inconscient de l'esprit scientifique. La lecture des travaux de Carl Gustav Jung lui permet de construire une psychanalyse à partir des notions de complexe, de mythe et de type psychologique. Elle lui offre les clés d'une structuration de l'inconscient collectif et de l'ordonnancement des images. Bachelard, aussi bien dans *La Psychanalyse du feu* que dans son étude sur *Lautréamont* dont la démarche psychologique en est l'illustration, identifie et analyse les complexes qui nouent désirs et rêveries. « Nous sommes devenu rationaliste à l'égard du feu[415] », dira-t-il trois ans plus tard, comme il l'a été pour la première fois dans le domaine littéraire, en 1939, en révélant les secrets de fabrication de l'imaginaire d'Isidore Ducasse. S'il se place cette fois-ci du côté de l'image c'est pour en systématiser le contenu.

La Formation de l'esprit scientifique avait cherché à établir une archéologie des erreurs et de l'ignorance et *La Psychanalyse du feu* une psychanalyse des images. Mais c'était sans compter sur cette force des images qui deviennent des forces pensantes, des vecteurs de création. *Lautréamont* fait pour la première fois des obstacles psychologiques, des principes poétiques, et du complexe, un opérateur littéraire. Bachelard se livre alors à une « tâche de psychologue littéraire[416] ». S'il rompt avec l'imaginaire dans les sciences, l'esthétique se déploie. Les séductions ne faussent plus les inductions, elles les facilitent. « Nous voulons, en premier lieu, déterminer l'étonnante unité, la foudroyante vigueur de la liaison temporelle. Nous voulons, en second lieu, dégager un complexe particulièrement énergique ». Ce complexe c'est précisément l'énergie d'agression « qui donne à l'œuvre, dans l'ensemble, son unité et sa vie[417]».

Le jour et la nuit

Les deux axes sont pleinement reconnus. Bachelard accepte l'imaginaire en lui attribuant un champ autonome, il admet l'imaginaire, non plus en luttant contre la raison, mais en séparant, au moyen de la raison, les conditions de la rêverie des conditions de la pensée et en ouvrant deux univers. La segmentation produit deux mondes, celui du jour et celui de la nuit et fait du savant un penseur qui rêve lorsque se relâche l'effort de connaissance et un rêveur qui pense lorsque se tend la volonté de rationalité. C'est parce que l'esprit dissocie le rêve et la pensée qu'il construit une pensée qui n'est plus rêvée et un rêve qui n'est plus rationnel. La raison se libère des images parce que l'esprit accepte d'imaginer la nuit et l'imagination se libère du concept parce que l'esprit ne pense que le jour. L'animus domine le diurne et l'anima, le nocturne.

La dissociation entre le penseur et l'homme pensif garantit le développement de chacun des champs épuré de ce qui l'entrave. D'un

[415] Bachelard (Gaston), *L'Eau et les rêves*, Corti, 1942.
[416] Bachelard (Gaston), *L'Eau et les rêves*, Corti, 1942.
[417] Bachelard (Gaston), *Lautréamont*, Corti, 1940.

côté se développe une épistémologie historique, de l'autre se déploie une étude de l'imagination littéraire. « Dans cet ouvrage, ainsi que dans tous ceux que nous avons consacrés à l'imagination, nous ne voulons que préparer une doctrine de l'imagination littéraire[418]. »

Les deux mondes s'affichent en toute clarté. Bachelard restera fidèle jusqu'à la fin à cette complémentarité dans la dissociation. Les écrits postérieurs à *La Psychanalyse du feu* seront, sans mélange, consacrés à l'imaginaire ou à la science. Entre l'image et le concept, l'âme et l'esprit, l'anima et l'animus, « pas de synthèse. Pas non plus de filiation ». Ils « se développent sur deux lignes divergentes de la vie spirituelle [419] ». Bachelard cessera de se confier dans *L'Activité rationaliste de la physique contemporaine*, *Le Rationalisme appliqué* et *Le Matérialisme rationnel*. Il rééquilibrera son œuvre au profit de l'esprit poétique. Ses écrits se découperont en deux parties distinctes, appréhendant ainsi la dualité humaine, faite de connaissances et de rêves. « Je suis resté avide de connaître », écrira-t-il dans son dernier texte demeuré inachevé, « toujours plus nombreuses les constructions conceptuelles et, comme j'aimais également les beautés de l'imagination poétique, je n'ai connu le travail tranquille qu'après avoir nettement coupé ma vie de travail en deux parties quasi indépendantes, l'une mise sous le signe du concept, l'autre sous le signe de l'image[420]. »

Néanmoins si cette partition exclut les mélanges, elle inclura les correspondances conceptuelles et notionnelles nombreuses entre les deux champs. Bachelard élabore un véritable isomorphisme catégoriel. L'homme partagé entre vérité et idéalité, entre raison et fiction retrouve l'unité de « l'homme des vingt-quatre heures[421] ».

L'Eau et les rêves, rédigée trois ans après la publication de *La Psychanalyse du feu*, ne cherche plus tant à rationaliser l'imaginaire qu'à en explorer toutes les variations, en continuant l'étude des quatre éléments. L'imaginaire n'est plus seulement objet d'étude, il en est aussi le sujet central. C'est à partir de ce texte que Bachelard exerce pleinement son droit d'imaginer et cherche à rendre « aux pensées, leur avenue de rêves[422] ». Il n'est alors plus question d'une psychanalyse de

---

[418] Bachelard (Gaston), *La Terre et les rêveries de la volonté*, Corti, 1948.
[419] Bachelard (Gaston), *La Poétique de la rêverie*, PUF, 1960.
[420] Bachelard (Gaston), *Fragments d'une poétique du feu*, PUF, 1988.
[421] Bachelard (Gaston), *De la nature du rationalisme*, in *L'Engagement rationaliste*, PUF, 1972.
[422] Bachelard (Gaston), *L'Eau et les rêves*, Corti, 1942.

l'eau, développant systématiquement « le caractère organiciste des images matérialisées », mais d'une imagination matérielle. « La sincérité nous oblige à confesser que nous n'avons pas réussi le même redressement à l'égard de l'eau. Les images de l'eau, nous les vivons encore, nous les vivons synthétiquement dans leur complexité première en leur donnant souvent notre adhésion irraisonnée. » Loin de procéder à cet effort de dissociation des rêves et de la connaissance, il s'agit plutôt de les associer en montrant comment se construit l'imaginaire. Ce qui est visé, ce n'est plus la typologie statique des images, mais leur dynamique. *L'eau et les rêves* inaugure le processus de fabrique des images.

La Psychanalyse du feu, encore trop imprégnée de rationalité, n'en avait pas permis le déploiement. Bachelard devra reprendre l'imaginaire ignée dans ses deux derniers textes restés inachevés. En ne redressant pas les images de l'eau, il a réussi avec l'imaginaire aquatique ce qu'il n'avait pu faire avec le feu, faute d'avoir totalement libéré l'imaginaire. L'expérience des rêveries est décisive pour l'accès au monde onirique.

Devenu libre d'imaginer lorsqu'il ne fait pas œuvre de connaissance scientifique et libre de connaître lorsqu'il s'abstrait du réel immédiat et des images, Bachelard peut cheminer en toute quiétude au cœur de l'imaginaire. La « vie imaginaire » est d'ailleurs pour lui « la vie véritable[423] », celle qui permet de changer le monde, de l'édifier à sa mesure, d'y substituer un monde à soi, imprégné de poésie et de musique, de création et d'invention sans échos ni résonances. Les images sont des puissances « plus fortes que les idées, plus fortes que les expériences réelles[424] ». Ce ne sont pas de simples formes, ce sont des forces. Elles ont ce pouvoir d'orienter nos choix et nos volontés. « On ne veut bien que ce qu'on imagine richement, ce qu'on couvre de beautés projetées[425]. » Le monde est beau avant d'être vrai.

Comme il le soulignera un peu plus tard lors d'une causerie radiophonique[426], la vie de Bachelard ne fut pas comparable à l'utopie rabelaisienne de l'Abbaye de Thélème. Le moins que l'on puisse dire, c'est qu'il ne fut pas épargné par une vie entachée de drames personnels, d'événements douloureux et de combats ardus. « Il ne faut

---

[423] Bachelard (Gaston), *L'Air et les songes*, Corti, 1943.
[424] Bachelard (Gaston), *La Terre et les rêveries du repos*, Corti, 1948.
[425] Bachelard (Gaston), *La Terre et les rêveries de la volonté*, Corti, 1948.
[426] Bachelard (Gaston), *La Radio, comme possibilité de rêve éveillé*, émission radiophonique, la Radiodiffusion Française, 1949.

qu'un soir d'hiver, que le vent autour de la maison, qu'un feu clair, pour qu'une âme douloureuse dise à la fois ses souvenirs et ses peines[427]. » L'imaginaire est un authentique refuge pour celui qui a mal vécu. C'est « une force de rééquilibrage contre les appels à la dépression. » Il « tend toujours vers des rêveries heureuses » , parce qu'il est « la réponse du vouloir-vivre à la difficulté de vivre[428] ». Les accents bachelardiens sont parfois très flaubertiens. Bachelard retrouve dans l'écriture ce que l'auteur de Madame Bovary trouvait dans la narration, une rupture heureuse d'avec le monde réel. « Pour qui connaît la rêverie écrite, pour qui sait vivre, pleinement vivre, au courant de la plume, le réel est si loin[429] ! »

Les voies de la création

Bachelard vit de plus en plus dans l'écriture et y découvre une autre voie que celle du savant et de l'ingénieur. Si ce dernier procède par plan et programme, modèle et mode d'emploi, l'écrivain Bachelard se découvre écrivant. « Ce qu'on avait à dire est si vite supplanté par ce qu'on se surprend à écrire qu'on sent bien que le langage écrit crée son propre univers [430] . » Louis Aragon, le rejoint dans cette vision matérialiste de l'écriture conçue comme matériaux d'une forme à venir : « Jamais je n'ai écrit une histoire dont je connaissais le déroulement, j'ai toujours été, écrivant, comme un lecteur qui fait la connaissance d'un paysage ou de personnages dont il découvre le caractère, la biographie, la destinée[431]. » L'imaginaire scriptural est imprévisible si bien que l'on découvre sa pensée en écrivant. Il en est sans doute aussi de la parole qui prend forme en s'énonçant. Bachelard qui n'était pas un organisateur de cours pouvait ainsi fabriquer son cours en le découvrant.

Voilà pourquoi parler et écrire comportent le risque de s'égarer ou de s'échapper à soi-même. « Le langage est toujours un peu en avant de notre pensée, un peu plus bouillonnant que notre amour. Il est la belle fonction de l'imprudence humaine, la vantardise dynamogénique de la volonté, ce qui exagère la puissance[432]. » Mais l'excès révèle ce que

[427] Bachelard (Gaston), *La Psychanalyse du feu,* Gallimard, 1938.
[428] Wunenburger (Jean-Jacques), *Gaston Bachelard, poétique des images,* Éditions Mimésis, 2012.
[429] Bachelard (Gaston), *L'Air et les songes,* Corti, 1943.
[430] Bachelard (Gaston), *L'Air et les songes*, Corti, 1943.
[431] Aragon (Louis) *Je n'ai jamais appris à écrire ou les incipit,* Flammarion, 1969.
[432] Bachelard (Gaston), *L'Air et les songes,* Corti, 1943.

l'on est vraiment. La caricature dit quelque chose de nous-mêmes. Nos réalisations nous jugent. En bon dialecticien, Bachelard estime que l'on ne perçoit les limites qu'en les franchissant. « C'est par le dépassement de la réalité que l'imagination nous révèle notre réalité [433] . » L'imaginaire est également source de connaissance en tant qu'il nous éclaire sur un devenir que l'on n'est pas encore.

La création est un processus toujours imprévisible en ses résultats. Qu'il s'agisse de peinture ou de sculpture, de musique ou de poésie, l'œuvre réalisée surprend toujours son créateur et s'en détache. Bachelard fut violoniste avant de goûter au théâtre et à la poésie. Son expérience culturelle, aux multiples visages, nourrit sa vision esthétique très en phase avec la modernité. Il goûte à l'éclectisme d'un Pierre Emmanuel, compositeur natif également de Bar-sur-Aube, soucieux d'enrichir l'expression sonore en intégrant les modes musicaux populaires. Le lyrisme d'un Richard Wagner le dynamise et il écoute volontiers Maurice Ravel[434]. Il apprécie également Debussy et ses recherches sur la variété et la qualité des sons, sur la fragmentation et la dissociation du temps musical, sur la mobilité et l'imprévisibilité mélodique. Les musiciens composent « les yeux grands ouverts, créant par un regard tendu dans le vide une sorte de silence visuel, un regard silencieux qui efface le monde pour faire taire ses bruits[435] ». Ils s'abstraient des échos et des résonances en créant leurs propres bruits. « Leurs lèvres ne remuent pas, le rythme du sang même a tari son tambour, la vie attend, l'harmonie va venir. Ils entendent alors ce qu'ils créent dans l'acte qui crée. » Du silence jaillissent les sons et les rythmes, les vibrations et les accords ; de leur improbable rencontre surgit la soudaine mélodie.

Les symétries poétiques et musicales les plus insignifiantes peuvent faire sens a posteriori. Les formes dissymétriques les plus subalternes peuvent produire de surprenantes harmonies, les sons les plus décousus, des symphonies. La continuité musicale se construit par récurrence, grâce à la combinaison toujours inachevée des impressions et des sentiments. La musique est le résultat d'une entente entre compositeurs, interprètes et auditeurs qui nous donne une impression de continuité et de plénitude. Elle est œuvre commune. « On ne l'entend pas de prime abord [...] Là, comme ailleurs, la reconnaissance a lieu avant la

---

[433] Bachelard (Gaston), *La Terre et les rêveries de la volonté,* Corti, 1948.

[434] Lassus (Marie-Pierre), *Gaston Bachelard musicien, une philosophie des silences et des timbres*, Presses Universitaires du Septentrion, 2010.

[435] Bachelard (Gaston), *L'Air et les songes,* Corti, 1943.

connaissance [...], la mélodie, dure parce qu'elle reprend [...], elle se perd pour se retrouver[436]. » La forme qui unifie le phrasé musical s'éprouve pour mieux se révéler après, « la causalité musicale est toujours différée. »

L'imaginaire du non

C'est le rôle de l'imaginaire que de nous ouvrir à ce que l'on n'avait pas d'abord pensé, à ce que l'on n'avait même pas voulu. La force de l'imagination, c'est de dépasser les habitudes perceptives, les stéréotypes, les images toutes faites. La force de l'imagination, c'est de bousculer l'existant pour l'inattendu et le virtuel. Elle s'évade du présent pour s'ouvrir à la nouveauté et aux recommencements.

L'imagination cherche l'invisible et l'impensé, elle participe d'une microphysique de l'âme en voulant jusqu'à « palper le grain des substances[437] ». Elle est innovante. Elle est également mobile. Elle déplace le sens, ouvre à d'autres associations ou découvertes. Elle invite à « chercher, à propos de tous les mots les désirs d'altérité, les désirs de double sens, les désirs de métaphore[438] ». Pareille à l'esprit critique dans les sciences, « la vraie poésie est une fonction d'éveil[439] ». Elle conduit à une vie nouvelle, inédite et inouïe : « Le verbe n'est-il pas la première allégresse ? La parole a une tonicité si elle espère[440]. » Elle est également une manière de retrouver les possibles de l'enfance, les voies oubliées. « L'imagination est le principe d'une éternelle jeunesse. Elle rajeunit l'esprit en lui rendant les images dynamiques premières. » Elle se rebelle contre l'irréversibilité du temps.

C'est pourquoi les œuvres de la création sont d'essence polémique. Ils disent non à l'existant et oui au changement. De même qu'il existe une philosophie du non, un non-euclidisme et un non-cartésianisme, il y a une esthétique du non. Bachelard, l'ami des poètes surréalistes et des peintres modernes, sait que l'art peut surprendre ou scandaliser, que l'écriture peut contrarier. La création est un instant de rupture plus qu'une continuité tranquille. Écrire c'est surtout déplaire, dire non, polémiquer, c'est-à-dire créer ce que l'on n'attendait pas. « L'image

---

436 Bachelard (Gaston), *La Dialectique de la durée,* PUF, 1936.

437 Bachelard (Gaston), *La Terre et les rêveries de la volonté,* Corti, 1948.

438 Bachelard (Gaston), *L'Air et les songes,* Corti, 1943.

439 Bachelard (Gaston), *L'Eau et les rêves,* Corti, 1942.

440 Bachelard (Gaston), *L'Air et les songes,* Corti, 1943.

littéraire est une image polémique. Écrire c'est plaire à quelques-uns et déplaire à beaucoup[441]. »

Bachelard imagine avec enthousiasme. Il sait qu'en rêvant près des écrivains et des poètes, il va vivre d'autres vies que la sienne. Les événements tragiques de la vie personnelle, l'occupation nazie, les restrictions s'oublient vite quand on entre en poésie. La petite chambre parisienne s'élargit à tout l'univers onirique et les bruits urbains évoquent les vibrations sonores de la vie rurale. L'imagination dynamise en offrant la nouveauté et apaise en délivrant des angoisses. Elle éveille et allège, dynamise et galvanise. Elle a des effets bienfaisants pour l'âme et le corps. Bachelard ne cessera de souligner les effets thérapeutiques positifs de l'imagination matérielle et de la rythmanalyse.

Les images littéraires renouvelées donnent « une espérance à un sentiment, une vigueur spéciale à notre décision d'être une personne, une tonicité même à notre vie physique [....] Elles nous vitalisent[442]. » À vivre dans l'imaginaire, « l'être devient parole » de même que l'électron qui se meut sans cesse ou la flamme d'une chandelle[443] sont des devenir-être. À la veille de sa mort, le médecin qui a soigné Bachelard a remarqué un patient oublieux de son propre corps. Dans les deux dernières décennies qui ont précédé sa disparition, il a exploré l'imaginaire sans tricher en s'y livrant totalement.

L'enthousiasme inventif et créatif

Pourquoi un tel engouement ? Bachelard n'aborde pas l'imaginaire en oubliant son travail d'épistémologue. Il a déjà vécu ce détachement à l'égard de la vie ordinaire au profit d'une vie extraordinaire consacrée à la science et à la vérité. L'ascétisme du savant et du penseur le prépare à celui du poète. « Le temps de la pensée a, en effet, à l'égard du temps de la vie une telle supériorité qu'il peut parfois commander l'action vitale et le repos vital[444]. » Ce qu'il apprécie particulièrement, c'est la transcendance de la vie de l'esprit. « L'honneur de penser » s'exerce à travers la recherche de « rythmes élevés, rares et purs, de la vie spirituelle ».

Il découvre également des liens et des correspondances entre science et poésie. Il y cherche aussi des réponses à ses interrogations. Son

---

[441] Bachelard (Gaston), *La Terre et les rêveries du repos,* Corti, 1948.
[442] Bachelard (Gaston), *L'Air et les songes,* Corti, 1943.
[443] Bachelard (Gaston), *La Flamme d'une chandelle,* PUF, 1961.
[444] Bachelard (Gaston), *La Dialectique de la Durée,* PUF, 1936.

empathie à l'égard des poètes ne relève pas simplement de l'amitié, elle est de l'ordre d'une méthode. De même qu'il faut appréhender la science de l'intérieur, pour pouvoir analyser la poésie, il faut être poète. « Seul un poète peut expliquer un autre poète[445]. » Et si l'on sait que Bachelard, qui se définit volontiers comme « un philosophe qui adore les mots[446] », n'a rien découvert scientifiquement et n'a guère publié les poèmes qu'il a écrits, l'on sait aussi qu'il obtint la reconnaissance universitaire en matière scientifique et qu'il écrivit dans un style parfois très poétique. C'est ainsi que cet extrait de *L'Air et les songes* appartient à l'écrivain poète qu'il fut : « Qui n'a rêvé, en plein champ, quand, dans l'octobre frissonnant, brûlent les fanes de la pomme de terre, aux formes arborescentes de la fumée ? Au lieu du jet de feu, au lieu de la fleur éclatante et sonore des flammes jaillissant d'un bois sec, voici la touffe, voici le tronc, les premières branches, puis, haut dans le ciel, les palmes et les volutes. Lentement dépliée, la fumée monte dans l'air du soir. Un arbre immatériel, tout bleu, tout gris, pousse avec légèreté. Un peu d'un parfum mort a traversé la nuit. »

Bachelard est demeuré au seuil de la pratique poétique. « Un pas de plus » nous dit-il en 1961, et « je serais poète ». Il ne l'a pas été parce qu'il s'est moins intéressé à l'art poétique qu'aux images et aux « valeurs de construction d'un poème[447] ». Son approche est plus réflexive que créative, tout en appréhendant le processus imageant de l'intérieur. Il a préféré effacer et oublier ses essais poétiques.

En réalité, ce n'est ni la science, en tant que savant, ni la poésie, en tant que poète, qui l'intéressent. Sa préoccupation est celle de l'esprit humain et du processus d'invention et de création. Il n'a cessé d'être fasciné par les inventions techniques et les découvertes scientifiques, par le renouvellement des arts et de la poésie. Il en a fait une théorie de la discontinuité du temps fondée sur l'hétérogénéité des instants créatifs. Pour créer et inventer, il faut rompre avec une antériorité, il faut cesser de chercher dans le passé le germe d'un développement, la source d'un quelconque don. La rupture n'est pas le fruit d'une lente convergence, mais d'une brutale divergence, d'une décision qui inverse le cours des choses, d'une volonté qui conquiert en un instant décisif. C'est l'apanage de la volonté forte, l'expression d'un effort quasi surhumain, que de trancher dans le vif.

---

[445] Bachelard (Gaston), *L'Air et les songes,* Corti, 1943.

[446] Bachelard (Gaston), *La Terre et les rêveries de la volonté,* Corti, 1948.

[447] Knapp (Hubert) et Bringuier (Jean-Claude), *Bachelard ou l'héritage invisible,* in *Cinq colonnes à la une*, ORTF, 1961.

Pourtant le langage ne pense que durée et continuité là où il faut considérer instantanéité et soudaineté. « Comment rendre la décision d'une révolution de l'être, comment rompre la paresse du continu avec les mots : maintenant, dès à présent, dorénavant ? La culture de la volonté réclame des monosyllabes. L'énergie d'une langue est souvent aussi intraduisible que sa poésie[448]. » Ainsi, la poésie de Lautréamont est difficile à comprendre parce qu'elle est une poésie instantanée, « une poésie [...] de l'impulsion musculaire[449] » dans laquelle « l'acte vigoureux désiré est un acte d'agression » si bien que « le temps doit être conçu comme une accumulation d'instants décisifs, sans grand souci de la durée d'exécution ». Au demeurant, la création a la fulgurance du feu et « suggère le désir de changer, de brusquer le temps[450] ». Il n'en est pas autrement de la science vivante. Le continu y « est le lieu géométrique de notre paresse et de notre ignorance » tandis que « le discontinu apporte la lumière dans cette ombre[451] ».

La discontinuité du temps résulte du privilège accordé à la nouveauté sur le déjà existant. La nouveauté est préférable à la cohérence. « C'est par la nouveauté des découvertes suggérées qu'une vue générale prouve sa valeur[452]. » Bachelard n'admet que les systèmes ouverts, les généralités qui ont un véritable potentiel de développement. Le tableau atomique de Mendeleïev en est le symbole. Il propose un ordonnancement des atomes qui n'a pas vocation à classer, mais à inventer d'autres corps chimiques introuvés. « On ne demande pas simplement à une vue générale d'être étendue, on lui demande d'être extensible. » Ce n'est pas du côté du connu que s'effectue le progrès, mais du côté des forces d'invention. « On n'expliquera pas la pensée en faisant l'inventaire de ses acquisitions, une force la parcourt dont il faut rendre compte[453]. » L'invention ne résulte pas d'un classement, mais d'un processus de bouleversement de l'ordre établi.

Le chemin buissonnier

Comment la nouveauté est-elle possible ? Telle est la question qui traverse l'ensemble de son œuvre. Or c'est la même faculté qui renouvelle la science et les arts en transformant, dépassant et rompant

---

[448] Bachelard (Gaston), *L'Air et les songes*, Corti, 1943.
[449] Bachelard (Gaston), *Lautréamont*, Corti, 1940.
[450] Bachelard (Gaston), *La Psychanalyse du feu*, Gallimard, 1938.
[451] Bachelard (Gaston), *Essai sur la connaissance approchée*, Vrin, 1927.
[452] Bachelard (Gaston), *Le Pluralisme cohérent de la chimie moderne*, Vrin, 1927.
[453] Bachelard (Gaston), *Essai sur la connaissance approchée*, Vrin, 1927.

avec l'existant. Il s'agit de l'imagination dont le déploiement et la visibilité sont plus forts dans le domaine esthétique que scientifique. Elle sonne le glas des petites routines. « L'imagination est essentiellement ouverte, évasive. Elle est dans le psychisme humain l'expérience même de l'ouverture, l'expérience même de la nouveauté[454]. » C'est aussi l'une des raisons pour lesquelles Bachelard va lui accorder une importance croissante.

L'imagination a quelque chose d'ambivalent et d'insaisissable. Elle contribue aussi bien à l'invention qu'à la répétition, à la création qu'à son arrêt. Cette source impure est également une source peu autorisée pour un épistémologue, un chemin buissonnier. L'emprunter c'est pourtant élargir sa culture et son champ d'activité, c'est réaliser la suprême maîtrise de tous les savoirs. Bachelard n'hésitera pas, à la surprise générale, à faire le grand écart et à étendre son domaine de pensée à l'art et à la littérature. Il y parviendra en se frayant un nouveau chemin dans l'exploration de l'imaginaire.

La première approche de l'imaginaire littéraire est d'ordre psychologique. Héritière de la typologie des obstacles, puis de la pensée jungienne des complexes, elle identifie ces derniers comme des moteurs de création, des « transformateurs d'énergie psychique[455] ». Ils sont autant de processus inconscients et d'attitudes non réfléchies qui président à la création. En 1939, dans *Lautréamont*, « c'est le complexe de la vie animale » qui donne à l'œuvre son unité, son énergie et son rythme. Il y a bien sûr le bon complexe de culture qui « revit et rajeunit une tradition », ordonne des séries d'états poétiques bien identifiables, constitue une « véritable ligne de force de l'imagination » et un « effort esthétique de la vie » ; et le mauvais qui n'est qu'une « habitude scolaire d'un écrivain sans imagination[456] ». L'imagination féconde réalise la forme animale du crabe-tourteau qui pince et aspire. Cette image littéraire n'est pas visuelle, elle est cinétique. La ventouse en est l'un des schèmes dynamiques. Le « lyrisme musculaire[457] » est dynamogénique. « L'énergie est une esthétique. » La matière n'est encore qu'énergie à l'image de la microphysique et de la radioactivité. Les formes résultent donc du mouvement ; ce sont, comme les

---

[454] Bachelard (Gaston), *L'Air et les songes*, Corti, 1943.
[455] Bachelard (Gaston), *L'Eau et les rêves*, Corti, 1942.
[456] Bachelard (Gaston), *L'Eau et les rêves*, Corti, 1942.
[457] Bachelard (Gaston), *Lautréamont*, Corti, 1940.

électrons, des êtres-mouvements. Si l'inverse était vrai, le processus créatif s'arrêterait, car les formes figent le devenir.

La seconde approche de l'imaginaire littéraire apparaît à partir de 1941 avec *L'Eau et les rêves.* Elle remplace le mécanisme psychologique par la matière conçue comme « le schème des rêves indéfinis ». En quittant le champ psychologique, Bachelard se déplace du complexe vers la matière, du sujet vers l'objet. Il retrouve le primat de la matière sur la forme qui animait sa réflexion technologique.

La matière indissociable de l'énergie transforme et organise sans fin. Elle n'est pas informée, c'est elle qui produit la forme en la commandant. Bachelard associe sa théorie de l'imagination matérielle aux quatre éléments que sont, d'une part, l'eau et le feu et, d'autre part, l'air et la terre qui s'opposent entre eux et que l'on rattache à la pensée d'Empédocle. Il y voit la véritable source de la production poétique.

La notion d'imagination matérielle apparaît pour la première fois comme imagination de l'eau. *La Psychanalyse du feu*, écrite trois ans plus tôt, n'en produit qu'une esquisse en raison de la prégnance des complexes psychologiques sur la construction d'une doctrine de l'imagination matérielle. Bachelard y insiste alors sur « une classification des tempéraments poétiques », tout en soulignant qu'il n'a « pas encore pu mettre au point une doctrine d'ensemble ». Il s'avance prudemment autour de l'idée d'une correspondance entre matières et tempéraments, histoire de faire le lien avec l'approche psychologique antérieure. « Il nous semble bien qu'il y a quelques rapports entre la doctrine des quatre éléments physiques et la doctrine des quatre tempéraments[458]. » C'est ce lien, encore teinté de rationalité, qui limitera son expérience de l'imaginaire. Il lui faudra revenir sans cesse sur le feu pour en élargir le champ des images. Avec l'eau, l'air et la terre, on entre plus aisément dans le monde onirique.

En 1938, il esquisse un plan d'étude qui devait le conduire jusqu'en 1947 : « Les âmes qui rêvent sous le signe du feu, sous le signe de l'eau, sous le signe de l'air, sous le signe de la terre se révèlent comme bien différentes [...] : ils ne parlent pas la même langue. » C'est cette langue-là que Bachelard explorera durant la seconde guerre mondiale. Mais il ne suivra pas son plan d'étude et s'en détachera au fur et à mesure de son entrée dans la vie des images. Il nous éclairera alors moins, sur les tempéraments inspirés de la matière, que sur les images produites par ces matières différentes et qui sont les véritables schèmes producteurs

[458] Bachelard (Gaston), *La Psychanalyse du feu*, Gallimard, 1938.

de poèmes, « les hormones de l'imagination[459] ». La matière est un principe organisateur. « En raison de l'unité de l'élément, ces images s'ordonnent et s'organisent. » La matière « est un support d'images et bientôt un apport d'images, un principe qui fonde les images[460] ». Elle « est un centre de rêves[461]. » Fil conducteur de nos impressions, la matière ordonne notre imaginaire en structurant notre inconscient.

Mais si la matière joue un rôle substantiel, elle n'est pas dissociable de la forme qu'elle déforme et transforme sans cesse. Les éléments matériels sont à la racine de la force imaginante, comme le soulignaient les philosophies de l'antiquité, sans en être visibles. Leur uniformité, leur banalité et leur constance qui viennent des profondeurs invisibles n'attirent pas. On préfère à la régularité glaçante de la matière qui, pour le coup, l'apparente au concept, les irrégularités chaleureuses de la forme qui l'associent à l'image. La matière a besoin de pittoresque, de couleurs, de variétés, de singularités pour apparaître. « Toute œuvre poétique qui prend ses forces dans l'action vigilante d'une cause substantielle doit, tout de même, fleurir, se parer. » Il n'y a pas d'approfondissement sans essor, pas de germe sans germination et de bourgeon sans éclosion.

C'est pourquoi, de même que l'épistémologue voit « une rupture » « entre connaissance commune et connaissance scientifique[462] », « le philosophe de l'imaginaire vise à détacher tous les suffixes de la beauté, [....] à trouver, derrière les images qui se montrent, les images qui se cachent, » pour « aller à la racine même de la force imageante[463] ». Rien n'est donné à celui qui veut se saisir des racines de l'imaginaire, il doit rompre avec les séduisantes impressions pour enfin s'emparer de l'être des images.

Entre invention et création

L'imaginaire technique et scientifique, à l'origine de multiples inventions, a besoin également d'opérer des changements de formes, de réaliser des métamorphoses. Si sa racine n'est plus matérielle, mais mathématique, son expression se heurte à la richesse et à la souplesse insuffisante du langage. L'évolution de la science est tributaire des transformations linguistiques et psychologiques. Elle a besoin de l'art

---

459 Bachelard (Gaston), *L'Air et les songes*, Corti, 1943.
460 Bachelard (Gaston), *L'Eau et les rêves*, Corti, 1942.
461 Bachelard (Gaston), *La Terre et les rêveries de la volonté*, Corti, 1948.
462 Bachelard (Gaston), *Le Matérialisme rationnel*, PUF, 1953.
463 Bachelard (Gaston), *L'Eau et les rêves*, Corti, 1942.

et de la littérature pour s'assouplir et devenir plus propre à penser la relation plutôt que la substance et les espaces figés.

Loin de se soumettre aux règles de la rhétorique et de la linguistique, le littéraire renouvelle le langage et repense la grammaire. Les propriétés n'ont plus de substance à laquelle elles se rattachent, comme les adjectifs à un nom, elles prennent leur autonomie dans l'action et se font verbe. Plus fonctionnel que substantiel, le langage pense le relationnel en épousant le dynamisme des images. L'imaginaire associe, rapproche, construit des correspondances inédites. Il peut fluidifier le langage comme il dynamise la pensée.

L'imaginaire poétique n'a pas de frontière. Il se rapproche volontiers de la nouvelle physique. « L'art poétique de la physique se fait avec des nombres, avec des groupes, avec des spins, en excluant les distributions monotones, les quanta répétés, sans que rien de ce qui fonctionne ne soit jamais arrêté[464]. » La musique elle-même, longtemps associée au numérique dès Pythagore, sert à penser la physique moderne. « Au lieu de la mélodie mathématique qui accompagnait jadis le travail de manœuvre du physicien, c'est toute une harmonie qui romance mathématiquement la propagation. Très exactement, c'est un quatuor que le mathématicien doit diriger, en mécanique de Dirac, pour régler les quatre fonctions associées à toute propagation. » La métaphore musicale fait plus qu'illustrer, elle fait penser.

Loin d'être aussi fortement opposable, la science s'inscrit dans un système de correspondance inédit avec l'art. Comme le souligne Bachelard dès sa thèse en citant Villiers de l'Isle-Adam, « comprendre, c'est le reflet de créer », car « la tâche de connaissance et la tâche de création suivent un même plan[465] ».

En matière scientifique, la compréhension n'est pas une activité formelle, consistant simplement à appréhender par l'esprit les liens entre les phénomènes, elle est une activité opérationnelle qui produit les phénomènes et leurs agencements. Comprendre ce n'est pas contempler passivement, c'est réaliser, fabriquer les phénomènes que l'on cherche à appréhender. « On ne les comprend bien, on en saisit bien le sens philosophique qu'en revivant l'impulsion créatrice. » L'invention comme la création sont des processus toujours inachevés qui procèdent par rectification et systématisation. Et si la science dans ses processus d'invention était semblable à l'art dans ses processus de création ?

---

[464] Bachelard (Gaston), *La Philosophie du non*, PUF, 1940.
[465] Bachelard (Gaston), *Essai sur la connaissance approchée*, Vrin, 1927.

L'art et la science ont une source commune qui participe de l'un et de l'autre. Au commencement était l'amour selon Bachelard. « C'est le sentiment qui est la valeur fondamentale et première. La nature, on commence par l'aimer sans la connaître, sans la bien voir, en réalisant dans les choses un amour qui se fonde ailleurs[466]. » On aime avant de connaître, on admire avant de découvrir ou de créer. On connaît parce que l'on aime, l'on crée par passion. L'origine de la connaissance et de l'art est irrationnelle.

Mais sans l'imagination, il n'est pas d'effort commun pour se détacher de cette affectivité profonde. Sans l'imagination, on est définitivement attaché à ses premiers affects et réduit à son existence biologique. Insoumise, l'imagination vainc l'inertie, l'immobilisme, la lourdeur, le passéisme et agrandit la vie. La puissance des images directrices nous arrache à la force de nos habitudes. L'amour, sans l'imaginaire, n'a rien de poétique. L'amour de la nature, sans un peu d'imagination, se ferme à toute exploration. Dans les deux cas, l'imaginaire joue un rôle fondateur et premier.

C'est « l'imagination » qui « produit la pensée », « l'imagination est vraiment la puissance formatrice des pensées humaines[467] », c'est « une force première » qui unifie l'âme humaine. Elle ne fabrique plus d'obstacles qui stoppent le processus cognitif, sa mobilité et sa rapidité induisent au contraire la pensée et commandent la perception. « L'imagination est "l'accélérateur" du psychisme[468]. » « La fonction de l'irréel est la fonction qui dynamise vraiment le psychisme, tandis que la fonction du réel est une fonction d'arrêt, une fonction d'inhibition[469]. » C'est par l'imagination que l'on risque sa pensée, que l'on fait preuve d'audace psychique et d'imprudence psychologique. C'est par elle que l'on joue sa raison et la réforme. Ce sont aussi les rêves qui précèdent les inventions techniques comme Jules Verne l'a si bien montré. C'est l'image littéraire qui met les mots en mouvement pour créer.

Bachelard distingue pourtant l'imaginaire poétique de l'imaginaire « anagogique [470] ». Le premier rêve en s'aventurant, le second s'aventure en pensant. Le premier s'inscrit dans la psychologie des profondeurs et dans le surréalisme en suivant l'inconscient, le second,

---

466 Bachelard (Gaston), *L'Eau et les rêves*, Corti, 1942.
467 Bachelard (Gaston), *L'Air et les songes*, Corti, 1943.
468 Bachelard (Gaston), *La Terre et les rêveries de la volonté*, Corti, 1948.
469 Bachelard (Gaston), *La Terre et les rêveries du repos*, Corti, 1948.
470 Bachelard (Gaston), *La Philosophie du non*, PUF, 1940.

dans « le surrationalisme dialectique » et mathématique en dépassant le déjà connu. L'imaginaire participe donc des deux axes, subjectifs et objectifs, tout en les différenciant. Néanmoins, il ne cesse de les rapprocher en créant des médiations, des analogies et des correspondances.

Ainsi la poésie et les mathématiques créent dans la cohérence de l'œuvre et de la démonstration. Il existe un « effort poétique des mathématiciens » totalement inédit, un « effort créateur, réalisateur : subitement, par une inflexion créatrice, les syllabes associées forment un mot, un vrai mot, qui parle à la raison et qui trouve, dans la réalité, une chose à évoquer[471] ». C'est aussi « du côté esthétique que nous trouverions des valeurs synthétiques comparables aux symboles mathématiques. En se souvenant de ces beaux symboles mathématiques où s'allient le possible et le réel ne peut-on évoquer les images mallarméennes ? » Le mathématicien qui invente se rapproche de l'artiste qui crée. Bachelard évoque « l'art d'inventer en physique mathématique » et conclut en avouant que « la théorie mathématique nous a paru inventive dans son essence[472] ».

Le rapprochement n'est pourtant pas confusion. L'invention n'est pas une création comme les autres, elle doit avoir un sens à l'intérieur d'un système. Elle n'est pas le fruit du hasard, mais celui de la nécessité. Elle est « une invention logique » comme celle de l'emploi inattendu des coordonnées curvilignes pour enrichir les équations aux dérivées partielles. Néanmoins, elle est celle d'un sujet, en l'occurrence un certain Gabriel Lamé qui a l'égale dignité d'un créateur. La révolution d'Einstein n'a-t-elle pas produit elle-même le hors-cadre en rompant avec les cadres de la physique de Newton ?

L'imagination littéraire participe également de l'image et du concept. Elle favorise la rêverie autant que la connaissance. Les images littéraires « pourront aussi bien, tendre à des connaissances raisonnables, aussi bien, par des exubérances, s'évaser en de lointaines métaphores[473] ». Bachelard ne fait plus du littéraire une source de méfiance, il multiplie les correspondances notionnelles et les métaphores, il construit un pont entre le littéraire et le scientifique, opère des symétries et des croisements, des rapprochements et des déplacements, sans jamais qu'ils ne coïncident.

---

[471] Bachelard (Gaston), *Le Nouvel esprit scientifique*, PUF, 1934.

[472] Bachelard (Gaston), *L'Expérience de l'espace dans la physique con*temporaine, Alcan, 1937.

[473] Bachelard (Gaston), *La Terre et les rêveries de la volonté*, Corti, 1948.

Les correspondances comme système

Outre l'épistémologie du non et l'esthétique du non qui se veulent polémiques à l'égard du réalisme en science ou en art, Bachelard ajoute, au « nouvel esprit scientifique », un « nouvel esprit littéraire[474] ». L'engouement qu'a suscité pour lui la révolution relativiste et les inventions qui en ont découlé était à l'origine de sa volonté de devenir scientifique. C'est le même engouement à l'égard « des révolutions accomplies par les nouvelles psychologies » qui le conduit à se passionner de littérature. Bachelard n'est pas devenu littéraire par goût de la littérature ni scientifique par passion pour les sciences, mais c'est l'apparition de nouvelles approches qui l'a amené à explorer ces champs. Le désir de savoir n'est pas un désir de collectionneur capitalisant ses connaissances, c'est un désir de conquête, un désir de nouveauté, un désir de renaissance. « Il faut que la pensée conquiert ou qu'elle cesse d'être[475]. » La répétition détruit, la paresse anéantit.

Bachelard « n'attend pas qu'on lui donne le temps ; il le prend, il le crée[476] ». Comme les élèves jugés de nos jours intellectuellement précoces, il confesse s'être « ennuyé » dans ses lectures littéraires tant qu'il n'en avait pas mesuré toute la portée révolutionnaire. Lorsqu'il en comprit l'importance, il a « repris toutes les anciennes lectures ». C'est en quelque sorte un changement théorique qui l'a conduit à une autre pratique, de même que la relativité l'a incité à visiter la science.

La physique classique était restrictive et fermée, « la critique littéraire classique entrave cet essor divergeant » en se référant « à une expérience psychologique désuète, à une expérience ressassée, à une expérience fermée ». La science réforme, réorganise, repense et rectifie la science antérieure. La nouvelle critique littéraire s'empresse « de donner une forme nouvelle au monde qui n'existe poétiquement que s'il est sans cesse réimaginé[477] ». La science pense avant de vérifier : « dans l'ordre littéraire, tout est rêvé avant d'être vu ». La science exige « une surveillance intellectuelle de soi[478] », « l'image littéraire est [...] une image réfléchie, une image surveillée[479] ».

---

[474] Bachelard (Gaston), *La Terre et les rêveries du repos*, Corti, 1948.
[475] Bachelard (Gaston), *Essai sur la connaissance approchée*, Vrin, 1927.
[476] Bachelard (Gaston), *Lautréamont*, Corti, 1940.
[477] Bachelard (Gaston), *L'Eau et les rêves*, Corti, 1942.
[478] Bachelard (Gaston), *Le Rationalisme appliqué*, PUF, 1949.
[479] Bachelard (Gaston), *La Terre et les rêveries du repos*, Corti, 1948.

Le nouvel esprit littéraire

Mais l'image littéraire n'est pas une image scolaire. Le langage appris est un obstacle. La poésie, comme la science, doit créer son langage. « On doit se débarrasser des livres et des maîtres pour retrouver la primitivité poétique [480] », « faire abstraction des connaissances usées, des mythologies formelles et allégoriques qui survivent dans un enseignement sans vie et sans force [481] » et se débarrasser d'une rationalité plaquée et encombrante qui prête aux mythes des utilités ou des liens entre eux qu'ils n'ont pas. Le salut réside dans la dissociation entre le savoir et le sentir, entre le connaître et l'imaginer. L'imagination doit se libérer des images toutes faites et des articulations plus supposées que réelles et maintes fois martelées et répétées.

Des explications linéaires qui atténuent les enjeux psychologiques et multiplient les poncifs font barrage au libre déploiement de l'imaginaire, comme le faisaient les obstacles épistémologiques pour la science. « La critique littéraire savante [...], trop souvent, continue le métier de professeur[482]. » La pensée fermée et érudite estime que l'accumulation des connaissances suffit à appréhender le dynamisme créateur, que les jugements indéfiniment répétés et interchangeables d'un texte à l'autre peuvent rendre compte de la puissance du littéraire. À force de penser des types formels, elle finit par manquer la vie des images.

À quoi bon parler abondamment de classicisme, d'impressionnisme, de romantisme si l'on n'organise pas les sensations et les impressions autour de schèmes créateurs qui font plus imaginer que voir ! La littérature et la poésie vivent moins de la communication de significations précises que de la richesse des métaphores. Elles n'utilisent pas une banque d'images toutes faites, elles en créent de nouvelles, explorant la variété pittoresque du sensible, produisant un véritable style. « La littérature doit surprendre [483] » et la nouvelle critique doit en comprendre les procédés.

Bachelard invente une autre approche du littéraire soucieuse de ce qui le produit plutôt que de ce qui le réduit. Il se veut plus liseur que lecteur et n'explique pas un texte en se livrant à des interprétations rationnelles externes, il en établit la genèse en en repensant le

---

480 Bachelard (Gaston), *Lautréamont*, Corti, 1940.
481 Bachelard (Gaston), *L'Eau et les rêves*, Corti, 1942.
482 Bachelard (Gaston), *Lautréamont*, Corti, 1940.
483 Bachelard (Gaston), *La Terre et les rêveries de la volonté*, Corti, 1948.

dynamisme interne. Et pour ce faire, le vide s'impose. Le liseur doit être silencieux, débarrassé du bruit environnemental, des échos, des résonances et des « fracas de la tonitruance[484] ». Disponible au poème, le créateur l'est également pour produire « sur le temps silencieux, sur un temps que rien ne martèle, que rien ne presse, que rien ne commande, sur un temps prêt à toutes les spiritualités, sur le temps de notre liberté ». Le temps libre et créatif est un temps ralenti. Il n'y a pas d'urgence poétique. « Comme elle est fausse cette littérature qui presse tout, qui ne nous laisse pas le temps de lire ses images. » On apprécie la nouveauté en se détachant lentement du poids des habitudes et des routines. On apprécie les images dans la lenteur douce et joyeuse.

Ce n'est pas la similitude que Bachelard recherche, mais le fondamentalement nouveau, celui qui rompt avec les autres œuvres. Il transpose dans le littéraire son goût pour l'innovation. Il construit une méthode de lecture ou plutôt de relecture qui fait l'économie du tissu narratif au profit des actes qui le construisent. « Et nous passons des heures, des jours à lire d'une lente lecture les livres ligne par ligne, en résistant de notre mieux à l'entraînement des histoires (c'est-à-dire à la partie clairement consciente des livres) pour être bien sûr de séjourner dans les images nouvelles, dans les images qui renouvellent les archétypes inconscients[485]. » Le lent travail de découverte des images fécondes résulte de rectifications successives. Comme l'accès au noumène qui se tient sous les phénomènes, l'accès à l'imaginaire littéraire n'est pas donné d'emblée, il se mérite.

La relecture est souvent un recopiage laborieux. C'est une pratique familière à l'écolier studieux et appliqué que fut Bachelard. Il a transformé cet exercice scolaire en méthode d'appropriation. Capable de recopier un livre en bibliothèque, Bachelard pense qu'on goûte mieux « les poèmes en les recopiant qu'en les récitant ». En effet, « la plume à la main, on a quelque chance d'effacer l'injuste privilège des sonorités, on s'apprend à revivre la plus large des intégrations, celle du rêve et de la signification, en laissant au rêve le temps de trouver son signe, de former lentement sa signification[486] ». Recopier, c'est vivre de l'intérieur le mouvement créatif, retrouver le secret de la fabrication du poème.

---

[484] Bachelard (Gaston), *L'Air et les songes*, Corti, 1943.
[485] Bachelard (Gaston), *La Terre et les rêveries de la volonté*, Corti, 1948.
[486] Bachelard (Gaston), *L'Air et les songes*, Corti, 1943.

De même que l'esprit scientifique doit rectifier les premières impressions pour retrouver, à l'abri de toute distraction, l'abstraction mathématique, l'esprit littéraire dépasse la logique prégnante du récit pour la formule créative. Il délaisse la narration pour l'imagination. Derrière les aléas du récit, se cache le principe imaginatif, le noumène qui secrète l'agencement singulier des images et s'incarne dans le style inimitable du créateur. De même que l'épistémologue ne peut penser la science sans la vivre, loin d'une métaphysique vague et générale, la critique littéraire classique ne peut s'emparer du processus créatif tant qu'elle s'en tient à une vision superficielle et externe, tant qu'elle ne revisite pas l'œuvre de l'intérieur.

Or la révision n'est guère prisée : « par le temps qui court, les livres ne sont lus qu'une fois, pour leur vertu de surprise[487] ». On se contente d'éprouver sans chercher à comprendre et à expliquer les nouveaux schèmes producteurs d'images toujours singulières. Et pourtant « seule la deuxième lecture peut donner à l'image-force ses véritables récurrences. Elle fait refluer l'intérêt. Elle constitue précisément tous les instants affectifs en intérêt littéraire. Il n'y a littérature qu'en deuxième lecture », comme il n'y avait de connaissance qu'à l'issue de la rupture d'avec l'expérience immédiate.

Ainsi la première lecture de l'œuvre de Lautréamont manque sa spécificité en réduisant l'onirique au visible. Elle n'appréhende pas le mouvement qui lui donne sens, car « ce n'est pas en termes d'images visuelles qu'on doit analyser la poésie ducassienne. C'est en termes d'images cinétiques. Il faut la juger comme un système très riche de réflexes, non pas comme une collection d'impressions [...] L'œuvre ducassienne apporte d'innombrables images corporelles, des projections actives accélérées, des gestes sans viscosité aucune[488] ». L'œuvre ducassienne incarne à la fois cette « défixation » de la pensée inerte et l'exigence d'un second regard pour l'entrevoir.

Le rapport entre la science et la littérature comporte donc des processus inventifs et créatifs qui se ressemblent sans pour autant se confondre. Ce sont deux manifestations culturelles d'un même esprit. Les correspondances sont plus analogiques que logiques, plus métaphoriques que réelles.

---

[487] Bachelard (Gaston), *La Terre et les rêveries de la volonté*, Corti, 1948.
[488] Bachelard (Gaston), *Lautréamont*, Corti, 1940.

De l'épistémologie à l'esthétique

Si la science se construit contre les séductions des images et l'art contre les rationalisations abusives, Bachelard va transposer à l'art ce qu'il avait déjà observé pour la science. Il conquiert l'imaginaire à partir de son propre outillage épistémologique, opérant un déplacement conceptuel d'ordre métaphorique. Il importe les concepts mathématiques et physiques dans le monde de l'art. Il en offre une lecture systémique et procède par induction et extension. Il crée une véritable axiomatique poétique. L'inverse ne sera jamais vrai. Il ne fera jamais de lecture poétique de la science, sinon par simple métaphore.

Les poèmes sont pensés à partir d'axiomes constitués d'images matérielles principielles. « Il faut les comprendre dans leur propre système comme on comprend une géométrie non-euclidienne dans sa propre axiomatique[489]. » La notion mathématique de convergence va lui permettre d'appréhender la logique de l'œuvre poétique. C'est vers l'existence d'une image ou d'un point que tout se rassemble et que l'imagination se concentre. C'est « sur cette image valorisée » que « toute l'imagination a convergé[490] » et c'est l'image de l'alouette qui donne « une unité de chant[491] ». Cette image est tantôt un centre de métaphores, tantôt « une syntaxe de métaphores[492] ». Elle se constitue en un groupe d' « instants remarquables » et arithmétisés[493]. Il fait de la syntaxe des métaphores ducassiennes un noyau de variables qui devient la source de toutes les variations.

L'image valorisée et le complexe forment un tout qui contient la possibilité de tous les agencements d'images. Même si la synthèse est inconsciente, elle est d'ordre mathématique car le tout précède les parties. La syntaxe des métaphores contient la possibilité de toutes les métaphores, de même que le complexe contient la possibilité de toutes les valorisations.

Pour Bachelard, il existe un invariant dans tout processus de création. Que cet invariant soit un complexe, une matière, une image, il est toujours structurant et producteur de variables. L'analogie est grande avec la construction des formes géométriques obtenues à partir d'un volume. Il suffit de prendre un cube comme volume de base, de faire

---

489 Bachelard (Gaston), *Lautréamont*, Corti, 1940.

490 Bachelard (Gaston), *La Psychanalyse du feu*, Gallimard, 1938.

491 Bachelard (Gaston), *L'Air et les songes*, Corti, 1943.

492 Bachelard (Gaston), *La Psychanalyse du feu*, Gallimard, 1938.

493 Bachelard (Gaston), *La Dialectique de la durée*, PUF, 1936.

varier son orientation et l'éclairage par le jeu des ombres pour obtenir toute une diversité de figures possibles.

En sculpture et en gravure, Bachelard évoque un « onirisme géométrique » et affirme que la « géométrie commande » dynamiquement les gravures d'Albert Dürer et d'Albert Flocon. L'énergie géométrique participe des rêves de la raison en faisant du « polyèdre » de Dürer et du « dodécaèdre » de Flocon « des principes de rêves organisateurs [494] ». En géométrie projective, le cube est l'invariant, le tout qui contient toutes les figures possibles, de même qu'en poésie, l'image-complexe contient toutes les images possibles. La démarche de Bachelard apparaît dans toute sa clarté. Il inventorie d'abord les variables, c'est-à-dire les formes ou les images les plus caractéristiques, puis il met en relief les constantes qui les relient et les symboles qui donnent une cohérence aux métaphores. Il remonte en quelque sorte des variables à l'invariant, des parties au tout, tout en considérant que dans le processus de création le tout précède les parties et le complexe préexiste aux valorisations.

Il peut désormais penser le poème tel qu'il se construit à l'aide d'un « diagramme ». De même qu'en épistémologie il avait montré que le renouveau scientifique, consistant en une saisie du réel à partir d'une logique des possibles, était né d'une mathématisation antérieure à l'expérience ; en poésie il pense que le renouveau naît d'une pensée des possibles, d'une pensée du poème comme l'expression d'une fonction réalisante. La production du poème est conçue comme la production d'un objet dont l'écriture contient les règles d'agencement.

On s'éloigne progressivement de l'approche psychanalytique qui cherche encore une causalité aux images, au bénéfice d'une phénoménologie qui vise à rendre compte de la naissance de l'acte créateur et de l'actualité de l'image. Car l'œuvre est à elle-même son propre sens. Ce sont les quatre éléments qui vont dans un premier temps en coordonner la réalisation.

L'image littéraire comme le concept est la fonction de ses axes, elle change de niveau, organise des possibles en ne se satisfaisant pas « d'un seul plan de réalité » et varie de l'organique au spirituel, de l'intime à l'objectif. Elle construit le poème comme le chimiste construit la couleur. « Lautréamont personnifie une sorte de fonction réalisante qui

---

[494] Bachelard (Gaston), *Le Traité du burin d'Albert Flocon*, in *Le Droit de rêver*, PUF, 1970.

fait pâlir la fonction du réel toujours alourdie par la passivité[495]. » Le poète réalise l'œuvre comme le physicien réalise le phénomène. « Ainsi l'image littéraire a le privilège d'agir à la fois comme image et comme idée[496]. » Elle transforme aussi bien l'objet que le sujet. En produisant l'œuvre, elle change un destin, elle construit un devenir. « Au niveau de l'image vécue, la relativité du sujet et de l'objet est totale. » On évoque une « imagination généralisée dans le style où l'on parle de relativité généralisée[497] ».

L'image est sujet-objet, c'est elle qui imagine en nous. Le réalisme de la critique littéraire classique et de la physique classique ont séparé ce qui est indissociable. Il n'y a pas de connaissance sans une relation étroite entre la méthode et son objet et pas de création imaginaire sans transformation réciproque de la conscience imageante et de son image.

La raison de l'imagination

Mais si le processus scientifique a servi à éclairer le processus littéraire, il en a renforcé par là même sa rationalisation. C'est en s'émancipant progressivement de celle-ci que Bachelard pourra fonder une critique littéraire totalement renouvelée.

Ainsi, en entrant dans le véritable processus créatif, Bachelard, suivi plus tard par Michel Foucault, portera un autre regard sur l'apparente déraison. Le jugement péremptoire des critiques peu soucieux de comprendre l'imaginaire ne voit que délire et agitation dans la construction d'un univers dynamique pour lequel « l'énergie est une esthétique ». Ils ne comprennent pas que l'imagination n'est pas la perception et qu'elle est évasion, « grappe d'images[498] » « explosion d'images[499] », « prodigalité d'images aberrantes » et non arrêt sur image. Ils jugent la poésie sous le prisme étroit de la raison normative et appréhendent les opérations poétiques comme dépourvues de sens. Ils ne voient pas que c'est elle qui recrée le langage, le transforme, lui confère un avenir, au lieu d'être constituée de simples termes de pensée. Ils peinent à comprendre que « la métaphore physiquement inadmissible, psychologiquement insensée, est cependant une vérité poétique et le phénomène de l'âme poétique[500] ». Ils assimilent le

[495] Bachelard (Gaston), *Lautréam*ont, Corti, 1940.
[496] Bachelard (Gaston), *La Terre et les rêveries du repos*, Corti, 1948.
[497] Bachelard (Gaston), *L'Air et les songes*, Corti, 1943.
[498] Bachelard (Gaston), *La Terre et les rêveries de la volonté*, Corti, 1948.
[499] Bachelard (Gaston), *L'Air et les songes*, Corti, 1943.
[500] Bachelard (Gaston), *L'Eau et les rêves*, Corti, 1942.

déplacement linguistique à une forme de dérangement psychologique. À force de soumettre les images à la raison, de les juger à l'aune du raisonnable, ils en oublient « d'expliquer les rêves par les rêves[501] ».

En explorant la voie inédite de l'imaginaire, Bachelard espérait mieux comprendre les pesanteurs de la connaissance et jeter une nouvelle lumière sur sa part d'ombre. Il ne savait pas qu'il allait ouvrir une voie nouvelle, celle de la poésie, de la création et de l'imaginaire. Ce faisant, l'épistémologie qu'il avait lui-même construite et la pensée pédagogique qui en découlait, en lien avec une pratique riche et diversifiée de l'enseignement, devenaient trop étroites pour penser ce nouvel essor de la réflexion. La question de la formation de l'esprit n'était plus strictement scientifique, elle devenait aussi poétique et posait le problème de son unité. En complétant l'épistémologie par une esthétique, Bachelard était confronté à la construction d'une philosophie.

---

[501] Bachelard (Gaston), *L'eau et les rêves*, Corti, 1942.

1955 : le dernier cours en Sorbonne
Fonds Georges Canguilhem, ENS,
Centre documentaire du CAPHÉS (Paris)

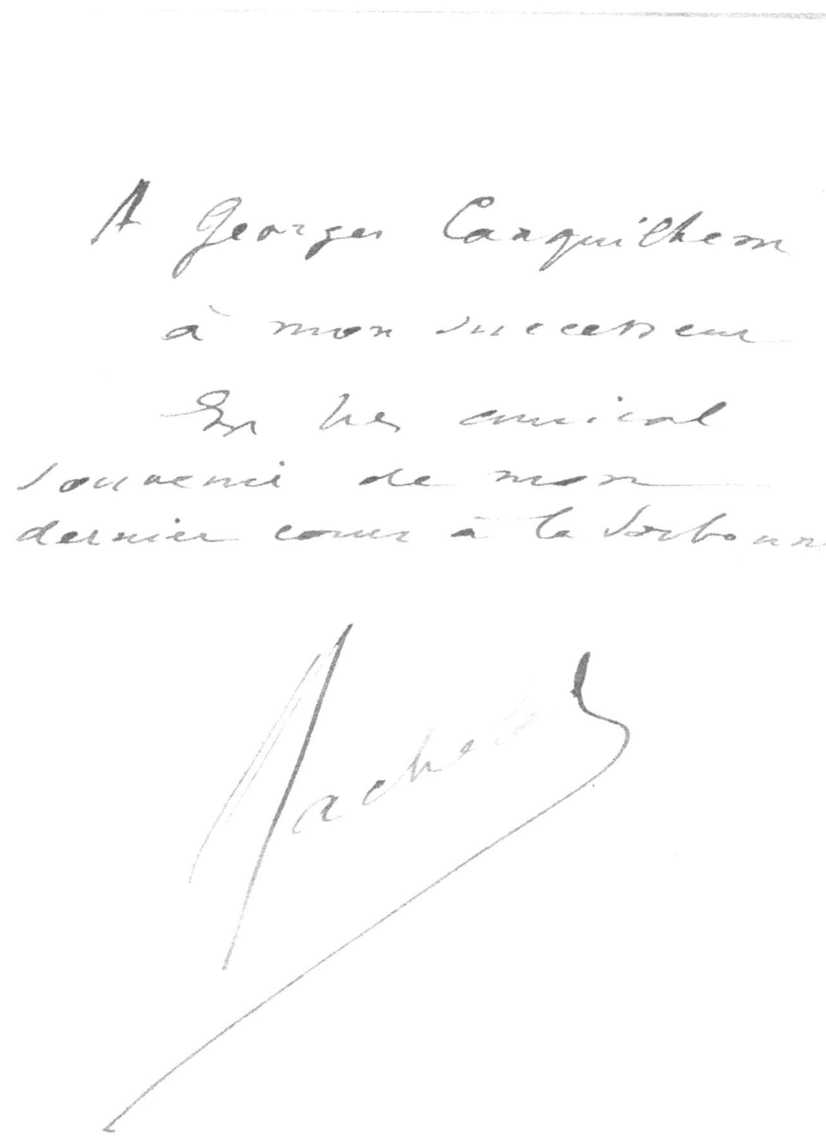

A Georges Canguilhem
à mon successeur
En très amical
souvenir de mon
dernier cours à la Sorbonne
Bachelard

1955 : Dédicace à Georges Canguilhem de la photo du dernier cours en Sorbonne
Fonds Georges Canguilhem, ENS,
Centre documentaire du CAPHÉS (Paris)

Chapitre 6

LE CHEMIN DE LA PHILOSOPHIE

La construction de soi

« Dans le règne de la pensée, l'imprudence est une méthode. »
Le Surrationalisme
in *l'Engagement rationaliste*, PUF.

« Seules, les crises de la raison peuvent instruire la raison. »
La Psychologie de la raison
in *l'Engagement rationaliste*, PUF.

En 1919, en devenant professeur de physique-chimie au collège de Bar-sur-Aube, Bachelard ignore encore qu'il deviendra l'année suivante un apprenti-philosophe, en passant avec succès sa licence, et un philosophe agrégé trois ans plus tard. Qu'est-ce qui le conduit aussi vite à la philosophie ?

En 1919, c'est un homme de science qui se rêvait ingénieur, un jeune marié qui sera bientôt père. En 1920, c'est un professeur auxiliaire, un père de famille, puis un veuf, accablé durablement par la douleur d'avoir perdu si jeune l'amie d'enfance et la femme qu'il aimait. Son entrée dans l'enseignement de la physique-chimie coïncide avec le renoncement aux études scientifiques et à la fonction d'ingénieur. L'échec personnel, l'épreuve du deuil et le commencement d'une carrière d'enseignant, confronté au conservatisme pédagogique et aux erreurs et obstacles rencontrés par les élèves, sont autant de sources de perturbation pour un psychisme déjà fortement éprouvé par la grande guerre.

La plénitude philosophique

Les vides de l'âme ont besoin d'être comblés et ce n'est pas la connaissance qui le fera. Le temps discontinu qui tisse sa toile comporte des trous et des bosses. « Tous les instants sont à la fois des donateurs et des spoliateurs [...] le temps pourra sans doute renaître, mais il lui faudra d'abord mourir[502]. » Bachelard est en lutte contre le sentiment de désorientation, de dissociation et de fragmentation qui résulte des discontinuités de la vie. Rien n'est linéaire, le chemin sinueux et accidenté, « le fil du temps est couvert de nœuds[503] ». Il s'échappe à lui-même. « L'être humain n'est jamais fixé, il n'est jamais là, jamais vivant dans le temps où les autres le voient vivre, ou il dit lui-même aux autres qu'il vit[504]. »

À trente-six ans, après avoir cru se trouver, il a opéré des bifurcations contrariées par le poids des événements. « La pensée pure doit commencer par un refus de la vie. La première pensée claire c'est la pensée du néant[505]. » Désormais saisi par le vertige du vide existentiel, il se lance à corps perdu dans la philosophie et, en à peine trois ans d'un travail acharné, mené de front avec ses contraintes fortes d'enseignement, il obtient le plus haut grade de l'université. À la recherche de lui-même, il projette un nouveau destin en opérant un effort d'unification et de totalisation inédites. Ce n'est pas un hasard s'il enseignera quasiment toutes les disciplines. La meilleure réponse au vide, c'est la plénitude, la meilleure réponse à la restriction, c'est l'expansion.

On surmonte les affres du renoncement par la création, la frustration par la réflexion. « Créer, c'est dénouer une angoisse » de perte et de dissociation, rompre ce n'est pas couper tout lien, c'est réorganiser la relation, c'est élargir le champ en le réunifiant. On n'a pas le choix car la vie est l'hétérogénéité même. Nous marchons sur des vibrations et relevons d'une « biologie ondulatoire », semblable à la dialectique onde-corpuscule de la microphysique. « L'énergie vibratoire est une énergie d'existence. » Vivre pleinement en philosophe accompli, c'est vibrer au gré des efforts inventifs et créatifs.

Certes, comme Bachelard le soulignera lui-même, son entrée sur la scène philosophique est tardive. Il soutient sa thèse à quarante-trois ans,

---

[502] Bachelard (Gaston), *L'Intuition de l'instant*, Stock, 1932.
[503] Bachelard (Gaston), *La Dialectique de la durée*, PUF, 1936.
[504] Bachelard (Gaston), *Fragments d'une poétique du feu*, PUF, 1988.
[505] Bachelard (Gaston), *La Dialectique de la durée*, PUF, 1936.

à l'âge où d'autres ont déjà élaboré leur œuvre, et achève son parcours seulement trente-cinq ans plus tard. Mais cette brièveté est intensément productive. Bachelard multiplie les axes de création, pluralise ses champs de réflexion, dynamise chaque instant, produit sans cesse de nouveaux commencements. C'est un philosophe à la pensée jaillissante et à l'intelligence conquérante. Il a pris le temps de construire sa réflexion pour se lancer dans la vie pleine et entière de l'œuvre philosophique en acte, en en franchissant allégrement les étapes.

Bachelard sait que la paresse et le repos exposent au néant. Il sait que l'invention et la création ne surviennent que dans des instants féconds. Il sait aussi que le poème est le fruit d'un instant d'inspiration, que la forme est une variation du mouvement, que le médicament découvert est le moment d'une technique objective et que la dose homéopathique tire ses vertus de sa singularité. Il sait enfin, en bon artisan de l'âme, qu'il faut sans cesse tout recommencer.

Le meilleur refuge contre les drames, c'est le progrès de l'âme. La première fois n'est jamais la bonne. La continuité est un piège pour l'esprit, le germe se développant, une illusion. Il faut cesser de vouloir prolonger la même sensation, de faire durer la même pensée et de répéter les mêmes réponses sans s'en inquiéter. Il faut s'interroger sur ce que l'on sent, pense et imagine. La philosophie de Gaston Bachelard se construit dans la critique, la dispute et l'objection, c'est une « philosophie du non[506] » qui consiste à réfuter pour mieux penser. Car la meilleure protection contre les aléas du sensible et la dépendance des habitudes qui rétrécissent la vie, c'est l'audace et la fermeté de la pensée.

La construction d'une épistémologie

Le choix de Bachelard n'est pourtant pas celui de la métaphysique vague et générale. Il s'y refuse délibérément et met en question une philosophie de philosophes qui n'ont pas emprunté d'autres chemins que celui de la métaphysique et vécu d'autres vies que celle du pur métaphysicien. Il promeut le polyphilosophisme[507] à l'image de son pluralisme existentiel.

Bachelard, lui-même, vient à la philosophie en enseignant les sciences et en investissant une grande diversité d'espaces scientifiques.

[506] Bachelard (Gaston), *La Philosophie du non*, PUF, 1940.

[507] Pierre Bourdieu, élève de Georges Canguilhem, s'inspirera de la lecture critique bachelardienne d'une philosophie déconnectée de ses objets de pensée pour fonder son approche sociologique concrète à partir d'une théorie des champs.

Néanmoins, il vient à la philosophie, moins pour les sciences, que pour les changements induits par l'évolution de l'esprit scientifique. Il découvre que l'apprentissage scientifique est un processus jalonné de réussites et d'erreurs, comme l'est l'histoire des sciences. La pédagogie est à sa petite échelle l'expression de l'épistémologie. Elle en est la source. Ce qui n'est pas le cas des mathématiques qui forment au métier d'ingénieur. Les mathématiques ont la pureté des mondes sans erreur. « L'histoire des mathématiques est une merveille de régularité. Elle connaît des périodes d'arrêt. Elle ne connaît pas des périodes d'erreurs[508]. »

L'ingénieur des Télégraphes manqué rêvait de pureté rationnelle, il a rencontré l'impureté scientifique. Sa vie a pris alors un autre sens. À défaut d'accéder au parfait, il a compris que l'on peut trouver la plénitude dans le perfectionnement de l'âme.

Il n'a eu de cesse de lutter contre les pesanteurs et les troubles de la connaissance pour retrouver la pureté perdue. Il a montré la mathématisation de la physique et de la chimie qui en renforce l'exactitude. La philosophie l'intéresse en tant qu'elle éclaire un parcours inventif, explicite la construction des connaissances et porte en elle une réflexion sur la genèse de l'esprit scientifique. Ce sera l'objet de la thèse soutenue en 1927 qui traitera précisément, non du savoir absolu, mais de la connaissance approchée et toujours inachevée.

La philosophie est d'abord épistémologie plutôt qu'histoire des sciences. Bachelard s'appuie sur des faits appartenant à des moments différents de l'histoire et annonce une méthode qui mêle « les époques plutôt que [...] les genres » et qui écarte « aussi ce qu'il y a d'accidentel, de spécifiquement historique, dans certaines conceptions[509] ».

Mais l'épistémologie ne s'en tient pas aux faits, elle « doit prendre des faits comme des idées, en les insérant dans un système de pensées ». Et parmi les idées, il sélectionne les plus fécondes, eu égard à l'état d'avancement des connaissances. « L'épistémologue doit donc trier les documents recueillis par l'historien. Il doit les juger du point de vue de la raison et même du point de vue de la raison évoluée, car c'est seulement de nos jours, que nous pouvons pleinement juger les erreurs du passé spirituel[510]. »

---

[508] Bachelard (Gaston), *La Formation de l'esprit scientifique*, Vrin, 1938.
[509] Bachelard (Gaston), *Les Intuitions atomistiques*, Boivin, 1933.
[510] Bachelard (Gaston), *La Formation de l'esprit scientifique*, Vrin, 1938.

En 1951, dans *L'Activité rationaliste de la physique contemporaine*, Bachelard complète sa conception de l'épistémologie esquissée en 1938. Il réaffirme avec force le rôle de la norme scientifique actuelle en établissant une ligne de démarcation très nette entre passé actuel et passé inactuel. Il crée les concepts qui faisaient défaut pour signifier une telle dichotomie en complétant la notion d'obstacle épistémologique, qui désigne ce qui arrête les progrès de la connaissance, par celle d'actes épistémologiques qui les impulsent. Il considère, de manière toujours provisoire, qu'il y a des connaissances périmées et des connaissances sanctifiées. « Il faut sans cesse former et reformer la dialectique d'histoire périmée et d'histoire sanctionnée par la science actuellement active. » Les connaissances sanctifiées sont la marche de la science, les connaissances périmées, son arrêt. La persistance d'erreurs rectifiées qui n'ont aucune raison de renaître relève alors d'une psychanalyse de la raison visant à substituer l'intérêt de l'esprit qui la met en mouvement à l'intérêt de la vie organique qui la stoppe.

La philosophie des sciences deviendra celle de l'éducation. Dans son écrit posthume, il qualifiera même ses ouvrages épistémologiques de « livres d'enseignement ». Il étendra l'approche scientifique ultérieurement à l'art et à l'imaginaire, pensant fonder une science humaine de la poésie sans jamais aborder la thématique politique. Il sera alors question de la genèse de l'esprit poétique, en mettant l'accent sur le dépassement des images toutes faites, et de la phénoménologie de la rêverie centrée sur le processus onirique.

La figure du philosophe

Quel philosophe Bachelard est-il ? Il s'affirme comme un philosophe modeste, soucieux de penser à partir de savoirs rigoureux. Il se définit dans *La Terre et les rêveries de la volonté* comme « un simple philosophe qui cherche à s'instruire dans les livres » et dans les *Fragments d'une poétique du feu*, rédigés à la veille de sa mort, comme « un faiseur de livres ».

Mais il cultive l'ironie comme Socrate, l'art de se moquer de lui-même et même de brimer sa personne. « Aucun progrès n'est possible dans la connaissance objective sans cette ironie autocritique[511]. » Il ne considère pas l'objet comme source de la connaissance, mais l'esprit

[511] Bachelard (Gaston), *La Psychanalyse du feu,* Gallimard, 1938.

critique dont la tâche bien connue est de séparer le bon grain de l'ivraie afin d'éviter l'ivresse.

« Toute objectivité, dûment vérifiée, dément le premier contact avec l'objet. Elle doit d'abord tout critiquer [...] Loin de s'émerveiller, la pensée objective doit ironiser. Sans cette vigilance malveillante, nous ne prendrons jamais une attitude vraiment objective. » Le philosophe ironise pour éviter toute complaisance d'avec l'objet, pour s'en distancier. Il discute des convictions, conduit « à échapper à la raideur des habitudes d'esprit formées au contact des expériences familières » et à détruire « ses phobies » et « ses philies[512] ». Il ironise également sur son approche de l'imaginaire qu'il ne prend pas d'emblée au sérieux. « Ce petit ouvrage n'est qu'une ébauche. Quand il s'agit d'écrire des sottises, il serait vraiment très facile de faire un gros livre. » Il ne tiendra pas pour autant ses promesses puisque les rêveries deviendront de gros livres. Ce qui semblait n'être qu'une petite déviation occupera plus de deux mille pages « pour un travail interminable[513] ». Ce ne seront à ses yeux que « des livres de loisir » qui pourtant renouvelleront singulièrement la critique littéraire et artistique.

Le philosophe bachelardien aime également à s'étonner et étonner. Surprendre est la vertu de la littérature et de la pensée. Il sait que les paradoxes font réfléchir, que les contradictions font progresser. Il prend pour objet des objets qui n'en sont pas.

C'est d'abord l'infiniment petit qui ne pourra jamais devenir familier, tellement il est invisible et imprévisible. Objet indiscernable, il interpelle nos manières d'apprendre et de comprendre et les met en question. « On ne peut souvent le comprendre qu'en déformant nos manières de comprendre [514] . » C'est ensuite la conception de l'objectivité qui inverse la manière commune de penser. « La source première de l'objectivité, ce n'est pas l'objet, c'est la méthode objective, ce n'est pas le contenu, c'est le contenant, ce n'est pas le terme final de l'approximation, c'est la méthode d'approximation[515]. » À la grande surprise du philosophe, l'objet n'est pas celui qu'on voit ni celui qu'on pense, c'est le processus de connaissance en lui-même dont l'objet construit est le résultat. L'objet est sa réalisation comme l'esprit est son activité.

---

512 Bachelard (Gaston), *La Psychanalyse du feu*, Gallimard, 1938.
513 Bachelard (Gaston), *Fragments d'une poétique du feu*, PUF, 1988.
514 Bachelard (Gaston), *Les Intuitions atomistiques*, Boivin, 1933.
515 Bachelard (Gaston), *L'Expérience de l'espace dans la physique contemporaine*, Alcan, 1937.

L'étonnement conduit aisément à la polémique. Bachelard aborde les philosophes sur un terrain qui n'est pas le leur. Il lui arrive volontiers de croiser le fer, à travers sa plume, avec Bergson, Meyerson ou Sartre. Mais cet état d'esprit combatif n'est pas simplement un trait de caractère, c'est un parti pris philosophique. La sympathie et la complaisance sont des obstacles au progrès de la raison. L'immédiateté et le réalisme usuel recèlent tous les préjugés à combattre. La dialectique qui dynamise les contraires est l'organe de la pensée.

Le Nouvel esprit scientifique assimile « l'observation scientifique » à « une observation toujours polémique » qui « confirme ou infirme une thèse antérieure, un schéma préalable, un plan d'observation » et propose « une sorte de généralisation polémique qui fait passer la raison du pourquoi au pourquoi pas ». *La Dialectique de la durée* va plus loin en estimant que la connaissance est polémique par essence, ce que *La Formation de l'esprit scientifique* nuance en considérant que la méthode qui consiste à « retracer la lutte contre les préjugés » y est pour quelque chose et fait forcément passer « au premier rang » « les arguments polémiques ». Il n'en reste pas moins vrai que l'on retrouve ce goût de l'affrontement d'idées à travers notamment l'usage de la négation qui figure même dans l'un des titres de ses ouvrages, *La philosophie du non.*

Il ne s'agit pourtant pas d'une polémique systématique, même si Bachelard utilise un lexique combatif pour forcer le trait, masquant la finesse redoutable de sa pensée. S'il pense dans *La Formation de l'esprit scientifique* qu'il est « bien plus difficile qu'on ne croit de séparer la raison architectonique de la raison polémique », c'est précisément parce que la mise en question détruit moins qu'elle ne construit. La critique fait corps avec la raison théorique, la raison polémique se confond avec la raison constituante pour provoquer les vérifications nécessaires et étendre le pouvoir de la connaissance. « Les objections de la raison » ne sont pas des fins en soi, mais « des prétextes à expériences ».

La polémique comme méthode

La polémique est une méthode féconde. C'est elle qui permet de ne pas s'en tenir au seul fait connu pour penser la relation. C'est elle qui permet de rectifier les erreurs et de dépasser la juxtaposition des expériences pour établir une loi. La polémique est également une méthode nécessaire face au poids des préjugés et des prétentions scientifiques illégitimes. Elle oppose sa force d'entraînement qui est une contre-habitude aux connaissances communes bien installées et que l'on se plait à répéter, confondant raison et mémoire.

Les préjugés nous habitent. Il faut les déloger en usant de la démarche incessamment interrogative, en discutant d'arrache-pied les résultats acquis, les procédés utilisés, les procédures engagées et en dialectisant les notions clés. Les mises en question relèvent de jugements énergiques. « La philosophie du non n'est pas une volonté de négation [...] Elle ne nie pas n'importe quoi, n'importe quand, n'importe comment. C'est à des articulations bien définies qu'elle fait naître le mouvement inductif qui la caractérise et qui détermine une réorganisation des savoirs sur une base élargie[516]. » Elle repense et réorganise le tissu complexe de la connaissance. Elle relie autrement ce qu'elle délie actuellement.

La polémique ne porte pas sur des faits, elle est plus subtile et vise les schèmes constitutifs de la pensée. Les surrationalistes ambitionnent de fluidifier la raison pour penser autrement et expérimenter de nouveaux raisonnements plus mobiles, au même titre que les surréalistes ont exploré les ressources de l'inconscient et du rêve pour créer autrement. « On établira une raison expérimentale susceptible d'organiser surrationnellement le réel comme le rêve expérimental de Tristan Tzara organise surréalistiquement la liberté poétique[517]. » Le mélange des genres, cher à l'auteur de *Grains et Issues,* inspirera la double exploration de la raison et de la rêverie et son renouvellement.

La polémique n'est pas séparatrice, elle fabrique de la cohérence. C'est en contestant la sempiternelle affirmation des rationalistes endurcis, selon lesquels « la somme des angles d'un triangle est égale à deux droits », que l'on comprend le sens véritable de cette formule. Une telle vérité n'est relative qu'à un seul type de géométrie, celle d'Euclide. Elle devient fausse dans les géométries non-euclidiennes. Elle n'est qu'une vérité relative à un ensemble d'axiomes pensable dans le cadre d'une géométrie particulière. Considérée initialement comme un absolu, elle ne pouvait qu'être contredite par l'apport de la géométrie riemannienne. En la mettant en question dans son absoluité, en créant « l'humour géométrique [518] », Lobatchevski a pu en souligner la relativité et en accroître la cohérence logique.

---

[516] Bachelard (Gaston), *La Philosophie du non*, PUF, 1940.

[517] Bachelard (Gaston), *Le Surrationalisme*, in *L'Engagement rationaliste*, PUF , 1970.

[518] Bachelard (Gaston), *L'Eau et les rêves*, Corti, 1942.

La joie de polémiquer n'est donc pas motivée par une quelconque volonté de libérer des pulsions agressives, elle est réflexive. C'est l'exigence qui la guide, face à la nonchalance de la raison tautologique. La philosophie de Bachelard n'est pas seulement polémique, elle est cathartique en purgeant la raison de ses habitudes ankylosantes.

Face au monde de l'infiniment petit, la raison doit se débarrasser des réflexes réalistes qui consistent à vouloir appréhender un objet, à le localiser et à l'isoler. « Pour l'examiner, il faut rendre à la raison toute sa disponibilité » en accomplissant « une tâche de catharsis [...] Autrement dit, la microphysique contemporaine est la science d'un monde nouveau, la métamicrophysique devra être faite, sur la base des expériences nouvelles, avec des catégories nouvelles[519]. » C'est en intégrant l'être-mouvement, l'onde-corpuscule, l'espace-temps, c'est-à-dire la formule de leurs relations, que la science nouvelle se purgera des substances isolées et localisées et que l'homme se libérera de ses pesantes routines. L'infiniment petit agrandit la vie psychique.

Bachelard et la morale

La dimension cathartique s'accompagne d'une dimension morale. On avoue ses erreurs comme on avoue ses fautes et l'on s'en repent ardemment. « En revenant sur un passé d'erreurs, on trouve la vérité en un véritable repentir intellectuel[520]. » On va joyeusement se confesser. « Quelle allégresse profonde il y a dans les confessions d'erreurs objectives[521] ! »

Néanmoins la morale n'est pas religieuse, mais scientifique et laïque. Ce n'est pas Dieu qui est présent dans sa philosophie, c'est l'homme et son destin, ce n'est pas l'ordre divin qui commande, c'est l'ordre mondain. « L'homme qui suit les lois du monde obéit déjà à un grand destin[522]. » Sa morale est rationaliste et met en garde contre les marchands d'illusions. « Un abîme sépare désormais, du moins dans les sciences physiques, le charlatan et le savant. »

Sa morale est également humaniste et sociale. Il n'y a pas de science sans confrontation aux autres, pas de poésie sans échanges, pas d'artisanat sans fraternité. En matière scientifique, « la vérité est fille de la discussion[523] » et la preuve et l'objectivité sont les fruits de l'union

---

[519] Bachelard (Gaston), *Les Intuitions atomistiques*, Boivin, 1933.
[520] Bachelard (Gaston), *La Formation de l'esprit scientifique*, Vrin, 1938.
[521] Bachelard (Gaston), *La Psychanalyse du feu*, Gallimard, 1938.
[522] Bachelard (Gaston), *La Formation de l'esprit scientifique*, Vrin, 1938.
[523] Bachelard (Gaston), *La Philosophie du non*, PUF, 1940.

des travailleurs de la science. En matière poétique, « la télépoésie » prépare « les poèmes en commun[524] » expérimentés auprès des surréalistes. En matière psychologique, la dialectique du "je" et du "tu" dont il souligne la présence dans la philosophie de la réciprocité de Martin Buber est la source des progrès psychiques. « La rencontre nous crée : nous n'étions rien – ou rien que des choses – avant d'être réunis [...] le moi s'éveille par la grâce du toi[525]. »

Enfin loin de l'esprit de compétition de notre modernité qui engendre stress, harcèlement, oppression et dépression, la fraternité est au cœur du travail partagé, non pas celui contraint et obnubilé par les performances des open spaces, mais celui plus chaleureux de l'artisanat d'art : « La pâte travaillée à deux nous révèle frères de travail[526]. » Seul l'homo faber connait la fraternité.

Bachelard ne fonde donc pas une philosophie morale sur la religion. Il ne cherche pas non plus à édifier une morale disjointe de l'épistémologie. La moralisation de la science n'est pas la science morale. La morale est liée à la connaissance, le bien se confond avec le vrai, l'ascèse est méthodologique. La connaissance est renoncement au concret le plus familier. Celui qui s'engage à connaître doit choisir : s'il se laisse aller dans la séduction des images, il perd le fil du connaître ; s'il refuse les images et les analogies en pratiquant l'abstraction dans l'expérimentation, il s'approche de la vérité. « Le refoulement est à l'origine de la pensée attentive, réfléchie, abstraite. Toute pensée cohérente est construite sur un système d'inhibitions solides et claires[527]. »

Nulle question de jugement moral là-dedans, il s'agit de définir des conditions psychologiques d'accès à la connaissance. La morale est au service de la psychologie et non la psychologie au service de la morale : « Nous intégrons les règles morales dans les lois psychologiques. » On n'apprend pas à refouler ses complaisances subjectives pour que l'âme soit meilleure, mais pour qu'elle soit plus efficace pour elle-même. La morale bachelardienne est au service de l'homme et de son bien-être. L'aveu de l'erreur est bénéfique pour l'esprit qui accroît ses capacités, renforce sa culture, redresse ses représentations et réorganise sa pensée. Ce qui est bon pour son développement personnel est un bien moral.

---

[524] Bachelard (Gaston), *L'Air et les songes*, Corti, 1943.

[525] Bachelard (Gaston), *Préface à « Je et Tu »* de Martin Buber, Aubier, 1938.

[526] Bachelard (Gaston), *La Terre et les rêveries de la volonté*, Corti, 1948.

[527] Bachelard (Gaston), *La Psychanalyse du feu*, Gallimard, 1938.

La morale spirituelle est l'hygiène de l'esprit, sa source d'épanouissement. « Mais à qui se spiritualise, la purification est d'une étrange douceur et la conscience de la pureté prodigue une étrange lumière[528]. » La fidélité dans l'amour est heureuse, non en ce qu'elle obéit à une loi morale, mais en ce qu'elle repose sur une purification qui spiritualise la passion et l'approfondit. Et si « cette normalisation, cette socialisation, cette rationalisation passent souvent, avec la lourdeur de leurs néologismes, pour des refroidissements », c'est que nous en perdons le sens.

La morale purificatrice a besoin des autres pour subsister. L'inhibition des affects requiert l'aide d'un tiers comme dans le processus d'analyse. On ne voit nos préjugés que dans l'œil de l'autre. Notre regard pèche par excès de complaisance, il est corps avant d'être esprit. « Cette catharsis préalable, nous ne pouvons guère l'accomplir seuls, et il est aussi difficile de l'engager que de se psychanalyser soi-même[529]. » La formule biblique bien connue qui incite à regarder d'abord ses propres défauts avant de chercher la paille qui est dans l'œil du voisin est en quelque sorte retournée : c'est en regardant dans l'œil du voisin que je peux voir mes insuffisances.

Une philosophie de la formation de l'esprit humain

Bachelard est donc soucieux de l'esprit qu'il soit scientifique ou poétique. S'il fallait caractériser sa pensée, le qualificatif de spiritualiste conviendrait bien. Dans la lignée d'Auguste Comte, c'est sur l'évolution de l'esprit humain qu'il met l'accent en considérant les sciences comme une forme d'accomplissement. Sa philosophie se construira comme sa propre biographie. Il ne sera jamais un philosophe qui s'adonne à la science. C'est en faisant des sciences qu'il édifiera sa propre philosophie.

D'emblée Bachelard n'a guère d'appétence pour la métaphysique générale. Il conclut son œuvre par la certitude que « deux moitiés de philosophe ne feront jamais un métaphysicien[530] ». Il répugne aux idées vagues et aux généralités hors-sol. Il ne conçoit qu'une épistémologie qu'il fonde sur les sciences et une esthétique qu'il fonde sur la poésie et les arts. Il pense les rapports entre la connaissance que l'on vérifie et

---

[528] Bachelard (Gaston), *La Psychanalyse du feu*, Gallimard, 1938.
[529] Bachelard (Gaston), *La Formation de l'esprit scientifique*, Vrin, 1938.
[530] Bachelard (Gaston), *Fragments d'une poétique du feu*, PUF, 1988.

le rêve que l'on amplifie. Il traite des processus abstrayants et distrayants sans jamais les confondre.

Sa philosophie est construite à partir des renouveaux scientifiques. Loin de conférer aux sciences une dimension illustrative, elle leur accorde une dimension productive. Ce sont les sciences qui déterminent la philosophie et non l'inverse. On ne part pas « d'une attitude philosophique générale pour juger la pensée scientifique[531] » puisque c'est la pensée scientifique qui oriente la philosophie. « Il faut conclure que la connaissance scientifique ordonne la pensée, que la science ordonne la philosophie elle-même[532]. » Loin de rompre avec son passé scientifique initial, Bachelard lui confère un rôle premier en conformité avec son propre parcours.

L'épistémologie se préoccupe du nouvel esprit scientifique, de l'expérience du temps et de l'espace, du rationalisme appliqué, de l'activité rationaliste et du matérialisme rationnel. Elle fait corps avec l'expérience qu'elle pense et avec les principes qu'elle applique. Il est nullement question de « l'être » ou du « néant », ni d'une raison pure. La métaphysique se pluralise et s'historicise. Elle fait place aux « métaphysiques discursives objectivement rectifiées[533] ». Comme les sciences, les métaphysiques comportent des ruptures et des réorganisations de la pensée, consécutives aux évolutions des connaissances. Comme les sciences, les philosophies sont multiples et régionales dès l'instant où les connaissances doivent se spécialiser pour être précisées.

Mais plus encore que les sciences, les philosophies sont dispersées. « Chaque philosophie ne donne qu'une bande du spectre notionnel et il est nécessaire de grouper toutes les philosophies pour avoir le spectre notionnel complet d'une connaissance particulière. » Bachelard substitue à un monophilosophisme, un polyphilosophisme. Il n'élabore pas une simple philosophie, il construit l'unité d'une pensée dans la diversité, il produit des synthèses de savoirs, tout en pensant les faits scientifiques, car « l'empirisme a besoin d'être compris ; le rationalisme a besoin d'être appliqué ».

La perspective est celle « d'une philosophie des sciences qui nous montrerait dans quelles conditions [...] des principes généraux conduisent à des résultats particuliers, à des fluctuations diverses ; dans

---

531 Bachelard (Gaston), *Le Nouvel esprit scientifique*, PUF, 1934.
532 Bachelard (Gaston), *La Philosophie du non*, PUF, 1940.
533 Bachelard (Gaston), *La Philosophie du non*, PUF, 1940.

quelles conditions aussi des résultats particuliers suggèrent des généralisations qui les complètent, des dialectiques qui produisent des principes nouveaux ». De même qu'il faut des preuves pratiques pour que les lois soient valides, il faut des lois coordonnées et formulées dans un langage mathématique clair pour rendre l'expérience pensable. L'épistémologie tire sa force de son inscription dans le progrès des sciences dans l'exacte mesure où la science crée de la philosophie.

L'épistémologue doit néanmoins identifier très clairement les obstacles épistémologiques et réduire la part subjective des différentes philosophies. Bachelard assortit alors à la notion d'obstacle, apparue explicitement dans *La Formation de l'esprit scientifique* et complétée dans *L'Activité rationaliste de la physique contemporaine*, celle de profil épistémologique qui mesure « l'action psychologique effective des diverses philosophies dans l'œuvre de la connaissance[534] ». Celles-ci sont au nombre de cinq et s'échelonnent du réalisme au rationalisme.

La tâche du philosophe s'exerce notamment autour des notions de masse et d'énergie dont Bachelard confesse la disparité des profils. Il avoue, à titre personnel, accorder encore beaucoup d'importance à l'usage empirique de la balance à propos de la notion de masse en raison de la prégnance de l'expérience postale et pédagogique. La situation est bien différente pour l'énergie qui ne fait guère appel à un vécu concret. Le profil épistémologique de Bachelard s'y révélera plus rationaliste, même si la notion usuelle d'énergie s'attache à un réalisme plus primitif.

Ce faisant il explicite très clairement la découverte scientifique comme un processus intrinsèque semé d'embûches et résultant d'un parcours de formation. Loin d'offrir, « le brillant éclat d'une construction logique fermée sur elle-même[535] », elle procède par tâtonnements, gains et pertes, succès et échecs, réussites et erreurs. Et c'est le propre de l'épistémologie d'en révéler toute la complexité interne.

La philosophie de la poésie et de l'imaginaire procède également de l'intérieur. Elle construit la pensée esthétique au contact de la poésie, des arts visuels et du son. Elle revit d'abord la création des images avant de les réfléchir. En ne rendant pas compte de leur genèse, la rationalisation est un obstacle lorsqu'elle est première. Elle est un

---

[534] Bachelard (Gaston), *La Philosophie du non*, PUF, 1940.

[535] Bachelard (Gaston), *La Valeur inductive de la relativité*, Vrin, 1929.

progrès lorsqu'elle intervient après l'épreuve de la naissance des images. Au lieu d'envisager une *formation de l'esprit poétique* sur le modèle rationaliste de *la formation de l'esprit scientifique*, Bachelard choisira d'en préserver la force et le dynamisme en diversifiant les lectures poétiques et en partageant ses expériences de rêveries. Il fera de ses rencontres poétiques une matière à penser.

La production des images poétiques révèle un ordre différé. Les métaphores finissent par se coordonner « au point qu'un esprit poétique est purement et simplement une syntaxe de métaphores[536] ». Si la science construit la cohérence de l'expérience pour qu'elle soit pensable et en coordonne les lois qu'elle infère, la poésie offre des regroupements d'images de telle sorte qu' « il n'y a pas de floraison poétique sans une certaine synthèse d'images poétiques[537] ». De même que chaque philosophe peut clarifier son profil épistémologique pour se mesurer à l'empirisme, chaque poète peut finalement produire un « diagramme » indiquant « le sens et la symétrie de ses coordinations métaphoriques », révélant « les hésitations » et « les ambiguïtés » pour se mesurer au réalisme.

Au demeurant, Bachelard envisage même une origine poétique à la pensée. Lecteur assidu de Nietzsche dont il sait s'inspirer, il remarque que chez lui, « le poète explique en partie le penseur et que Nietzsche est le type même du poète vertical, du poète des sommets, du poète ascensionnel[538] ». L'imagination matérielle pourrait servir de terreau à la pensée. Celle de l'air, à travers l'image cinétique de l'envol, inspire manifestement la transcendance nietzschéenne. De même que la science crée de la philosophie, la poésie crée de la pensée.

Pour Bachelard, Gaston Roupnel, à travers *Siloë,* devient philosophe parce qu'il produit une intuition originale qui devient centrale dans une philosophie du temps. L'historien et poète bourguignon pense en effet que « le temps n'a qu'une réalité, celle de l'instant[539] ». Son idée métaphysique est celle d'un poète qui donne à voir, tout à la fois, dans l'éphémère poétique, le monde et l'âme. « La poésie est une métaphysique instantanée », une fulgurance créatrice[540]. Celle de Lautréamont sera sept ans plus tard caractérisée par sa vitesse poétique

---

536 Bachelard (Gaston), *La Psychanalyse du feu*, Gallimard, 1938.

537 Bachelard (Gaston), *La Psychanalyse du feu*, Gallimard, 1938.

538 Bachelard (Gaston), *L'Air et les songes*, Corti, 1943.

539 Bachelard (Gaston), *L'Intuition de l'instant*, Stock, 1932.

540 Bachelard (Gaston), *Instant poétique et instant métaphysique*, in revue *Messages*, n°2, 1939.

et son appartenance aux centres nerveux. « La poésie ne serait donc pas un accident, un détail, un divertissement de l'être ? Elle pourrait être le principe même de l'évolution créatrice[541] ? »

Mais la poésie ne se contente pas de rénover la pensée, elle en produit les outils linguistiques et dynamiques. La fonction du poète est de « permettre à la pensée de s'évader des choses ». La métaphore déplace le sens, le désincarne et contribue à l'abstraire du concret. Le langage réformé de sa signification usuelle, s'épure de ses emplois restrictifs et retrouve de nouvelles acceptions dans de nouveaux contextes linguistiques. L'un des premiers poètes cités par Bachelard, en 1932, sera d'ailleurs Mallarmé pour qui le poète doit « donner un sens plus pur aux mots de la tribu[542] ».

Deux ans plus tard Bachelard s'interrogera à propos de la découverte de la relativité : « Quel poète nous donnera les métaphores de ce nouveau langage[543] ? » L'espace et le temps, désormais associés et articulés, ont besoin de nouveaux mots et de nouvelles associations pour les penser ensemble et c'est aux poètes que Bachelard adresse sa quête. Il sait qu'eux seuls font vibrer le langage. Il sait qu'il existe « des accords, des correspondances toutes baudelairiennes entre la pensée pure et la poésie pure[544] ».

Méditer pour mieux être

À défaut d'avoir son propre système, la philosophie de Bachelard se construit à partir de l'exploration du devenir de l'esprit. Les deux axes, épistémologique et esthétique, se complètent en interagissant. L'unité est celle d'un psychisme dynamique, créatif et toujours en éveil. Celle-ci n'est pourtant pas donnée, elle s'édifie chaque jour. La philosophie de Bachelard n'est pas seulement métaphysique et métapoétique, elle est, dans la grande tradition de l'antiquité, une forme de sagesse et questionne, comme au temps de Socrate, la connaissance de soi.

Bachelard se soucie de soi sans se soucier de lui-même. Il élargit la philosophie à une forme de discipline. Foucault, l'un de ses lecteurs, saura s'en souvenir dans ses cours du Collège de France. Bachelard est un penseur qui ne se contente pas de produire un système, il crée une pensée qui dynamise la vie et donne confiance. Sa philosophie se donne les forces de l'esprit. Elle est une philosophie complète qui articule

[541] Bachelard (Gaston), *La Dialectique de la durée*, PUF, 1936.
[542] Bachelard (Gaston), *L'Intuition de l'instant*, Stock, 1932.
[543] Bachelard (Gaston), *Le Nouvel esprit scientifique*, PUF, 1934.
[544] Bachelard (Gaston), *La Dialectique de la durée*, PUF, 1936.

pensée, discipline et méditation. Fidèle à ses sources techniciennes et pédagogiques, elle offre une rare cohérence entre la pensée et l'action.

Moins austère qu'un simple ascétisme dont elle participe pourtant, la philosophie de la vie bachelardienne est également une philosophie du repos. Liée au temps et à sa discontinuité, elle apparaît, pour la première fois de manière centrale, en 1936 dans *La Dialectique de la durée* avec l'idée de faire système. L'ouvrage est en effet présenté comme « une propédeutique à une philosophie du repos ». Le repos lui-même se définit comme « une vibration heureuse ». C'est donc le contraire d'un immobilisme, d'un relâchement et d'une forme de paresse. « Une philosophie du repos n'est pas une philosophie de tout repos. » Le repos qui vibre est dynamique. De quoi repose-t-il s'il ne repose pas des efforts accomplis ?

Le repos de l'âme a quelque chose à voir avec la pratique de la méditation et la maîtrise de soi qui consiste d'abord à se débarrasser du superflu et de l'encombrant. « Nous avons été un peu exercé, par la méditation, à vider le temps vécu de son trop-plein[545]. » Et pour ce faire, on s'adresse à l'intelligence et à la conscience pure, aux facultés les moins personnelles et les moins subjectives pour mieux s'affranchir des dépendances organiques qui dispersent et des habitudes ankylosantes qui interdisent la découverte. Le salut est dans la recherche d'une harmonie avec les discontinuités de la production psychique. Il s'agit de faire corps avec les vibrations, de faire siennes les impulsions originelles et finalement de vivre en accord avec soi. La cohérence psychique est rythmique.

Bachelard a découvert les travaux du chercheur brésilien Lucio Alberto Pinheiro dos Santos qu'il cite à plusieurs reprises. Il s'en inspire en introduisant la notion de rythmanalyse que l'on peut retrouver aussi dans la philosophie indienne. De même que la matière ondule et rayonne pour être pérenne, nous devons tous suivre des rythmes spécifiques pour survivre. « Ce qui dure le plus est ce qui se recommence le mieux [...] Pour durer, il faut donc se confier à des rythmes, c'est-à-dire à des systèmes d'instants. » Le rythme discipline l'être et préserve son énergie. Épouser son propre rythme est une source de force et de sérénité. On se repose en construisant sa vie, on se fatigue en la négligeant. La paresse détruit, le relâchement des efforts déprime, le laisser-aller est un effondrement. « Nous ne serons des êtres fortement constitués, vivant dans un repos bien assuré, que si nous

---

[545] Bachelard (Gaston), *La Dialectique de la durée*, PUF, 1936.

savons vivre sur notre propre rythme, en retrouvant à notre gré, à la moindre fatigue, au moindre désespoir, l'impulsion de nos origines. »

La philosophie du repos est le contraire du laisser-être ou du laisser-vivre, c'est la vie réglée. On règle sa vie en vivant en accord avec soi et avec la nature. « Faut-il, par exemple, rappeler l'intérêt qu'une vie sage et pensive trouve à se régler sur le jour, sur la marche régulière des heures[546] ? » Bachelard, comme il le précisait dans une émission radio de 1949[547], se levait chaque jour très tôt, travaillait toute la matinée, se promenait l'après-midi et se couchait chaque soir à vingt heures trente comme le font de nombreux paysans très matinaux qui vivent en accord avec les saisons. À l'époque de sa thèse et de ses premiers écrits, il segmentait même sa nuit en deux cycles de sommeil séparés par quelques heures de travail. Il estimait que nous avons « un intérêt physique à nous adapter très rigoureusement aux rythmes végétaux, c'est ce qui est de plus en plus évident depuis qu'on connaît la spécificité des vitamines : l'heure de la fraise, l'heure de la pêche et du raisin sont des occasions de renouveau physique, d'accord avec le printemps et l'automne. Le calendrier des fruits est le calendrier de la rythmanalyse[548] ». Les recherches thérapeutiques les plus récentes insistent d'ailleurs sur les rapports entre les rythmes de vie, les dosages et les prises de médicaments.

Mais la vie réglée n'est pas la répétition, c'est le recommencement. Une tête bien faite doit toujours être refaite. L'esprit scientifique ne se forme qu'en se réformant. La relecture littéraire déconstruit la première lecture trop narrative pour mieux en construire une autre qui éclaire le style. La seconde pensée rompt avec la première pour mieux la réorganiser. Et si Bachelard se lève chaque jour très tôt, c'est pour reprendre sa propre pensée et la reconstruire. Il ne la répète pas, il la remanie, la recrée et l'étend. Il est d'une espèce mutante qui rajeunit intellectuellement. L'œuvre est une vie toujours recommencée de même que l'amour est une reconquête quotidienne.

La maîtrise de soi repose sur les mêmes principes. Elle n'est pas naturelle, elle résulte du déploiement d'une énergie, d'un effort sur soi pour contenir les tendances destructrices. Elle est la mobilisation d'une force intérieure trop longtemps inhibée. « Quel est le véritable calme humain ? C'est le calme conquis sur soi-même, ce n'est pas le calme

---

546 Bachelard (Gaston), *La Dialectique de la durée*, PUF, 1936.
547 Bachelard (Gaston), *La Radio, comme possibilité de rêve éveillé*, émission de la Radiodiffusion Française, 1949.
548 Bachelard (Gaston), *La Dialectique de la durée*, PUF, 1936.

naturel. C'est le calme conquis contre une violence, contre la colère[549]. » La pratique du chant et de la marche régulière contribue à recouvrer la tempérance face aux troubles de l'âme. La diminution des peurs et des inquiétudes qui créent de grandes souffrances est inversement proportionnelle à la croissance de la connaissance. Connaître c'est se reposer des craintes. « Les phénomènes naturels sont désarmés parce qu'ils sont expliqués[550]. »

Mais la rythmanalyse ne soulage pas seulement les souffrances psychiques, elle traite des souffrances physiques. En méditant, Bachelard a pu réduire ses maux de dents par la vibration. « Avec un peu d'exercice, on peut, par exemple, faire vibrer un mal de dent. Il suffit par une attention calme de ramener à ses proportions précises, d'éviter l'agacement général, l'agitation générale, qui viendrait emplir les intervalles de la douleur précise. Les pulsations de la douleur locale prennent alors leur rythme régulier[551]. »

Il utilise des techniques respiratoires libérées des contraintes organiques et prend appui sur une confiance en l'avenir en s'accordant avec les scansions du temps. « C'est la régularité du souffle qu'une philosophie du repos doit s'efforcer de réaliser avant tout autre tâche. » La régulation du mal est relativisation de la douleur qui tend à se diffuser. Elle limite sa portée en la circonscrivant à sa dimension locale. Le soulagement s'obtient, sans antidouleurs, par la seule mise en œuvre des rythmes psychiques.

Ainsi en empruntant la voie philosophique, Bachelard, plus enseignant que philosophe, n'a pas répudié la technique. S'il a édifié son épistémologie à partir des découvertes scientifiques de son temps et s'il a construit son esthétique à partir des travaux poétiques et artistiques les plus novateurs de la première partie du XXème siècle, il s'est toujours soucié des démarches, méthodes et procédures de ces domaines d'activité. Les concepts qu'il a pu ainsi élaborer ont en même temps toujours entretenu avec la pédagogie un rapport privilégié.

Pour comprendre le processus de connaissance avec ses pesanteurs, rien de tel que la classe qui reflète à petite échelle la réalisation des travaux scientifiques. Pour appréhender les processus créatifs, rien de tel que l'observation des enfants pour en saisir les mécanismes

---

549 Bachelard (Gaston), *L'Eau et les rêves*, Corti, 1943.
550 Bachelard (Gaston), *La Formation de l'esprit scientifique*, Vrin, 1938.
551 Bachelard (Gaston), *La Dialectique de la durée*, PUF, 1936.

originels. La célèbre proposition subversive de Bachelard, « qui enseigne est enseigné » prend ici tout son sens. L'instruction n'est possible que par la construction.

Mais la technique n'est pas seulement facilitatrice d'un procès cognitif ou créatif, elle est psychologique. En prenant appui sur les philosophies orientales et sud-américaines, Bachelard a éclairé les procédés psychiques qui conduisent au bien-vivre, voire à une vie savante ou créative. Plutôt que de s'intéresser au pouvoir sur les hommes, il s'est intéressé au pouvoir sur soi et sur son psychisme. Éprouvant longtemps les affres de l'imaginaire qui entravaient la connaissance, il en a découvert toute la fécondité. Il a pris pour la première fois la mesure du caractère indissociable de la raison et de l'imagination. En réduisant l'apparent désordre consécutif à la confusion entre les images et les concepts, il a eu l'intuition de leur solidarité. Il a saisi l'activité scientifique dans toute son épaisseur et l'activité poétique dans toute son étendue. Il a compris que l'on ne connait pas sans songer, que l'on ne pense pas sans rêver. Il a su combien il faut errer pour apprendre et combien il faut s'égarer pour créer. Son œuvre a transformé les difficultés en atouts.

Deux mondes se sont ouverts à une philosophie qui a pu enfin les penser ensemble. La vie psychique y a trouvé son équilibre. Elle s'est désormais réglée autour d'une sagesse et d'un bonheur conquis contre les drames et les souffrances qui l'ont émaillée. La maîtrise du psychisme, acquise grâce à une longue expérience de méditation et de réflexion, achève de faire de Bachelard un véritable philosophe épris de sagesse. Il peut désormais emprunter sans crainte le chemin des rêves.

Chapitre 7

LE CHEMIN DES RÊVES

Vivre les rêves

« Il y a une rêverie de l'homme qui marche,
une rêverie du chemin. »
La Poétique de l'espace, PUF.

« Nous entrons dans la nuit : nous commençons
précisément le chemin des rêves. »
Rêverie et radio, in *Le Droit de rêver*, PUF.

« On entend dans les mots plus qu'on ne voit
dans les choses. »
*Une psychologie du langage littéraire :
Jean Paulhan*, in *Le Droit de rêver*, PUF.

Durant les trois années qui ont précédé le départ en retraite de Gaston Bachelard, celui-ci a consacré l'ensemble de ses cours à la rêverie. Il le confesse dans le début de *La Poétique de l'espace*, pensant en faire une synthèse dans le cadre d'un ouvrage qu'il sait difficile à écrire. Ce sera finalement *La Poétique de la rêverie* qu'il publiera en 1960, deux ans avant sa mort. Cette volonté de s'adonner à la rêverie transparaît dans ces derniers ouvrages. Ce qu'il appréhendait comme une simple déviation est devenue une forte préoccupation, tant l'objet poursuivi lui échappe à mesure qu'il tente de le catégoriser.

À partir de 1954, il ne publie plus d'ouvrages d'épistémologie. Les quatre derniers traitent, à compter de 1957, de la rêverie de l'espace ou du feu ou bien encore de la rêverie poétique. Ses articles n'échappent pas à la règle. Sur les trente-deux articles produits à partir de 1952, les quatre cinquièmes concernent l'esthétique. Avant 1938, le rapport était rigoureusement inverse si l'on considère que *L'Intuition de l'instant* et *La Dialectique de la durée* appartiennent au registre plus psychologique et esthétique qu'épistémologique, ce qui est discutable tant les contenus en sont pluriels et la pensée de Bachelard en mouvement.

Le chemin de travers

Et pourtant la déviation n'est pas une conversion, c'est une inversion et un détour pour mieux saisir les deux versants de l'esprit humain. Bachelard a « toujours voulu reprendre le droit chemin[552] », celui de la connaissance et il n'a pu le faire qu'en séparant le domaine du concept de celui de l'image et en élargissant son métier. C'est pourquoi on assiste pratiquement à un rééquilibrage des champs. Bachelard a édifié une véritable symétrie de pensée entre deux périodes, celle antérieure à 1939 et celle qui lui est postérieure, et sur deux domaines opposables, mais complémentaires. Les correspondances y sont multiples, comme s'il s'agissait de décrire les deux axes d'une même figure. L'unité est celle de l'esprit humain qui connaît, invente, crée et rêve.

Bachelard ne se convertit pas à l'imaginaire, il montre, comme Descartes, que c'est le même cogito qui pense et qui imagine. Cependant, à la différence de Descartes, il ne tient pas le rêve comme une pensée absurde, mais comme une nouvelle clé de pensée qui n'a pas jusqu'alors été suffisamment explorée, tant on a négligé et sous-estimé l'univers onirique. En terminant son œuvre et sa vie professionnelle par la rêverie, il élargit l'esprit humain et délivre un nouveau message. « Psychiquement, nous sommes créés par notre rêverie. Créés et limités par notre rêverie, car c'est la rêverie qui dessine les derniers confins de notre esprit [...], c'est dans la région de la métaphore de la métaphore [...] où le rêve [...] est l'essai d'une expérience [...] qu'on doit chercher le secret d'une énergie mutante[553]. » La rêverie plus énergique, expansive et structurante sera préférée au rêve qui se détend en se perdant de vue et qui vous égare parce qu'il oublie « son chemin en courant ».

Longtemps à la recherche du principe de nouveauté dans les sciences et les arts, Bachelard voit bien que c'est en ôtant les idées fixes et en délogeant les habitudes bien ancrées que l'on libère les forces du changement. Or la *défixation* ne s'obtient que par un déplacement de

---

[552] Bachelard (Gaston), *Fragments d'une poétique du feu*, PUF, 1988.
[553] Bachelard (Gaston), *La Psychanalyse du feu*, Gallimard, 1938.

l'attention que l'on retrouve dans la rêverie. Penser autrement requiert aussi de penser à autre chose. C'est la perspective d'un ailleurs qui conduit à sortir du sentier trop bien balisé.

Bachelard a d'abord pensé cette capacité à s'absenter à partir des types psychologiques. Il a classé les images comme des obstacles avant de les considérer comme des organes. Il a choisi la voie de la psychologie et de l'imaginaire en opérant des catégorisations externes propres aux sciences humaines. Mais ces voies se sont révélées insuffisantes à rendre compte du processus interne. « Tant qu'on juge du rêve par l'extérieur, on ne lui reconnaît qu'une absurdité décousue[554]. » Faute d'en saisir l'ordre interne, on lui attribue un ordre qu'il n'a pas et laisse le sien en friche. Le risque du désordre vient de notre précipitation à mettre de l'ordre avec les outils usuels et inappropriés. Des concepts plaqués sur du vivant font perdre tout dynamisme onirique.

L'intérieur des rêves

C'est la découverte de la phénoménologie qu'il doit en partie à sa fille Suzanne qui le conduit vers une nouvelle approche. La rêverie qui figure dans les titres de quatre de ces derniers ouvrages et de quatre de ces derniers articles, à la différence de l'imaginaire qui n'y est point, révèle le sens ultime de sa quête. Il se sépare des catégories pour vivre la rêverie de l'intérieur. Il se détache de l'imagination des matières qui visaient encore à construire des classifications pour vivre les images sans autre intermédiaire. Son parcours qu'il reconstitue volontiers se décline d'une typologie de l'imaginaire à une expérimentation plus authentique de la rêverie.

« Dans nos travaux précédents sur l'imagination, nous avions en effet estimé préférable de nous situer […] devant les images des quatre éléments de la matière […] Fidèles à nos habitudes de philosophe des sciences, nous avions essayé de considérer les images en dehors de toute interprétation personnelle [555] . » Cette prudence scientifique convenait mal à son objet qui est en réalité sujet. C'est pourquoi, dans son ultime texte publié de manière posthume, Bachelard revient sur son œuvre et rêve de la récrire.

Il comprend qu'il a longtemps manqué son objet en le traitant dans une perspective encore trop scientifique pour rendre compte de la

---

554 Bachelard (Gaston), *L'Air et les songes*, Corti, 1943.

555 Bachelard (Gaston), *La Poétique de l'espace*, PUF, 1957.

spontanéité de l'imagination. « Je ne sentais pas combien il était paradoxal d'étudier " objectivement" des élans d'imagination qui viennent mettre de l'inattendu jusque dans le langage[556]. » Expliciter le processus créatif avec des catégories de pensée, fussent-elles aussi larges que les quatre éléments, revient à arrêter un mouvement dont on veut pourtant appréhender le dynamisme. Bachelard avoue s'être comporté en botaniste tranquille qui collecte et qui classe au lieu de saisir « les instants où la parole [...] crée de l'humain », où la parole est simplement joie de parler « dégagée des responsabilités de la signification. » Alors qu'il aurait dû vivre les images en poète pour les comprendre, il a importé la méthode scientifique au sein même de l'art.

Mais « changer de méthode c'est parfois se donner une chance supplémentaire de s'instruire ». L'approche phénoménologique de l'image est celle du dernier Bachelard. Il quitte définitivement le champ psychologique pour le champ phénoménologique. Loin d'une analyse externe au moyen de concepts, il promeut une étude du vécu créatif par celui qui le vit. L'image concentre tout le psychisme si bien qu'une dissociation réflexive ne peut que l'altérer. Si l'on veut appréhender la rêverie, il faut « obéir à la dynamique immédiate de l'image[557] », il faut laisser venir les forces poétiques.

Bachelard invite à éprouver la rêverie pour mieux en prendre conscience. « Il faut être présent, présent à l'image, dans la minute de l'image [558] . » Son analyse phénoménologique, c'est-à-dire « la considération du départ de l'image dans une conscience individuelle », débarrassée des concepts interprétatifs, s'appuie sur une expérience introspective et livresque. Bachelard demeure un phénoménologue solitaire qui explore la rêverie. « Dans notre solitude [...] nous devons chercher nos documents. Ils viennent des livres. Toute notre vie est lecture[559]. »

Toutefois, l'activité mentale visée se distingue autant du rêve qui échappe à la conscience que de la distraction pure, synonyme de décrochage attentionnelle. « Une conscience qui rêvasse n'est déjà plus une conscience. La rêverie nous met sur la mauvaise pente, sur la pente qui descend. » C'est pourquoi la rêverie doit être poétique et la conscience, créatrice. La poétique est « une phénoménologie des images créantes [...] tendant à restituer, même chez un lecteur modeste,

---

[556] Bachelard (Gaston), *Fragments d'une poétique du feu*, PUF, 1988.
[557] Bachelard (Gaston), *La Poétique de la rêverie*, PUF, 1960.
[558] Bachelard (Gaston), *La Poétique de l'espace*, PUF, 1957.
[559] Bachelard (Gaston), *La Poétique de la rêverie*, PUF, 1960.

l'action novatrice du langage poétique[560] » qui « nous met sur la bonne pente, celle de la conscience qui croît ». Seule l'expérience poétique est à même de rendre compte de ce qu'elle est. Il n'est pas d'autre choix que de vivre la poésie pour la comprendre. Bachelard en a fait l'expérience : Suzanne, selon François Parinaud[561], a vu son père écrire des poèmes qu'il « détruisit systématiquement » .

De même qu'une phénoménologie des sciences n'a de sens qu'en tant qu'elle s'appuie sur une pratique scientifique, une philosophie de la poésie repose sur une pratique poétique. Bachelard ne vise pas seulement l'esprit scientifique ou poétique, il en cherche l'âme.

La clé de l'œuvre est dans les rêves

Et cette quête finale de l'âme indique la clé de l'œuvre car c'est toujours à la fin que le sens advient. La fin est authenticité, la fin est l'âme des choses. L'origine est un défaut, une faute qui nous aveugle, nous masque la vérité, nous échappe à nous-mêmes et nous prive de la connaissance. La « faute originelle[562] » nous contraint « d'attendre du monde obscur la leçon de lumière ». La tâche consiste alors à nous construire nous-mêmes « en nous commençant vraiment nous-mêmes, dans une pensée nouvelle ».

Vivre c'est se recréer, se travailler de l'intérieur, être son propre démiurge et cela passe par le rêve. « C'est dans la région [...] où le rêve [...] est l'essai d'une expérience [...] qu'on doit chercher le secret d'une énergie mutante[563]. » C'est le rêve d'ingénieur des Télégraphes qui a fait de Bachelard un homme de science et c'est le rêve d'un ingénieur des âmes qui l'a mu en pédagogue et en philosophe. « Psychiquement, nous sommes créés par notre rêverie. Créés et limités par notre rêverie, car c'est la rêverie qui dessine les derniers confins de notre esprit. » La rêverie est une force psychique, une dynamique de vie qui fait croître l'existence. Elle fait œuvre de vie en faisant de la vie son œuvre.

Dans son dernier et bref ouvrage publié de son vivant, Bachelard fait le bilan de sa vie en soulignant sa destinée de travailleur de la plume. « Tout compte fait des expériences de la vie, c'est bien plutôt [...] devant la page blanche placée sur la table à la juste distance de ma lampe, que je suis vraiment à ma table d'existence[564]. » Sa vie véritable

---

560 Bachelard (Gaston), *La Poétique de la rêverie*, PUF, 1960.
561 Parinaud (François), *Bachelard,* Flammarion, 1996.
562 Bachelard (Gaston), *L'Intuition de l'instant*, Stock, 1932.
563 Bachelard (Gaston), *La Psychanalyse du feu*, Gallimard, 1938.
564 Bachelard (Gaston), *La Flamme d'une chandelle*, PUF, 1961.

n'est pas celle du postier ni du pédagogue, c'est celle du philosophe et de l'écrivain. Et les raisons qu'il donne au sens de sa vie sont celles du rêve d'être. « C'est à ma table d'existence que j'ai connu l'existence maxima, l'existence en tension - en tension vers un avant, vers un plus-avant, vers un au-dessus [...], tendu dans l'invraisemblable besoin d'être un autre être, un plus-qu'être. Et c'est ainsi qu'avec du rien, avec des rêveries, on croit qu'on pourra faire des livres. »

La part onirique, si inconsistante en apparence, si éphémère et évanescente à première vue, est pourtant essentielle dans la construction durable de son œuvre et indissociable de sa vie la plus intense et la plus authentique. Plus que de les observer, il a voulu habiter les images. La lecture qu'il propose des poètes et des artistes plasticiens est une lecture intérieure, une lecture en aveugle créatif. Il appréhende la création comme une énergie qui se déploie, comme une image qui s'étend et s'élargit et non comme une forme que l'on applique à sa vision.

Cette approche extensive résulte de ses propres observations champêtres. « C'est près de l'eau et de ses fleurs que j'ai le mieux compris que la rêverie est un univers en émanation[565]. » L'image poétique se développe à partir de son centre. La route onirique qui conduit au poème est expansive. À la fois centripète et centrifuge, la rêverie s'amplifie et se déploie « en étoile ». « Elle revient à son centre pour lancer de nouveaux rayons. »

Le langage lui-même coule et s'écoule dans une dynamique poétique interne qui s'éprouve en dépassant la pensée. Il n'est pas besoin de voir pour créer, c'est même la cécité qui évite l'erreur de s'écarter de l'image féconde, d'oublier la profondeur au profit des traits les plus saillants et pittoresques. Ainsi « la profonde intuition de Rodin », le conduisant à pousser « les traits du dedans vers le dehors, comme une vie, comme une flamme », s'explique par la « conception du feu intime formateur », du feu « comme germe ». C'est de la profondeur intérieure que naît la sculpture, c'est du plus intime que jaillit la peinture et la poésie. C'est en vivant le mouvement que l'on voit, peint, sculpte et écrit.

Le rêve de pétrissage incarne pleinement cette incorporation. Le travail des pâtes est intime. On s'y aventure les yeux fermés, tout à ses sensations rythmées. On y pénètre la substance, on y palpe « l'intérieur des substances », on y cherche à « connaître l'intérieur des grains » et à

---

[565] Bachelard (Gaston), *La Psychanalyse du feu*, Gallimard, 1938.

y « vaincre la terre intimement » avant que la main n'y découvre « l'union de la terre et de l'eau[566] ».

Vivre pour rêver

En vivant le rêve de pâte, Bachelard se donne une énergie qu'il n'a plus. Peu importe que sa vie s'achève dans un petit appartement éloigné des sources oniriques puisqu'il peut s'abstraire du monde d'ici-bas et pleinement vivre d'images poétiques. Il n'a pas besoin d'être en Champagne pour en rêver. Il sait bien qu' « imaginer sera » toujours *« plus grand que vivre. »*[567] La vie de Bachelard est un rêve d'œuvre et une œuvre rêvée.

Œuvrer sa vie, c'est travailler sur soi, revenir sans cesse sur sa propre pensée. Les chemins successifs, les ruptures et les inflexions sont autant de traces de ses reprises et de ses réorganisations. Bachelard met chaque jour en question ce qu'il a pensé la veille. « Qui sait se lever comme un soleil, d'une seule flèche, sait lancer son être dans un destin chaque jour réassumé, chaque jour reconquis par un jeune amor fati[568]. » Sa pensée prend le risque de s'exposer, d'être discutée, contestée et annulée. Chaque jour est une pensée recommencée, réorganisée. Chaque jour est une nouvelle lecture, un poème découvert ou redécouvert, une occasion de retravailler, de réélaborer son œuvre et de sculpter sa vie.

Ce qui intéresse Bachelard, ce ne sont pas les rêves qui distraient ou remémorent un événement ancien, ce sont les rêves qui renouvellent, rénovent, réinventent en créant des « images invécues[569] » et des bonheurs poétiques oublieux des misères d'un passé dépassé. L'image poétique a cette vertu de ne pas avoir de passé, de surgir de nulle part et de n'avoir aucune cause. Elle ne résulte pas d'un long processus psychologique, elle le fait retentir. « Par l'éclat d'une image, le passé lointain résonne d'échos. » Sans passé, l'image poétique offre une autre lecture du vécu. En l'inconscient, « le passé est inscrit, mais il ne le lit pas[570] ». Seule l'expression poétique lui donne quelques retentissements.

Le modèle est celui de la cybernétique, la causalité est rétroactive. On y retrouve l'enfance et les possibles. « Enfants, nous étions peintre, modeleur, botaniste, sculpteur, architecte, chasseur, explorateur. De

---

566 Bachelard (Gaston), *L'Eau et les rêves*, Corti, 1942.
567 Bachelard (Gaston), *La Poétique de l'espace*, Corti, 1957.
568 Bachelard (Gaston), *L'Air et les songes*, Corti, 1943.
569 Bachelard (Gaston), *La Poétique de l'espace*, Corti, 1957.
570 Bachelard (Gaston), *La Terre et les rêveries du repos*, Corti, 1948.

tout cela, qu'est-il devenu ? Il y a cependant un moyen, au centre même de la maturité, de retrouver ces possibilités perdues. Ce moyen, c'est la littérature [...] La littérature est une fonction de suppléance. Elle redonne vie aux occasions manquées[571]. » Elle redonne vie à l'enfance et à toutes ses promesses.

La rêverie éducative et culturelle

La rêverie littéraire peut aussi fluidifier une vie qui s'est figée, redynamiser un être enkysté dans ses habitudes, redonner de l'espérance à celui qui a perdu toute perspective. La poésie n'est pas uniquement un élément de programme des classes de français, elle est aussi un outil d'éducation ou de rééducation. À l'écoute des fines impressions produites par nos rêves, « peut-être pourrions-nous nous éduquer pour combattre notre lourdeur ». La rêverie poétique introduit à l'esprit de nuance, ouvre à la délicatesse du langage, apprend la courtoisie des échanges. Elle fait œuvre de culture.

L'éducation du goût passe par la littérature. « Une rêverie, à la différence du rêve, ne se raconte pas. Pour la communiquer, il faut l'écrire [...] avec émotion, avec goût [...]. L'amour s'exprime d'autant mieux qu'il est plus poétiquement rêvé[572]. » L'amour épistolaire enrichit l'amour de ses mille nuances poétiques et lui confère douceur et passion. L'amour qui s'écrit se découvre infini. Le langage cru, la violence verbale, la rudesse, l'irrespect et la grossièreté sont les fruits d'une atrophie de l'imaginaire. Ils abolissent toute distance nécessaire à la construction d'une véritable réciprocité. La passion sans la rêverie vous engloutit. L'amour soumis aux seules pulsions est dévorateur.

La rêverie crée donc un espace favorable au déploiement de la conscience réflexive. « Privé de la vacance du rêve », le sujet « ne pourrait prendre conscience de ses représentations[573] ». Cet espace est vide de concepts et interdit la fusion d'avec les représentations et le sensible. Il met de la distance qui ôte à l'objet sa fonctionnalité, aux impressions, son emprise. La rêverie défixe les formes et détourne les usages. Le monde est d'abord ma rêverie avant d'être, selon Schopenhauer, ma représentation. « La connaissance poétique du monde précède, comme il convient, la connaissance raisonnable des objets. Le monde est beau avant d'être vrai. Le monde est admiré avant

571 Bachelard (Gaston), *La Terre et les rêveries de la volonté*, Corti, 1948.
572 Bachelard (Gaston), *La Poétique de la rêverie*, Corti, 1960.
573 Bachelard (Gaston), *L'Air et les songes*, Corti, 1943.

d'être vérifié. » On ne devient botaniste qu'en aimant contempler la nature, on ne devient physicien qu'en admirant l'univers. Il faut vivre ses rêves.

Loin de séparer la pensée et la rêverie comme s'ils appartenaient à deux mondes distincts, Bachelard n'a cessé de les rapprocher et de considérer leur complémentarité à partir de l'espace onirique. Il arrive même que le jour prolonge les rêves de la nuit en les expliquant. Le langage favorise cette ambivalence en vertu de « sa double efficacité » en mettant « en nous ses vertus de clarté et ses forces de rêves. » Les mots font aussi bien penser que rêver et glissent, sous nos pensées, des images dont elles vivent. C'est pourquoi l'étude de « l'homme littéraire » s'impose pour qui veut comprendre l'âme humaine. Les rêves conduisent à la connaissance, comme la curiosité conduit à pratiquer la science. La rêverie stimule le désir et la volonté de savoir.

Bachelard découvre, dans un premier temps, que les images peuvent entraver l'accès à la connaissance, mais il s'aperçoit, dans un second temps, qu'il n'y a pas de pensée et de connaissance sans un minimum de rêverie. C'est le rêve d'ingénieur qui le conduit vers les mathématiques et la physique. La rêverie donne de la force à une pensée qui, sans sa part d'imaginaire, perdrait confiance. Elle donne aussi de la puissance aux entreprises humaines. La technique ne naît pas de l'expérience, mais des rêves. « Le métal est le prix d'un rêve de puissance brutale, le rêve même du feu excessif[574]. »

Les outils ont un usage onirique. Et ce n'est pas l'utilité qui conduit le premier homme à construire un canot pour naviguer sur les flots, c'est le rêve. « Pour affronter la navigation, il faut des intérêts puissants. Or les véritables intérêts puissants sont les intérêts chimériques. Ce sont les intérêts qu'on rêve, ce ne sont pas ceux qu'on calcule[575]. » La technique fait moins rêver qu'elle ne résulte de nos rêves. Elle réduit même les rêves qui la font naître. Il y a donc un danger à une automatisation généralisée. Un monde technologique sans onirisme est un monde de brutes. « Sans les rêveries de la volonté, la volonté n'est pas vraiment une force humaine, c'est une brutalité[576]. »

La rêverie de maîtrise est également à la source de la connaissance. Dès l'âge de trois ans, l'enfant passe son temps à ouvrir et fermer les portes, à scruter l'intérieur des tiroirs, à démonter ses jouets parce qu'il

---

[574] Bachelard (Gaston), *La Terre et les rêveries de la volonté*, Corti, 1948.
[575] Bachelard (Gaston), *L'Eau et les rêves*, Corti, 1942.
[576] Bachelard (Gaston), *La Terre et les rêveries de la volonté*, Corti, 1948.

désire savoir au-delà des apparences, parce qu'il désire connaître ce qui se cache et se dérobe à son regard inquisiteur. Connaître c'est ne pas rester sur le seuil du savoir, c'est franchir cette ligne qui va du rêve à la pensée scientifique.

Celui qui démonte la poupée deviendra peut-être médecin, celui qui déconstruit les automobiles miniaturisées pourrait devenir constructeur et celui qui cherche le secret des tiroirs deviendra sans doute savant. Le rêve enfantin prépare l'activité future. « On ne peut étudier que ce qu'on a d'abord rêvé[577]. » Cette préparation n'a évidemment rien de logique, elle est psychologique et onirique. Mais si le rêve n'est pas homogène à la connaissance, il en produit néanmoins le dynamisme et crée l'élan qui lui est nécessaire.

Bachelard, venu tardivement à la science, a longtemps rêvé les progrès scientifiques avant de les comprendre. C'est pour avoir été fasciné par eux qu'il s'y est engagé avec une constance qui ne l'a jamais quitté.

La part du rêve dans l'œuvre

La construction de son œuvre en témoigne. La nouveauté est d'abord frappante pour l'imagination et vigoureuse pour la raison avant d'être décryptée et analysée. Les titres de ses ouvrages sont éloquents. *La Valeur inductive de la relativité, Le Nouvel esprit scientifique* et *Le Pluralisme cohérent de la chimie moderne* insistent sur le renouveau de la physique et de la chimie et visent à montrer que le passé de la science n'a rien à voir avec son présent. *Le Pluralisme cohérent de la chimie moderne* est centré sur la révolution de Mendeleïev et sur son originalité par rapport à ses prédécesseurs. *Les Intuitions atomistiques* font un parallèle entre Lucrèce, Démocrite et la physique moderne. Mais il s'agit moins d'histoire que de philosophie. *L'Étude sur l'évolution d'un problème de physique* est écrite contre le substantialisme, *Le Pluralisme cohérent de la chimie moderne* contre le réalisme et *Les Intuitions atomistiques* contre un ensemble complexe de philosophies.

Initialement, l'histoire des sciences est donc plus rêvée que pensée. Elle laisse la part belle à l'imaginaire et à l'imagination, à la fulgurance de l'instant et aux mystères de l'invention. Bachelard se plaît à souligner les instants décisifs où toute une théorie va basculer dans le néant. Il aime faire revivre les heures cruciales des grands bouleversements

[577] Bachelard (Gaston), *La Psychanalyse du feu*, Gallimard, 1938.

scientifiques, les moments de grand désarroi résultant d'échecs expérimentaux fondateurs. La démarche scientifique est une série de drames et de coups de génie. Elle se résume à une suite d'instants décisifs indépendants les uns des autres et à des continuités éparses.

Bachelard n'évoque l'histoire que pour surprendre les philosophes. « On peut montrer des degrés aussi tranchés et dans des conditions qui peuvent étonner le philosophe » dit-il avant d'en conclure qu'il faut « heurter les habitudes de l'esprit philosophique[578] ». Ce qui tranche c'est ce qui doit réveiller les philosophes de leur torpeur. Les métaphores visent à les dynamiser, à les sortir du cadre de la prudente rationalité. La rupture s'accompagne d'images. Plus ressentie que raisonnée, la rupture est rêvée.

La fracture dans l'histoire se matérialise dans la rêverie du feu. Bachelard ne pense pas le nouveau dans sa genèse, mais dans son immédiat surgissement. Il ne pense pas le passé dans son dépassement, mais dans sa clôture imaginaire, usant même pour la première fois de la métaphore de la maison. « Nous vivons d'ailleurs dans le monde newtonien comme dans une demeure spacieuse et claire [...] La pensée newtonienne était de prime abord un type merveilleusement net de pensée fermée[579]. »

En revanche, quelques années plus tard *La Formation de l'esprit scientifique* met en valeur le processus de formation, *L'Activité rationaliste de la physique contemporaine*, celui d'activité et de pensée. L'opposition est encore plus nette entre *L'Intuition de l'instant* et *La Dialectique de la durée*. Bachelard passe directement de l'instant à la durée, du moment à l'évolution.

Ses thèses elles-mêmes subissent des inflexions. Si dans *La Valeur inductive de la relativité*, il est question de l'étrangeté de la relativité, dans *La Formation de l'esprit scientifique*, Bachelard « médite sur l'évolution de l'esprit scientifique » et se propose de « bien décrire le trajet qui va de la perception réputée exacte à l'abstraction » en dégageant trois grandes périodes historiques, correspondant à trois états de pensée analogues aux trois états d'Auguste Comte. Il « cherche les conditions psychologiques des progrès de la science. » Si dans *Le Nouvel esprit scientifique* et dans *La Valeur inductive de la relativité*, il faut comprendre la nouveauté des thèses relativistes, dans *Le Rationalisme appliqué*, le philosophe doit « suivre la vie du progrès des

[578] Bachelard (Gaston), *Essai sur la connaissance approchée*, Vrin, 1927.
[579] Bachelard (Gaston), *Le Nouvel esprit scientifique*, PUF, 1934.

pensées » et dans *L'Activité rationaliste de la physique contemporaine*, le progrès est la « dynamique même de la culture scientifique » et les sciences connaissent « une croissance régulière ».

L'évolution est donc sensible et dévoile son tracé au fil de l'œuvre. Bachelard a dû rêver la puissance de l'infiniment petit et de l'atome avant de s'en instruire pour conclure que « c'est dans la rêverie du petit et du concentré, et non pas dans la rêverie du grand, que l'esprit, longtemps ruminant, finit par trouver le passage qui le conduit à la pensée scientifique[580] ».

Loin d'entraver la connaissance, le rêve lui en ouvre le chemin. Force primitive qui insuffle le désir de savoir, la rêverie participe du dynamisme de l'esprit. C'est pour avoir saisi en lui cette force interne lisible dans son œuvre que Bachelard a choisi de réhabiliter le rêve.

La figure du rêveur

Le rêveur, si mal considéré par le pédagogue, est pourtant celui qui sourdement œuvre pour mieux apprendre. « Le cancre[581] » de Jacques Prévert est créatif. Il transforme la tristesse morbide de la vie de classe en moment de joie, en dessinant le visage coloré du bonheur, tout en s'affranchissant d'un maître menaçant et d'enfants « prodiges » humiliants.

On croit que le bon élève, au regard toujours attentif, est le plus captif. On croit que le petit prodige est celui qui, installé dans la classe au premier rang, approuve sans répit le maître en opinant de la tête alors qu'il est plutôt celui qui rêve d'être au coin de l'âtre. « L'esprit, dans son destin primitif, avec sa poésie et sa science » s'est « formé dans la méditation du feu[582] ». Si le tableau noir est froid et le maître désespérément glacial, « le feu seul mérite [...] le désir de connaître par cela même qu'il accompagne le désir d'aimer ». Le feu ouvre aussi un chemin, celui de la fumée, précisément guidée par la cheminée.

La rêverie et la connaissance ne sont que les deux versants d'un même esprit. La rêverie lui donne la puissance et la profondeur, la connaissance, la précision et la rigueur. La rêverie est désir d'avenir, la connaissance est mise en œuvre d'un devenir. Poète et savant sont indissociables et à trop appréhender l'un sans l'autre, on finit par se méprendre sur la réalité de l'esprit humain qui n'est ni exclusivement

580 Bachelard (Gaston), *La Psychanalyse du feu*, Gallimard, 1938.
581 Prévert (Jacques), *Paroles*, Gallimard, 1949.
582 Bachelard (Gaston), *La Psychanalyse du feu*, Gallimard, 1938.

calculateur ni totalement rêveur. Bachelard fait œuvre d'authenticité en estimant que l'on ne peut réduire la science à la raison et la poésie à la passion. Il voit bien que la connaissance a partie liée avec l'amour et que la passion a besoin d'ordonner pour créer. « Le songe donne à notre être [...] une bienheureuse unité[583]. »

On ne doit pas non plus sous-estimer la part onirique qui préside aux labeurs les plus acharnés. N'oublions pas que le travail est étymologiquement lié à la torture. En provenant du latin *tripalium* qui désigne un instrument de torture à trois pieux, le travail n'offre guère d'attrait en lui-même. Seuls des intérêts oniriques puissants peuvent nous conduire à accepter de telles chaînes. Or, « le travail est une source de rêveries indéfinies autant qu'une source de connaissances[584] ». Si l'on ne rêve pas de travailler et si l'on n'exerce pas un métier de rêve, il est encore possible qu'un travail fasse rêver à condition d'en avoir préservé la puissance onirique. « Enlevez les rêves, vous assommez l'ouvrier. » Car « on ne fait rien de bon à contrecœur, c'est-à-dire à contre-rêve[585] ».

Et ces intérêts sont souvent liés pour Bachelard à la libido que l'on sublime en polissant, frottant, astiquant, fourbissant, retouchant. Celle-ci « est à la source de tous les travaux de l'homo faber[586] ». Ainsi « l'eurythmie d'un frottement actif, à condition qu'il soit suffisamment doux et prolongé, détermine une euphorie ». Psychanalytiquement, pour « les vieilles filles » qui ont chez Balzac des intérieurs particulièrement brillants, « la propreté est une malpropreté [...]. Primitivement caresse et travail devaient être associés ». La rigueur et la patience sont moins vertueux qu'on ne le pense. Le souvenir joyeux et l'espoir de séduction opèrent comme des catalyseurs du travail durable. Si « l'âge de la pierre éclatée est l'âge de la pierre taquinée [...], l'âge de la pierre polie est l'âge de la pierre caressée ».

Sartre décrira vingt-deux ans plus tard la rêverie des ouvrières du textile. Bercées par le bruit régulier des machines, faiblement sollicitées au niveau attentionnel par la simplicité routinière des tâches, elles s'évadent d'un travail lourd et pesant dans des songeries érotiques[587]. La rêverie libidinale fait même supporter le travail aliénant en engendrant une certaine sérénité.

---

583 Bachelard (Gaston), *L'Air et les songes*, Corti, 1943.
584 Bachelard (Gaston), *L'Air et les songes*, Corti, 1943.
585 Bachelard (Gaston), *La Terre et les rêveries de la volonté*, Corti, 1948.
586 Bachelard (Gaston), *La Psychanalyse du feu*, Gallimard, 1938.
587 Sartre (Jean-Paul), *Critique de la raison dialectique*, Gallimard, 1960.

Élargissant le point de vue, Bachelard observera que la rêverie au travail préserve l'intégrité psychique du travailleur. En concepteur original des ressources humaines, il propose d'attribuer à chaque métier « son guide onirique » et à « chaque manufacture » « son bureau poétique[588] ». Le rêve allège la pénibilité des tâches, distrait de l'ennui lié au répétitif, remplace la peine par la joie et la dureté par le sentiment de puissance. Il va sans dire que la proposition de Bachelard n'a pas eu de suite et que l'on a préféré au bureau poétique, le bureau des performances. Les chiffres ont remplacé les lettres, le burn-out, l'équilibre mental et le stress, la rêverie. Pourtant, contre vents et marées, « toutes les nuits, le rêveur recommence le monde ».

La raison des rêves

Il y a donc des rêveries qui font vouloir, des rêveries de la volonté et des rêveries qui font pouvoir, des rêveries de puissance. De même que l'on rêve le monde avant de le connaître, l'on rêve d'être avant d'être ce que l'on est. « La rêverie de la volonté a, en effet, pour fonction directe de nous donner confiance en nous-mêmes, confiance en notre puissance laborieuse[589]. » Et sans cette confiance, pas de persévérance, pas de patience ; en unissant effort et espoir, la rêverie stimule la volonté de savoir. « Pour une œuvre un peu claire, un peu longue, il faut sans doute penser avant d'agir, mais il faut aussi beaucoup rêver avant de prendre intérêt à penser. » C'est le défaut de rêverie qui entrave la pensée. C'est aussi le défaut de rêverie qui annihile la volonté et altère le vouloir-vivre.

On rêve de puissance et de richesse parce que l'on rêve en profondeur sa propre vie. La rêverie de puissance construit contre les obstacles, édifie contre l'adversité, connaît contre l'ignorance et invente contre l'inertie des habitudes. Elle s'incarne dans le mouvement obstiné du « marcheur » qui affronte « le vent » et dans la lutte « du nageur contre le courant[590] ». La lecture onirique de la nature offre de multiples exemples de forces qui nous viennent des profondeurs de l'âme. C'est l'arbre qui se noue et dont le tronc dur s'élève pour porter haut son feuillage, c'est l'eau violente qui inspire le courage et c'est la bourrasque qui emporte tout sur son bref passage.

---

[588] Bachelard (Gaston), *L'Air et les songes*, Corti, 1943.
[589] Bachelard (Gaston), *La Terre et les rêveries de la volonté*, Corti, 1948.
[590] Bachelard (Gaston), *L'Eau et les rêves*, Corti, 1942.

Les rêveries qui stimulent peuvent être aquatiques lorsqu'elles rafraîchissent. Ce sont des forces de réveil et de rajeunissement, des forces de renouvellement et de vitalité, des forces de vigueur et de tonicité. « L'eau fraiche réveille et rajeunit le visage, le visage où l'homme se voit vieillir, où il voudrait tant qu'on ne le voit pas vieillir[591] ! » Elle redonne « l'énergie de voir ».

Mais les rêveries qui stimulent sont surtout aériennes et verticales. Elles valorisent les forces de l'esprit. Elles alimentent les désirs d'abstraction et de dématérialisation dont se nourrissent les mathématiciens. « C'est bien une abstraction qui nous conduit à ce vol si peu circonstancié[592]. » En nous dissociant des choses, elles nous préparent au désintéressement, à une émancipation de la matérialité et de la logique marchande. Jamais, la profondeur ne corrompt. « Le rêve profond ne vend jamais ses biens », « il semble » qu'il « n'ait pas la catégorie du troc[593] ». Le marché ne fait pas rêver. « Les rêves ne sont pas à la mesure des choses. »

Les rêveries aériennes signifient surtout la hauteur, la profondeur et l'élévation. Elles créent un véritable élan en se distribuant le long d'un axe vertical dont le sommet est l'être et la base, le néant. Plus on s'élève, plus on s'allège et plus on descend, plus on s'alourdit. L'ascension approfondit, éveille et condense ; la descente se disperse au milieu des ombres et des apparences. Elles expriment l'enthousiasme face aux progrès et l'angoisse face au déclin. Elles indiquent les valeurs à promouvoir et celles à écarter car « toute valorisation est verticalisation[594] ».

L'ascension et la chute sont au cœur de nos jugements moraux. « L'homme en tant qu'homme ne peut vivre horizontalement. » Il doit choisir entre la petitesse et la noblesse. Lorsqu'il se nourrit d'habitudes et de routines, il se rétrécit psychiquement. S'il cesse de progresser, il vient à régresser. Seul le dormeur peut rendre la chute acceptable. « Son repos, son sommeil est le plus souvent une chute. Rares sont ceux qui dorment en montant[595]. » Plus douce sera la chute, plus agréable le repos.

---

[591] Bachelard (Gaston), *L'Eau et les rêves*, Corti, 1942.
[592] Bachelard (Gaston), *L'Air et les songes*, Corti, 1943.
[593] Bachelard (Gaston), *La Terre et les rêveries de la volonté*, Corti, 1948.
[594] Bachelard (Gaston), *L'Air et les songes*, Corti, 1943.
[595] Bachelard (Gaston), *L'Air et les songes*, Corti, 1943.

Le sens de la rêverie

C'est là sans doute la véritable fonction de la rêverie que de mettre entre parenthèses l'agitation de la vie et du quotidien, les tensions de l'action, le tourbillon urbain et la frénésie du travail. La rêverie repose. La rêverie peut même se substituer à l'action.

Dans les dernières années de sa vie, immobilisé par l'artérite et affaibli par une leucémie, Bachelard se promènera en rêve dans sa campagne champenoise. « Dans ma chambre parisienne, cela m'est un bon exercice de me souvenir ainsi du chemin. En écrivant cette page, je me sens libéré du devoir de promenade : Je suis sûr d'être sorti de chez moi[596]. » Il vivra par procuration estimant que « pour être heureux, il faut penser au bonheur d'un autre » parce il y a « une altérité dans les jouissances les plus égoïstes[597] ». Les images viendront prendre la place du réel et feront revivre sans effort ni fatigue les paysages familiers, les chemins autrefois sillonnés. Agir sans agir par la vertu des rêves le libérera de l'immobilité. Par sa fonction de suppléance, la rêverie sera plus que la vie, une sur-vie.

La promenade de Bar-sur-Aube

[596] Bachelard (Gaston), *La Poétique de l'espace*, PUF, 1957.
[597] Bachelard (Gaston), *L'Air et les songes*, Corti, 1943.

Vivre en rêve rendra même plus heureux que vivre en réalité. Il y sera libre et joyeux. « C'est dans le rêve d'action que résident les joies vraiment humaines de l'action[598]. » Ce sont elles qui le laisseront en repos dans l'action. Elles lui épargneront l'agitation, le bruit, le stress et l'irréflexion et s'accompagneront d'une « conscience du repos » et d'une conscience « de la force en réserve » qui libéreront la force créatrice et l'énergie productrice d'œuvres.

Il est probable que le petit employé des Postes et Télégraphes a su très tôt se ménager cet espace onirique, libéré des contraintes du quotidien et des prétendues urgences de l'action pour construire cette philosophie du repos qui est une philosophie de la liberté. L'espace des rêves est un espace vidé de la pesanteur des tâches d'exécution et de la lourdeur des fonctions utilitaires qui étouffent la pensée. C'est un espace de respiration et de réflexion qui doit nous rendre « une joie d'abstraire, une joie d'être homme ».

Les rêveries de Bachelard sont poétiques. Dans une de ses dernières lettres et quelques mois avant sa mort, il confie au poète breton et directeur d'école, Louis Guillaume : « Je ne vis que par les dons du poète[599]. » On trouve les premières traces de rêverie poétique dans les cours de dessin industriel qu'il dispense dès 1919, l'année de son inscription à la revue de la NRF. Le Docteur Giroux en témoigne : « Il nous initiait à Ibsen, Dostoïevski, Baudelaire, Verlaine, Rimbaud, Edgard Poe, Valéry, Proust, etc. » L'après-guerre est propice à un nouvel élan poétique. Pour Bachelard ce fut un élan persistant. Chaque jour il lira jusqu'à la fin son poète quotidien[600].

La rêverie thérapeutique

La rêverie a aussi ses vertus thérapeutiques. Elle participe de l'hygiène physique et psychique. Elle a des effets bienfaisants sur la maladie. « Au complexe de la fontaine de jouvence est naturellement liée l'espérance de la guérison[601]. » Cette expérience de la méditation et de ses effets hygiéniques et sanitaires, inscrite dans la tradition stoïciste, ouvre le champ à de nouvelles thérapeutiques. La tradition du patient-objet médical et consommateur de psychotropes est mise à mal

---

598 Bachelard (Gaston), *Lautréamont*, Corti, 1940.

599 Bachelard (Gaston), *Lettres à Louis Guillaume*, 30 juin 1962, La Part Commune, 2009.

600 « J'avais lu dès six heures dans le jour gris mon poète quotidien » Bachelard (Gaston), *Lettres à Louis Guillaume*, 4 décembre 1956, La Part Commune, 2009.

601 Bachelard (Gaston), *L'Eau et les rêves*, Corti, 1942.

au profit du patient-sujet qui cherche en lui les ressources apaisantes. La philosophie du repos est un remède aux addictions pharmacologiques. C'est un appel à l'émancipation des chaînes de la vie.

L'approche est fondée sur une reprise en main de soi à partir du rêve éveillé dirigé par « l'ingénieur psychique » que fut Robert Desoille. Bachelard qui en découvre les travaux y fait longuement référence à plusieurs reprises dans son œuvre tardive et de manière plus détaillée dans *L'Air et les songes*. Cette méthode de suggestion consiste à libérer les psychismes bloqués par un lourd passé et entravés par un nœud secret en favorisant la mise en place de rêveries qui les allègent et les dépassent. Ces rêveries sont de type ascensionnel. Elles commencent par une descente onirique pour désancrer le psychisme du nœud de douleurs et se terminent par une remontée unifiante et enthousiasmante. Ce sont des opérateurs de sérénité et de dynamisme qui transforment l'énergie des rêves en énergie de vie éveillée. Le choix des mots apaisants ou encourageants et des gestes doux ou stimulants ont autant d'importance que l'usage optimisée de la respiration consciente.

Bachelard s'inspirera de cette méthode pour assigner à la radio une fonction de repos. Pouvant s'adresser à l'inconscient collectif en prenant appui sur les archétypes, elle a le pouvoir de s'adresser à tous « les dormeurs éveillés et les rêveurs lucides » de « la logosphère[602] » en vue de les faire communier entre eux et de les engager à vivre l'ivresse poétique. Limitée à une voix sans visage, elle a toutes les vertus d'une cure analytique gratuite et à domicile, tout en favorisant le libre développement d'une rêverie intime. La puissance de l'homme de parole qu'elle incarne, relativement à l'homme du livre, résulte de sa capacité à venir jusqu'à nous. Si le livre ne vient pas nous trouver, il suffit de tourner un bouton pour écouter la radio.

Bachelard disposait d'un transistor que lui avait offert sa fille. Cet outil dont l'universalité est manifeste incarnait à lui seul le parcours de Bachelard. Prouesse technique, réalisation technoscientifique, il pouvait avoir aussi bien un rôle éducatif qu'un rôle onirique et réflexif. Non seulement la radio créait une communauté universelle de partage d'informations, mais son existence reposait sur sa capacité à renouveler sans cesse les contenus proposés. Elle contribuait ainsi à un renouvellement psychique régulier de nature à fluidifier la raison et dynamiser les esprits. La radio repos est aussi une radio thérapie.

---

[602] Bachelard (Gaston), *Rêverie et radio,* in *Le Droit de rêver*, PUF, 1970.

Mais la rêverie la plus profondément thérapeutique est d'essence poétique. « Il est des mots qui, à peine prononcés, à peine murmurés, apaisent en nous des tumultes. Quand il sait les unir dans leur vérité aérienne, le poème est parfois un merveilleux calmant[603]. » « La conduite du balai » expulse les troubles persistants, celle « du chiffonnier » tourne le dos aux soucis trop prégnants en les enfouissant dans une besace tandis que les images d'ascension ouvrent l'avenir. « Les cimes, les arbres, les images, les oiseaux sont autant d'images inductrices. » À la différence de la psychanalyse qui éclaire les sources du blocage, l'approche est également comportementaliste. En donnant un caractère opérationnel aux remédiations psychiques, Bachelard préfigurait les nouvelles approches thérapeutiques contemporaines, jugées souvent plus efficaces que les seules cures analytiques. La technique offre en effet « une mise en marche » qui unifie les désordres émotionnels en traçant une voie de développement cohérente. C'est une cure d'apprentissage du bonheur qui, loin de nous être donné à la différence du plaisir, demeure à conquérir.

Cette thérapie comportementaliste prépare au repos du corps et de l'esprit. La fonction du rêve est indissociable de la fonction du sommeil qu'elle précède. La nuit n'est reposante que si le psychisme a été libéré de ses soucis, allégé de ses charges. Rien de tel que la rêverie pour accomplir cette fonction de détente qui nous fait passer de la veille au sommeil. Les esprits récalcitrants pourront aussi y trouver un remède à l'insomnie. La rêverie ne se contente pas d'endormir, elle propose quelques pistes fécondes aux insomniaques. Face aux deux obstacles à l'endormissement constitués par les formes visuelles et l'agitation verbale, il importe en premier lieu de « ne plus parler et de ne plus voir », en second lieu de « se livrer à la vie élémentaire[604] », c'est-à-dire à la vie des éléments naturels qui nous bercent. Bachelard revient à plusieurs reprises sur cette thématique de l'insomnie qui lui est familière. « L'insomnie » est selon lui le « mal des philosophes[605] ». Il a connu depuis une belle extension à de nouvelles catégories de la population qui malheureusement connaissent mieux la pharmacologie que la philosophie.

---

[603] Bachelard (Gaston), *L'Air et les songes*, Corti, 1943.
[604] Bachelard (Gaston), *L'Air et les songes*, Corti, 1943.
[605] Bachelard (Gaston), *La Poétique de l'espace*, PUF, 1957.

La rêverie apaisante

Bachelard a expérimenté la méditation et appris à se connaître psychiquement pour mieux agir sur lui-même. Sa pensée est aussi une pensée de la maîtrise de soi, le développement d'un véritable pouvoir sur ses facultés qu'il a préféré au pouvoir sur les hommes. Il n'hésite pas à prendre appui sur son vécu. « D'après notre expérience personnelle, pour bien dormir, il faut retrouver l'élément de base de l'inconscient[606] » et celui-ci est à la fois mouvement de bercement et élément aquatique. « Les bons sommeils sont les sommeils bercés et les sommeils portés. [...] Dormir, c'est descendre et monter comme un ludion sensible dans les eaux de la nuit. » « On ne dort bien que dans l'eau, que dans une grande eau tiède[607]. » Ou bien encore : « Je trouve un apaisement à vivre les métaphores de l'océan[608]. »

Il y a également une géométrie du sommeil. Les formes angulaires issues de matières dures arrêtent l'endormissement, les formes courbes et molles le favorisent. « Il ne faut pas penser le soir au fer, à la pierre, au bois dur, à toutes ces matières prêtes à nous provoquer[609]. » « Pour bien dormir, il faut suivre la volonté d'enveloppement, la volonté de chrysalide, suivre jusqu'à son centre, dans la douceur des spirales bien enroulées, le mouvement enveloppant, bref l'essentiel devenir courbe, circulaire[610]. » Le remède à l'insomnie, c'est le retour imaginaire à la vie fœtale aquatique, à la vie qui se confie aux éléments, qui épouse le mouvement curviligne, qui s'abandonne aux bercements et qui se perd dans les songes.

La Terre et les rêveries du repos et *La Poétique de l'espace* reprendront cette thématique de l'enveloppe rassurante dans le cadre d'une philosophie du repos qui privilégie les rêveries du refuge et de la maison. « La vie commence bien, elle commence enfermée, protégée, toute tiède dans le giron de la maison », de sorte que « la maison est un grand berceau[611] ».

En 1957, date de publication de *La Poétique de l'espace*, l'Abbé Pierre venait de fonder EMMAUS qui se consacrait alors au logement des sans-abris. La France comptait encore de nombreux bidonvilles et disposer d'un logement était une préoccupation réelle qui résonnait

---

[606] Bachelard (Gaston), *L'Air et les songes*, Corti, 1943.

[607] Bachelard (Gaston), *La Terre et les rêveries de la volonté*, Corti, 1948.

[608] Bachelard (Gaston), *La Poétique de l'espace*, PUF, 1957.

[609] Bachelard (Gaston), *La Terre et les rêveries de la volonté*, Corti, 1948.

[610] Bachelard (Gaston), *L'Espace onirique*, in *Le Droit de rêver*, PUF, 1970.

[611] Bachelard (Gaston), *La Poétique de l'espace*, PUF, 1957.

dans l'imaginaire de chacun dès l'après-guerre, comme elle le demeure encore aujourd'hui pour nombre de mal logés. « Enclore, voilà un grand rêve humain. [...] La maison est un refuge, une retraite, un centre. » Le refuge est un « bien-être doux, chaud, jamais attaqué[612] ».

La maison onirique est petite et chaude. Elle n'a rien à voir avec ces demeures bourgeoises froides. Elle comporte simplement une cave, un grenier et un rez-de-chaussée. Semblable à un arbre, « elle a racine et frondaison ». La cave noire et grasse, semblable à une grotte que l'on a bâtie à même la terre, se tient au bout de la descente, au seuil de l'inconscient et de ses peurs. Le grenier est au sommet de l'escalier, il donne sur un ciel lumineux ; c'est un lieu de bouderie et de lecture, un lieu de rêve et de déguisement. La maison onirique comporte une caverne et un nid, un lieu de retour vers les profondeurs inconscientes, un lieu de bien-être solitaire.

La maison de Gaston Bachelard à Bar-sur-Aube. La rue Fontaine, dans laquelle elle est initialement située, s'appelle désormais rue Bachelard, près de la cité scolaire du même nom.

Le thème du refuge aura ses variantes, dans *La Poétique de l'espace*, avec les coins, la hutte, la coquille, les coffres et les armoires. La rêverie n'y est plus tant celle des matières que des choses dont la puissance

---

[612] Bachelard (Gaston), *La Terre et les rêveries du repos*, Corti, 1948.

onirique nous interpelle et qui sont sources de bien-être psychique. Le besoin de se réfugier quelque part et de se fixer pour s'unifier affecte autant les apatrides que les réfugiés, les migrants que les autochtones, les aventuriers que les sédentaires. On évite de se désunir en acquérant « un morceau de champ, un coin de bois, ou mieux encore une petite maison au fond d'un jardin pour fournir des images à la volonté de s'enraciner, de demeurer[613] ».

Habiter quelque part, c'est être et pouvoir méditer les images de l'intérieur sans se désolidariser de soi. Il arrive que l'habitation soit préférentiellement le pays des rêves. Ce sera pour Bachelard la maison natale, celle de la rue Nationale depuis longtemps quittée. Il continuera jusqu'au bout d'en rêver même s'il la perdit à jamais quelques mois avant sa mort[614]. Elle devint définitivement et exclusivement la maison onirique.

Le 19 octobre 1962, Bachelard est inhumé dans le cimetière de Bar-sur-Aube qui sera sa dernière demeure. Les écoliers et les collégiens barralbins rendirent un vibrant hommage à celui qui rêvait d'une école tout au long de la vie. Il repose aujourd'hui auprès de Suzanne et de Jeanne dans la terre réelle de Champagne qui lui a tant manqué. Le collège et le lycée, construits non loin de la maison qu'il habita en qualité de professeur, porte désormais son nom et se situe dans la rue Gaston Bachelard.

[613] Bachelard (Gaston), *La Terre et les rêveries du repos*, Corti, 1948.
[614] « Je viens d'apprendre qu'on a rasé la moitié de ma maison natale. » Bachelard (Gaston), *Lettres à Louis Guillaume*, 30 juin 1962, La Part Commune, 2009.

La tombe de Gaston Bachelard et de ses proches au cimetière de Bar-sur-Aube

CONCLUSION

La vie de Bachelard demeure énigmatique. Le fils de cordonnier promis à un destin banal a contrarié tous les pronostics. Il ne s'est enfermé ni dans la vie de postier, soumis au triage et pesage des courriers, ni dans celle d'un enseignant, jalousement accroché à un savoir figé et à un prestige toujours quelque peu menacé.

Cultivant le paradoxe au point de valoriser les techniques artisanales les plus traditionnelles, tout en étant un homme de progrès et de modernité qui n'a eu d'yeux que pour la nouveauté dans les sciences, l'abstraction mathématique, l'art, la poésie et la littérature, il est un penseur du terroir et de la ruralité qui étend à tous les domaines son pouvoir de connaître et d'apprécier le monde et qui finit ses jours à Paris en se préoccupant d'universalité. Penseur avide de tout connaître, il est un père attentif qui élève seul son enfant. Épistémologue féru de sciences, il rêve et étudie les songes. Penseur des technologies et de la modernité industrielle, il se soucie, bien avant la lettre, des atteintes à l'environnement, de la pollution des rivières et de la misère sociale. Quittant l'école après le baccalauréat, il conçoit l'école pour toute la vie. Se rêvant ingénieur, il devient professeur. Commis des postes, il finit sa carrière parmi les penseurs les plus en vue de la Sorbonne.

Bachelard n'est jamais là où on l'attend. Il a choisi le mouvement, les ruptures, les déviations, les détours, les inversions, la joie de penser les contraires et le plaisir de vivre dans l'hétérogénéité de l'onirique et du logique. On ne déjoue les pièges de la vie qu'en se jouant d'elle.

Plus qu'une détermination originelle et familiale, ce sont les rencontres qui ont fait Bachelard. Rien ne le destinait à la philosophie et à la pédagogie. Éloigné du monde des livres, rêveur au milieu de ses chères collines, son ambition est aussi le fruit d'heureux hasards qui l'ont délivré des pesanteurs sociales. Ce n'est pas le développement d'une intention initiale qui en fut le moteur, mais c'est ce besoin d'extension qu'il appréhendait aussi bien dans les mathématiques que dans l'imaginaire, dans l'expérience que dans la vie, qui fut le ressort d'une pensée plurielle. Il avait cette exceptionnelle énergie qui rend les rencontres fécondes.

Avait-il d'autres choix, ce non-héritier, que de bouleverser l'ordre social qui lui avait par avance assigné une si modeste place ? Devait-il demeurer sage et tranquille là où on l'attendait ? Bachelard, animé par la force hors du commun de ceux qui sont marqués très tôt du complexe de Prométhée et du désir irrépressible de s'emparer du feu, a neutralisé tous les déterminismes sociaux et les fatalismes qui permettent aux héritiers de maintenir leur rang. Il s'est joué des mystifications qui consistent à faire passer les héritages pour de simples dons que la providence, dans sa grande générosité pour les êtres bien nés, leur aurait par un heureux hasard gentiment attribués. Bien lui en a pris. Il s'est ouvert des chemins improbables, des voies inattendues, comme Einstein avec la relativité, Mendeleïev avec les corps chimiques ou Samuel Morse avec le langage télégraphique.

Cet effort démiurgique visant à tout comprendre, tout penser, tout apprécier et tout aimer, aussi bien les beautés du monde que les beautés de la science, les poèmes que les théorèmes, tel un ingénieur de l'univers et un ingénieur du psychisme, un ingénieur de la langue et un ingénieur poétique, l'a conduit à produire une œuvre exceptionnelle, riche de ses deux versants, épistémologique et esthétique, et forte de ses formules qui ont inspiré tant de grandes pensées ultérieures.

Au crépuscule de sa vie, en dépit de cette exceptionnelle réussite, il avoue avoir toujours cherché à revenir vers le droit chemin et confie quelques nostalgies d'une vie plus tranquille. Et pourtant l'œuvre est là, plurielle, conquise sur tant de difficultés surmontées et tant d'obstacles rencontrés. Elle témoigne d'un effort sans cesse recommencé à dire le monde dans une approche multiple et surréelle. Malgré l'ampleur de la tâche, Bachelard a choisi d'être un humaniste intranquille du XXème siècle en s'emparant, sans restriction ni tabou, de tous les champs culturels qu'ils soient scientifiques, technologiques, techniques, esthétiques ou poétiques.

Ce tour de force accompli par un petit employé des postes de Remiremont, fils de cordonnier, ne pouvait que donner l'envie à son auteur, surpris sans doute par une telle trajectoire, d'en partager les fruits. Bousculant les préjugés sociaux à son encontre, il a choisi de faire de son expérience, la source d'autres possibles. L'œuvre de Bachelard est indissociable de cette volonté de transmettre et de penser autrement la pédagogie, de comprendre le processus par lequel nous connaissons et créons et d'en communiquer le sens.

Homme de dialogue et d'ouverture, il a mis son savoir et ses connaissances, ses pensées et ses rêveries à la disposition de tous, prenant le risque d'exposer ses réflexions, d'afficher ses contradictions et de mettre en question ses partis pris. Homme de réflexion et de partage, il a montré que ce n'est pas le génie qui fabrique l'œuvre, mais l'œuvre qui fait le génie. La raison et l'intelligence n'ont aucune existence a priori, elles résultent de l'activité qui les développe. C'est notre pratique quotidienne qui forge nos facultés. C'est le faire qui nous produit. Le professeur brillant et ouvert à vingt ans devient une tête fermée à force de répéter les mêmes savoirs. Le professeur qui continue de s'instruire amplifie sa raison.

Bachelard a su laïciser la pédagogie en écartant les représentations qui obscurcissent l'intelligence et en mettant un terme aux pratiques mystiques et irrationnelles anesthésiant l'activité des élèves.

Désormais le génie devient intelligible. On peut expliciter les processus qui conduisent à la formation de l'esprit scientifique, mathématique ou poétique en se saisissant des actes épistémologiques et poétiques qu'ils mettent en œuvre. On peut identifier les capacités toujours perfectibles des élèves en observant, non pas les résultats qu'ils obtiennent à travers un bilan de connaissances, mais ce qu'ils font et ne font pas. Ainsi le maître apprend doublement en enseignant : il réactualise son savoir et s'instruit de ce que les élèves construisent ou ne construisent pas. L'élève ne développe en retour ses facultés que s'il forge sa propre raison, à la faveur de situations d'apprentissage. L'ignorant n'est ignorant que parce qu'il n'a pas encore vécu une situation qui a bousculé ses représentations. Le professeur demeure un faible pédagogue tant qu'il n'a pas considéré l'erreur et la difficulté comme de formidables occasions d'apprendre de l'élève. Chacun est prisonnier d'une structure de pensée qui le tranquillise et l'enferme tant qu'il ne s'est pas ouvert à des manières de pensée étrangères à ses habitudes et à ses certitudes. L'ennemi du progrès n'est pas l'incapacité, mais la suffisance. L'humilité et le sens du dialogue inversent le cours de l'apprentissage ou de l'enseignement.

Éclairée par la pratique des sciences modernes, la pédagogie, construite par Bachelard, est centrale dans son œuvre. Elle sert de trait d'union entre les sciences et l'épistémologie, comme en témoigne l'usage pédagogique puis épistémologique du concept d'obstacle. Elle sert aussi à repenser l'esthétique à travers une réflexion sur l'enseignement très raisonné de la rhétorique et de la littérature.

C'est dire que l'enseignement a servi de modèle de pensée pour édifier l'œuvre philosophique. Peu de philosophes ont pu, à ce point, concilier pensée et pédagogie, mais aussi considérer la pédagogie comme un terrain irremplaçable pour la construction de sa réflexion. Il est bien rare qu'un philosophe ait pu choisir d'enseigner en collège aussi longtemps que possible pour construire sa philosophie alors que beaucoup tenteraient plutôt d'y échapper. Il est bien rare qu'un philosophe ait pu estimer être avant tout un professeur, fût-il même de sagesse. Dissocier l'œuvre de l'aventure pédagogique, c'est prendre le risque de passer à côté de la conscience du savoir qui n'est pas séparable de celle d'apprentissage. On ne peut légitimer son savoir en sachant ce que l'on sait que si l'on a conscience de la manière dont on l'apprend. Apprendre et savoir s'éclairent l'un l'autre. Les résultats sans les raisonnements qui les produisent et les démarches qui les font naître sont bien fragiles.

Il n'en est pas autrement de la fabrique d'un philosophe qui ne s'éclaire que de ce qu'il fait de son propre héritage. Bachelard a eu besoin de beaucoup de temps pour éclore en penseur et philosophe. Se considérant lui-même comme tardif, il a comblé durement les lacunes d'une formation courte obtenue dans un petit collège de la lointaine province. Petit barralbin avide de connaissances et de beautés, il a dû subir longtemps un enseignement ennuyeux, archaïque et bien pauvre. Pas de filière royale, de lycée prestigieux, ni de classe préparatoire, le post-bac fut pour lui le monde du travail avec les cours du soir et les lectures nocturnes. Son parcours singulier a fait de lui un praticien des sciences modernes, attaché aux techniques artisanales, passionné de poésie et d'épistémologie, louant la pédagogie et ne reniant jamais ses origines ni son territoire. S'estimant plus professeur que philosophe, plus philosophe champenois que métaphysicien de la Sorbonne, il n'a jamais oublié d'où il venait.

Penseur du Grand-Est comme Diderot, il est resté fidèle à sa région et s'est imprégné de son âme laborieuse et inventive, de son savoir-faire artisanal, agricole et industriel pour construire une pensée concrète et nourrie des grandes transformations intellectuelles de son temps.

Bachelard n'a eu de cesse de comprendre et surtout de faire comprendre comment l'on crée, invente et connaît en s'affranchissant d'une culture figée, jalousement préservée, avaricieusement conservée et en éclairant les zones d'ombre du processus de connaissance. Sa pensée singulière, humaniste et éminemment pédagogique contraste avec celle de nos élites produites par les mêmes grandes écoles, les mêmes quartiers et les mêmes milieux et capables des mêmes expertises, des mêmes références, des mêmes pensées. La pensée unique qui les anime, d'inspiration plutôt libérale, confond aisément la chance et le mérite, la grandeur d'âme et la réussite financière, la valeur et le profit, l'humanisme et le prosélytisme commercial. Plutôt qu'une école tout le long de la vie, elle ne conçoit de formation qu'immédiatement rentabilisée. Plutôt qu'une école pour tous qui explicite les démarches scientifique et littéraire, elle préfère les « meilleures écoles pour les siens ».

La pensée unique et bien formatée, de plus en plus hostile à un service public pour tous, et à ses fonctionnaires régulièrement caricaturés, alors qu'ils ne sont mus que par l'intérêt général, masque de plus en plus difficilement la promotion de ses intérêts particuliers et prépare des lendemains qui déchantent. Elle n'a rien de commun avec la pensée plurielle et jaillissante de Bachelard, avec sa volonté de partager l'accès de tous à la culture scientifique, technologique, littéraire et poétique.

Bachelard a toujours séparé le monde du savoir profondément désintéressé du monde des affaires. Il a toujours considéré l'école, dans la droite ligne de Jules Ferry, comme trop importante pour être confiée au monde de la finance et de l'industrie. Plutôt que de soumettre l'école à une société du marché qui génère extrême richesse et grande pauvreté, il a pris délibérément parti pour une société faite pour l'école qui met en œuvre l'égalité de droit et l'accès au savoir pour tous et pour chacun.

La complexité de son parcours a nourri sa pensée. Elle lui a révélé l'importance de la formation et de l'éducation, l'importance de l'école et de la culture. Père, mère, professeur, scientifique, philosophe, poète et rêveur, il a joué tous les rôles, assumer toutes les fonctions : du moissonneur à l'instituteur, du postier au professeur, du professeur au philosophe, de l'enseignant auxiliaire de physique-chimie au maître de la Sorbonne. Désireux de toujours étendre son champ d'étude en bousculant les frontières artificielles, il a résisté à toutes ses limitations que l'on impose à la pensée ou à l'imaginaire en les séparant pour mieux les développer. Il s'est construit une expérience diversifiée du monde de nature à produire la richesse d'une pensée plurielle.

Bachelard a éprouvé la liberté de celui qui a pu s'affranchir des bornes sociales et cognitives sans ne rien devoir à personne. Il s'est créé, penseur et pédagogue, sans ne rien hériter de quiconque, libre de polémiquer avec qui bon lui semble. Il s'est forgé une langue dynamique et s'est doté de formules aussi éclairantes que tranchantes pour renouveler durablement les manières trop consensuelles de penser. Il a créé une belle langue singulière nourrie de tant de concepts.

Loin de produire un système, Bachelard a voulu se saisir, de l'intérieur, des premiers balbutiements de la raison, des sources de la pensée en faisant de leur part d'ombre et de troubles, d'ignorance et d'erreurs une dimension de notre esprit et un mobile pour la dynamisation de la volonté. Il ne pouvait imaginer qu'un monde où rien n'était donné, où tout est à construire et à reconstruire, où l'intelligence résulte de la richesse de l'activité et où la raison ne vient pas de la grâce, mais de l'étude. Il ne pouvait imaginer qu'un monde pédagogique pratiquant le droit de se tromper pour mieux se dépasser, qu'un monde scientifique et humaniste rectifiant sa raison, qu'un monde poétique créateur de nouveaux langages.

Bachelard a choisi cette vie intranquille de penseur inattendu et surprenant, cette vie dérangeante de celui pour qui rien ne va de soi, cette vie riche et multiple de l'homme de culture. Il a ouvert une brèche dans le monde des héritiers qui voudraient tant la refermer. Son œuvre se donne à lire et à relire pour qu'elle demeure à tout jamais ouverte et inspirante.

BIBLIOGRAPHIE

Œuvres de Gaston Bachelard

1. Livres

Essai sur la connaissance approchée, Vrin, 1927.
Étude sur l'évolution d'un problème de physique, Vrin, 1927.
La Valeur inductive de la relativité, Vrin, 1929.
Le Pluralisme cohérent de la chimie moderne, Vrin, 1932.
*L'Intuition de l'instan*t, Stock, 1932.
Les Intuitions atomistiques, Boivin, 1933.
Le Nouvel esprit scientifique, PUF 1934.
La Dialectique de la durée, PUF, 1936.
L'Expérience de l'espace dans la physique contemporaine, Alcan, 1937.
La Formation de l'esprit scientifique, Vrin, 1938.
La Psychanalyse du feu, Gallimard, 1938.
La Philosophie du non, PUF, 1940.
Lautréamont, PUF, 1940.
L'Eau et les rêves, Corti, 1942.
L'Air et les songes, Corti, 1943.
La Terre et les rêveries de la volonté, Corti, 1948.
La Terre et les rêveries du repos, Corti, 1948.
Le Rationalisme appliqué, PUF, 1949.
Paysages. Étude pour quinze burins d'Albert Flocon, PUF, 1950.
L'Activité rationaliste de la physique contemporaine, PUF, 1951.
Le Matérialisme rationnel, PUF, 1953.
La Poétique de l'espace, PUF, 1957.
La Poétique de la rêverie, PUF, 1960.
La Flamme d'une chandelle, PUF, 1961.

Ouvrages posthumes
Fragments d'une poétique du feu, PUF, 1988.
Lettres à Louis Guillaume, La Part Commune, 2009.

2. Articles principaux

La richesse d'inférence de la physique mathématique, in *L'Engagement rationaliste,* 1931, PUF, 1972.

Noumène et microphysique, 1932, in *Études,* Vrin, 1970.

Le monde comme caprice et miniature, 1934, in *Études,* Vrin, 1970.

Lumière et substance, 1934, in *Études,* Vrin, 1970.

Idéalisme discursif, 1935, in *Études,*Vrin, 1970.

Critique préliminaire du concept de frontière épistémologique, 1935, in *Études,*Vrin, 1970.

Le surrationalisme, 1936, in *L'Engagement rationaliste,* PUF, 1972.

Un livre d'un nommé R. Decartes, 1937, in *L'Engagement Rationaliste,* PUF, 1972.

Préface « Je et tu » de Martin Buber, 1938, Aubier, 2012.

La psychologie de la raison, 1939, in *L'Engagement rationaliste,* PUF, 1972.

Univers et réalité, 1939, in *L'Engagement rationaliste,* PUF, 1972.

Instants poétiques et instants métaphysiques, 1939, in *L'Intuition de l'instant,* Gonthier, 1966.

Une psychologie du langage littéraire : Jean Paulhan, 1943, in *Le Droit de rêver,* PUF, 1970.

Les aventures de Gordon Pym, 1944, in *Le Droit de rêver,* PUF, 1970.

La dialectique dynamique de la rêverie mallarméenne, 1944, in *Le Droit de rêver,* PUF, 1970.

Une rêverie de la matière, 1945, in *Le Droit de rêver,* PUF, 1970.

La philosophie scientifique de Léon Brunschvicg, 1945, in *L'Engagement rationaliste*, PUF, 1972.

La divination et les regards dans l'œuvre de Marcoussis, 1946, in *Le Droit de rêver,* PUF, 1970.

Rimbaud l'enfant, 1948, in *Le Droit de rêver,* PUF, 1970.

Matière et main, 1949, in *Le Droit de rêver,* PUF, 1970.

La dialectique philosophique des notions de la relativité, 1949, *in L'Engagement rationaliste,* PUF, 1972.

De la nature du rationalisme, 1950, *in L'Engagement rationaliste,* PUF, 1972.

L'œuvre de Jean Cavaillès, 1950, *in L'Engagement rationaliste,* PUF, 1972.

Introduction à la dynamique du paysage, 1950, in *Le Droit de rêver,* PUF, 1970.

Rêverie et radio, 1951, in *Le Droit de rêver,* PUF, 1970.

L'actualité de l'histoire des sciences, 1951, in *L'Engagement rationaliste,* PUF, 1972.
Le problème philosophique des méthodes scientifiques, 1951, in *L'Engagement rationaliste,* PUF, 1972.
L'espace onirique, 1952, in *Le Droit de rêver,* PUF, 1970.
Fragment d'un journal de l'homme, 1952, in *Le Droit de rêver,* PUF, 1970.
Henri de Waroquier, sculpteur, 1952, in *Le Droit de rêver,* PUF, 1970.
Les origines de la lumière, 1952, in *Le Droit de rêver,* PUF, 1970.
Les nymphéas ou les surprises d'une nuit d'été, 1952, in *Le Droit de rêver,* PUF, 1970.
Germe et raison dans la poésie de Paul Eluard, 1952, in *Le Droit de rêver,* PUF, 1970.
Le Traité du burin d'Albert Flocon, 1954, in *Le Droit de rêver,* PUF, 1970.
Le peintre sollicité par les éléments, 1954, in *Le Droit de rêver,* PUF, 1970.
V.E. Michelet, 1954, in *Le Droit de rêver,* PUF, 1970.
Séraphîta, 1955, in *Le Droit de rêver,* PUF, 1970.
Le cosmos du fer, 1956, in *Le Droit de rêver,* PUF, 1970.
Châteaux en Espagne, 1957, in *Le Droit de rêver,* PUF, 1970.
Le masque, 1957, in *Le Droit de rêver,* PUF, 1970.
Le Nouvel esprit scientifique et la création des valeurs rationnelles, 1957, in *L'Engagement rationaliste,* PUF, 1972.
L'ordre des choses ; Jacques Brosse, 1958, in *Le Droit de rêver,* PUF, 1970.
Introduction à la bible de Chagall, 1960, in *Le Droit de Rêver,* PUF, 1970.
La vie et l'œuvre d'Edouard Le Roy (1870-1954), 1960, in *L'Engagement rationaliste,* PUF, 1972.
Simon Segal, 1962, in *Le Droit de rêver,* PUF, 1970.

3. Émissions radiophoniques évoquées

Entre 1947 et 1960 Bachelard a participé à 40 émissions radiophoniques. Nous citerons les deux émissions dont nous avons fait mention et qui sont :

La radio comme possibilité de rêve éveillé, le 27 novembre 1949.
Dormeurs éveillés et rêveurs lucides, 19 janvier 1954.

Sélection d'ouvrages sur Gaston Bachelard

Barsotti (Bernard), *Bachelard critique de Husserl : aux racines de la fracture épistémologie-phénoménologie*, L'Harmattan, 2002.

Bontems (Vincent), *Bachelard*, Les Belles Lettres, 2010.

Canguilhem (Georges), *Études d'Histoire et de Philosophie des Sciences concernant les vivants et la vie,* éditions Vrin, 1968.

Cariou (Marie), *Bergson et Bachelard*, PUF, 1995.

Cournarie (Laurent), *L'imagination : analyse de la notion, études de textes : Aristote, Malebranche, Bachelard*, Armand Colin, 2006.

Dagognet (François), *Gaston Bachelard, sa vie, son œuvre,* PUF, 1965.

D'hondt (Jacques), *L'idéologie de la rupture,* PUF, 1970.

Fabre (Michel), *Bachelard éducateur*, PUF, 1995.

Fabre (Michel), *Gaston Bachelard : la formation de l'homme moderne*, Hachette, 2002.

Gagey (Jacques), *Gaston Bachelard ou la conversion à l'imaginaire,* M. Rivière, 1969.

Gil (Didier), *Bachelard et la culture scientifique*, PUF, 1993.

Ginestier (Paul), *Pour connaître la pensée de Bachelard,* Bordas, 1968.

Jean (Georges), *Bachelard, l'enfance et la pédagogie*, Scarabée CEMEA, 1983.

Lassus (Marie-Pierre), *Gaston Bachelard musicien, une philosophie des silences et des timbres*, Presses Universitaires du Septentrion, Villeneuve d'Ascq, 2010.

Lecourt (Dominique), *L'épistémologie historique de Gaston Bachelard,* Vrin, 1969.

Lecourt (Dominique), *Pour une critique de l'épistémologie, Bachelard, Canguilhem, Foucault,* Maspero, 1972.

Lecourt (Dominique), *Bachelard, le jour et la nuit,* Grasset, 1974.

Lecourt (Dominique), *Bachelard : Épistémologie,* Textes choisis, PUF, 1971.

Lescure (Jean), *Un été avec Gaston Bachelard,* Luneau-Ascot, 1983.

Mansuy (Michel), *Gaston Bachelard et les éléments,* Corti, 1967.

Margolin (Jean-Claude), *Bachelard,* Seuil, 1974.

Pariente (Jean-Claude), *Le vocabulaire de Bachelard,* Ellipses, 2001.

Parinaud (André), *Bachelard,* Flammarion, 1996.

Pire (François), *L'imagination symbolique chez Gaston Bachelard,* Corti, 1967.

Quillet (Pierre), *Bachelard,* Seghers, 1964.

Therrien (Vincent), *La révolution de Gaston Bachelard en critique littéraire,* Klincksieck, 1970.
Vadée (Michel), *Bachelard ou le nouvel idéalisme épistémologique,* éditions sociales, 1975.
Wunenburger (Jean-Jacques) (dir), *Bachelard et l'épistémologie française*, PUF, 2003.
Wunenburger (Jean-Jacques), *Gaston Bachelard, poétique des images*, Mimesis, 2012.

Divers
Arc (L'), *Bachelard,* 42ème cahier, Aix en Provence, 1970.
Bouligand (Georges), Canguilhem (Georges), Costabel (Pierre), Courtès (Francis), Dagognet (François), Daumas (Maurice), Granger (Gilles-Gaston), Hyppolite (Jean), Martin (Roger), Poirier (René) et Taton (René), *Hommage à Gaston Bachelard, études de philosophie et d'histoire des sciences*, PUF, 1957.
Centre culturel international de Cerisy la Salle*, Bachelard, actes du colloque de Cerisy*, UGE, 1974.
Knapp (Hubert) et Bringuier (Jean-Claude), *Bachelard ou l'héritage invisible*, in *Cinq colonnes à la une*, ORTF, 1961.

Table des matières

BIOGRAPHIES, MÉMOIRES AUX ÉDITIONS L'HARMATTAN

Dernières parutions

MÉMOIRE D'OUBLIS
Antoine Acquaviva, une consience rebelle
Michèle Acquaviva-Pache
Le parcours d'un Corse. L'expérience et la vision d'un journaliste citoyen du monde. Des périodes tumultueuses de l'Histoire à chaud, du Niolu au maquis du Morvan, de la Libération à la guerre froide, de l'Afrique coloniale au FLN algérien, de l'Amérique latine des années soixante à l'Europe de l'Est de l'ère soviétique, de la fin du franquisme à la révolution des Oeillets au Portugal, du Chili d'Allende à l'Italie de Berlinguer. Antoine Acquaviva retourne sur son île natale, la Corse, et s'engage dans le mouvement nationaliste insulaire. Il prend la tête du Ribombu, hebdomadaire du parti A Cuncolta Naziunalista. Une plume en accord avec des convictions.
(230 p., 23,5 euros)
ISBN : 978-2-343-17403-7, EAN EBOOK : 9782140121142

N'TOMAN DERNIER CHEF DU CANTON DE SANKARAN (FARANAH)
El Hadj Djamanaty Kalagban
Kalagban Oularé
N'Töman est une oeuvre dans laquelle est retracé le cheminement suivi par les Oularé de Sankaran depuis l'origine jusqu'au soir d'une chefferie coutumière exercée à Faranah par un des leurs, Djamanaty Kalagban Oularé, dernier chef de canton de cette contrée dénommée"Sankaran-Oularédougou".
(Coll. Harmattan Guinée, 118 p., 12 euros)
ISBN : 978-2-343-17424-2, EAN EBOOK : 9782140118951

TURBULENCES ET ACCALMIES D'UNE EXISTENCE
Autobiographie
Yvon Chemir
Préface de Marie-Rose Abomo-Mvondo-Maurin
L'auteur retient de sa vie l'instant présent pendant lequel il ose regarder dans son rétroviseur, afin de garder son insouciance face aux aléas de sa vie et de mesurer l'intérêt qu'il y a à avoir une famille. Son enfance à la Bonnie, sa paralysie et l'intervention chirurgicale du 14 avril 2015 auraient pu faire de lui un être condamné par le destin. La vie est ainsi faite et il convient de l'accepter au second degré, en restant optimiste.
(Coll. Littératures et cultures afro-américaines, 214 p., 21,5 euros)
ISBN : 978-2-343-17087-9, EAN EBOOK : 9782140117992

UN HOMME DE SON TEMPS
Hommage au professeur Assane Seck
Alpha Amadou Sy, Mouhamed Fadel Dia
Les textes constitutifs de cet ouvrage ont pour prétexte l'hommage rendu par la section sénégalaise de la Communauté Africaine de Culture (CACSEN) à son ancien président, le professeur Assane Seck. Cette opportunité fut largement mise à profit par d'éminentes personnalités pour réfléchir sur le parcours multidimmensionnel du « Pontin », « du jeune cadre casamançais », « du tirailleur sénégalais », de l'étudiant de la Sorbonne, de l'enseignant, du militant, du père de famille, de l'Homme d'État et de l'Homme de culture qu'il a été.
(Coll. Harmattan Sénégal, 150 p., 16,5 euros)
ISBN : 978-2-343-16736-7, EAN EBOOK : 9782140116384

UNE FILLE DU SIÈCLE
Une autobiographie
Claude Le Gallou

Le roman d'une vie, une tapisserie d'histoires vécues, finement tissées par l'auteure dans une saga qui la mène des grands studios de cinéma parisiens des années 60 aux rues et aux bars bohêmes de Greenwich Village, de la contreculture américaine hippie des années 70 en exil au Canada à l'aventure du nouveau cinéma africain. Dans cette fresque romanesque mouvementée et colorée où fourmillent les rencontres insolites, le rythme du récit, tantôt nerveux tantôt contemplatif, épouse le balancement de la mémoire pour faire revivre des époques et des lieux qui firent la grande Histoire de cette seconde moitié du vingtième siècle.

(314 p., 31 euros)
ISBN : 978-2-343-16762-6, EAN EBOOK : 9782140116995

MÉMOIRES D'UN ENSEIGNANT
Koundya Joseph Guindo

Sont présentés ici les moments forts vécus par l'auteur à l'école fondamentale et en particulier à l'internat de Bandiagara, en pays dogon, au Mali d'octobre 1972 à juin 1976. A l'orée d'une carrière qui le mènera à d'importantes fonctions dans l'enseignement catholique, l'auteur se présente avec ses qualités et ses défauts. Recueil de souvenirs et d'anecdotes, l'ouvrage présente les aventures et les mésaventures de Koundya Joseph Guindo et de ses condisciples, de Ségue à Bandiagara.

Les Impliqués (138 p., 15 euros)
ISBN : 978-2-343-17175-3, EAN EBOOK : 9782140116919

ENTRETIENS AVEC BOUBAKAR BA
Un Nigérien au destin exceptionnel
Nouvelle édition revue et augmentée
Seidik Abba

Premier Africain à entrer à l'ENS de la rue d'ULM à Paris, le Pr Boubakar Ba décroche son agrégation de mathématiques deux ans plus tard. Il soutient ensuite sa thèse de mathématiques en 1965 à la Faculté des sciences de Paris, avant d'enseigner cette noble discipline pendant vingt-huit années en France, au Sénégal, à Madagascar, au Niger et en Côte d'Ivoire. Il dirigea aussi l'université de Niamey jusqu'en 1979. Ce livre relate les circonstances de la rencontre entre Boubakar Ba et Thomas Sankara à Antsirabe, le décryptage qu'il fit du coup d'État du 15 avril 1974 au Niger, son regard perspicace sur les défis des universités africaines ainsi que sa dénonciation des frontières héritées de la colonisation.

(120 p., 14 euros)
ISBN : 978-2-343-16939-2, EAN EBOOK : 9782140113932

ENGRENAGES
Récit
Marie-Claire Buzy

Avec une série de tubes sans concessions, Buzy a marqué nos années 1980, tant par sa musique que par son look ou son attitude. Rockeuse et rebelle, solitaire et altruiste, Marie-Claire Buzy a connu la célébrité, l'argent, la séduction, la gloire à vingt ans et la traversée du désert. Son livre évoque avec beaucoup d'humour et d'émotion une époque d'espoir, celle des « potes », des « enfoirés », celle de l'après-punk et de l'avant-sida, ses aspirations, son romantisme et sa désillusion.

(248 p., 21,5 euros)
ISBN : 978-2-343-15974-4, EAN EBOOK : 9782140109379

FIERTÉS DE FEMME NOIRE
Entretiens / Mémoires de Paulette Nardal
Philippe Grollemund
Préface de Christiane Eda Pierre

« Très sensible à la condition féminine, toujours, avant et surtout après mon séjour parisien. Si j'avais dit ce que je pensais réellement, j'aurais dressé tous les hommes de la Martinique contre moi. Fervente chrétienne, ce fut le choc des Negro spirituals à Paris (1930). Ayant perçu, avant les hommes, la nécessité d'une solidarité raciale, j'ai aussi voulu sensibiliser les femmes à la chose sociale et à la fierté noire, avant-guerre, dans de nombreuses publications puis en Martinique ». Paulette Nardal

(208 p., 21,5 euros)

ISBN : 978-2-343-16043-6, EAN EBOOK : 9782140109584

HADJA RABIATOU SÉRAH DIALLO

Vie et combats d'une égérie syndicale

Mody Sory Diallo, Mamadou Hafiziou Barry, Mamadou Saliou Diallo

Hadja Rabiatou Sérah Diallo deviendra secrétaire générale de la Confédération nationale des travailleurs de Guinée (CNTG), syndicat qu'elle intègre en 1968. Elle se révèlera au grand public lors des événements de 2006 et 2007. Ce livre restitue la vie et le combat syndical de Hadja Rabi, son parcours professionnel, ses nominations au sein du Conseil national de la transition (CNT) et du Conseil économique et social (CES). Il s'appuie sur de nombreux témoignages sur les événements qui se sont succédé de 2006 à 2015.

(Coll. Harmattan Guinée, 366 p., 37 euros)

ISBN : 978-2-343-16503-5, EAN EBOOK : 9782140109713

SUZANNE BUISSON

Socialiste, Féministe, Résistante

Gérard Da Silva

Suzanne Levy-Buisson, dont ce livre est la première biographie, est une figure méconnue mais centrale du féminisme socialiste français. Son combat demeure exemplaire et nous pose des questions toujours actuelles, sur l'inégalité et l'injustice sociale ; son destin nous interroge sur l'idéal social qui demeure à réaliser dans l'harmonie de la Cité humaine.

(Coll. Mouvement social et Laïcité, 218 p., 20 euros)

ISBN : 978-2-343-16035-1, EAN EBOOK : 9782140107344

DE LA SAVANE AFRICAINE EN CHINE POPULAIRE

L'étrange parcours d'un Peulh du Wassolon

Mory Mandiana Diakité

Cet ouvrage décrit le parcours de l'auteur et les évènements socioculturels dont il a été témoin ou victime depuis son enfance. Il aborde divers sujets : la circoncision, le fétichisme, la chasse traditionnelle, la migration, la polygamie, la mal gouvernance, ainsi que le quotidien des étudiants noirs en Chine. Il s'appuie sur son propre passé socio académique pour mettre en évidence les causes du dérapage socioculturel dans son pays natal et l'attitude curieuse des Chinois vis-à-vis des noirs Africains résidant chez eux.

(Coll. Harmattan Sénégal, 130 p., 14,5 euros)

ISBN : 978-2-343-16379-6, EAN EBOOK : 9782140109287

MES ANNÉES PASSÉES À LA TÊTE DE LA COMPAGNIE DES BAUXITES DE GUINÉE (CBG)

Kémoko Touré

« Je venais de prendre une retraite internationale que j'espérais méritée lorsque l'opportunité de diriger la Compagnie des Bauxites de Guinée me fut offerte. Au cours des vingt-cinq années précédant mon retour au pays, j'ai dirigé des entités appartenant à de grands groupes multinationaux, tels que l'américain Allied- Signal, l'allemand Siemens ou le français Thales. Je crois avoir bien appris le métier d'industriel et acquis les outils nécessaires pour pouvoir apporter, enfin je l'espère, la meilleure contribution possible au développement de la Guinée. »

(Coll. Harmattan Guinée, 144 p., 15 euros)

ISBN : 978-2-343-16357-4, EAN EBOOK : 9782140106828

THE ROLLER-COASTER RIDE OF AN AFRICAN CHILD

From Gambia to Italy

Lamine Darboe

Ce récit autobiographique en langue anglaise constitue le témoignage poignant d'un jeune gambien parti de Banjul pour rejoindre l'Europe en empruntant les voies clandestines. Lamin décrit son enfance au village, ses études, son travail comme enseignant et explique ce qui l'a forcé à quitter son pays pour débarquer, après une véritable odyssée, dans le sud de l'Italie.

Harmattan Italia (172 p., 26,5 euros)

ISBN : 978-2-336-31238-5, EAN EBOOK : 9782140106194

VIVRE AVEC LA SCLÉROSE EN PLAQUES

Le Sepien est un être humain comme tout le monde, ou presque

Catherine Klein

Tout le monde connaît quelqu'un atteint de cette maladie qui touche de plus en plus de personnes. On compte ainsi plus de 100 000 malades en France, soit 2 000 cas de plus chaque année dans l'Hexagone et 2,3 millions de malades ont été recensés dans le monde (chiffres de la fondation ARSEP). Dans cet ouvrage, l'auteur fait le récit d'une métamorphose, celle qui va de l'annonce de la maladie à l'acceptation d'une vie nouvelle.

(Coll. Récits de vie, 78 p., 11,5 euros)

ISBN : 978-2-343-16222-5, EAN EBOOK : 9782140106033

JULES FERRY, CET INCONNU

Éric Fromant

Fondateur de l'école laïque et de l'empire colonial, Jules Ferry est bien plus que tout cela : intellectuel au grand courage physique, républicain engagé dans une lutte féroce avec un autre républicain, Georges Clemenceau véritable partisan de l'industrie et du libre-échange devenu adepte du protectionnisme paysan. Sa vie est un roman. Il faut la découvrir en respectant la chronologie c'est la grande originalité de ce livre, seul à présenter l'enchaînement des faits, de sa naissance en 1832 à 1893, date de sa mort.

(328 p., 34 euros)

ISBN : 978-2-343-15976-8, EAN EBOOK : 9782140105661

DES ROSES DANS LES ÉTOILES

Un parcours militant

Christine Revault d'Allones-Bonnefoy

Députée européenne socialiste, Christine Revault d'Allonnes-Bonnefoy débute son parcours militant en 1995 au Parti socialiste en participant à la campagne présidentielle de Lionel Jospin. Elle devient rapidement membre des instances nationales du PS (2000) et milite depuis, toujours à Villejuif dans le Val-de-Marne où elle fut élue municipale et régionale. Dans ce texte, elle raconte in vivo son mandat de parlementaire européenne, prétexte pour jeter un regard sur l'Europe telle qu'elle est. Cet écrit est également un plaidoyer assumé pour une social-démocratie rénovée qui seule peut faire reculer les obsessions identitaires et permettre à l'Europe, cadre pertinent pour agir sur le destin du monde, de relever les défis qui percutent nos sociétés.

(Coll. Rue des écoles, 144 p., 15,5 euros)

ISBN : 978-2-343-16282-9, EAN EBOOK : 9782140106682

L'HÉRITIER SUCCESSEUR

L'imam Zein Al-Abidine (ps)

Hussein Joumaa

À travers son texte fort, Hussein Joumaa montre la construction sociale, spirituelle ainsi que la réforme de la communauté de l'Islam par l'Imam Ali Ibn Al-Husseim (ps), en mettant en exergue ses connaissances et son rôle dans la lutte contre les dirigeants tyranniques en appelant à apprendre la morale sublime, les Droits de l'Homme.

Les Impliqués (132 p., 15 euros)

ISBN : 978-2-343-16046-7, EAN EBOOK : 9782140106088

Structures éditoriales du groupe L'Harmattan

L'Harmattan Italie
Via degli Artisti, 15
10124 Torino
harmattan.italia@gmail.com

L'Harmattan Hongrie
Kossuth l. u. 14-16.
1053 Budapest
harmattan@harmattan.hu

L'Harmattan Sénégal
10 VDN en face Mermoz
BP 45034 Dakar-Fann
senharmattan@gmail.com

L'Harmattan Cameroun
TSINGA/FECAFOOT
BP 11486 Yaoundé
inkoukam@gmail.com

L'Harmattan Burkina Faso
Achille Somé – tengnule@hotmail.fr

L'Harmattan Guinée
Almamya, rue KA 028 OKB Agency
BP 3470 Conakry
harmattanguinee@yahoo.fr

L'Harmattan RDC
185, avenue Nyangwe
Commune de Lingwala – Kinshasa
matangilamusadila@yahoo.fr

L'Harmattan Congo
67, boulevard Denis-Sassou-N'Guesso
BP 2874 Brazzaville
harmattan.congo@yahoo.fr

L'Harmattan Mali
Sirakoro-Meguetana V31
Bamako
syllaka@yahoo.fr

L'Harmattan Togo
Djidjole – Lomé
Maison Amela
face EPP BATOME
ddamela@aol.com

L'Harmattan Côte d'Ivoire
Résidence Karl – Cité des Arts
Abidjan-Cocody
03 BP 1588 Abidjan
espace_harmattan.ci@hotmail.fr

L'Harmattan Algérie
22, rue Moulay-Mohamed
31000 Oran
info2@harmattan-algerie.com

L'Harmattan Maroc
5, rue Ferrane-Kouicha, Talaâ-Elkbira
Chrableyine, Fès-Médine
30000 Fès
harmattan.maroc@gmail.com

Nos librairies en France

Librairie internationale
16, rue des Écoles – 75005 Paris
librairie.internationale@harmattan.fr
01 40 46 79 11
www.librairieharmattan.com

Lib. sciences humaines & histoire
21, rue des Écoles – 75005 Paris
librairie.sh@harmattan.fr
01 46 34 13 71
www.librairieharmattansh.com

Librairie l'Espace Harmattan
21 bis, rue des Écoles – 75005 Paris
librairie.espace@harmattan.fr
01 43 29 49 42

Lib. Méditerranée & Moyen-Orient
7, rue des Carmes – 75005 Paris
librairie.mediterranee@harmattan.fr
01 43 29 71 15

Librairie Le Lucernaire
53, rue Notre-Dame-des-Champs – 75006 Paris
librairie@lucernaire.fr
01 42 22 67 13